Medical Skin Care

김문주 · 최성임 · 김윤정 · 전해정 · 황금순

청구문화사

머리말

미용관련학과가 대학에 개설되어 학문적 체계를 갖추면서 세부적인 관련 학문들이 전반적으로 빠르게 성장하고 있으나 아직까지 미용의 특수성을 고려한 메디컬 스킨케어의 전문교재는 없었다.

이러한 이유로 앞으로 피부관리, 헤어, 메이크업을 전공할 미용관련학과 대학생들에게 적합한 내용을 담은 교재를 마련하고자 저자들의 작은 힘을 모아 본서를 출간하게 되었다.

이 책의 특징은 기초과목이면서도 필수과목인 메디컬 스킨케어를 처음으로 피부관리학에 접목시켰다는 점이다.

전문대학 피부미용과에서 전공하는 피부과학의 주요 내용은 건강하고 아름다운 피부와 모발, 네일을 유지하는데 필요한 부분이다. 그러나 초창기 피부미용과에서 강의되던 피부과학교재는 주로 의과대학에서 사용하는 교재로서 피부미용과 학생들에게는 여러모로 학습하기에 너무 어렵거나 분량이 많은 단점들이 있었다.

본 교재는 피부미용과에서 피부과학을 강의하는 저자들이 이러한 실정을 감안하여 다년간의 강의 경험을 토대로 피부미용을 공부하는 학생들이 반드시 알아야 할 메디컬 스킨케어의 범위를 발췌하여 집필하였다.

정리에 최선을 다하였지만 아직 미흡한 점이 많으리라 생각되며 짧은 집필기간 때문에 아쉬움도 많이 남는다. 부족한 점은 앞으로 계속 수정·보완해 나갈 것을 약속드리며 독자 여러분의 아낌없는 조언을 부탁드린다.

마지막으로 이 책이 나오기까지 많은 수고를 하여 주신 여러 교수님들과 이 책의 출판에 물심양면으로 지원을 아끼지 않으신 청구문화사 이상태 사장님과 원고 편집에 수고하신 편집부 직원 여러분에게도 심심한 사의를 표한다.

2007년 한여름

저자일동

목 차

MEDICAL
Skin Care

제1장
피부의 구조 및 기능

제 1 장
피부의 구조 및 기능

1. 피부의 구조

우리 몸의 피부는 약 2~4mm의 두께로 전신을 덮고 있으며, 그 무게도 약 3kg으로 보통 성인 체중의 6%를 차지하고 있다. 인체 중 가장 큰 기관으로 외곽에서 외부 환경과 접하고 있으면서 여러가지 물리적, 화학적, 생물학적 환경으로부터 생체를 보호하며 내부 환경을 유지하는 역할을 하고 있고, 다른 기관에 비하여 새로운 세포의 생성과 소멸이 활발히 일어나는 기관으로 일반적으로 진피의 모세혈관으로부터 영양분과 산소를 공급받아 기저세포로 생성된 피부 세포는 각질세포로 이전하는데 약 2주, 그리고 각질 세포로서 존재하며, 그후 탈실 되는 기간이 약 2주이므로 대략 4주만에 모든 표피세포는 다시 태어난다. 이러한 기간을 세포의 생명주기(turn over)라 한다.

평상시에는 매끄럽게 느껴지는 피부는 현미경으로 주의 깊게 살펴보면 표면이 고르지 않은 것을 알 수 있다.

이러한 굴곡이 손바닥이나 발바닥에서의 지문이나 장문을 만들며 더 나아가 주름살도 형성한다. 이것은 다시 몇 개씩 약간 굵은 홈에 의해 구획되고 그물 눈처럼 되어 피야를 형성한다. 이것들이 손바닥이나 발바닥, 혹은 손 끝 등에서 일정한 유선형을 이루고 있어 이른바 지문을 형성하고 있으며, 개인마다 각각의 특징을 가지게 한다. 이것은 더 나아가 피부표면에 더 많고 큰 굴곡을 형성하게 되는데 노화나 표정근에 의한 주름이 그것이다. 주름은 크게 표피형 주름과 진피형 주름으로 분류되는데 표피형 주름은 일시적인 환경의 변화나 스트레스 등으로 인해서 형성될 수 있으며 피부의 수분량에 따라서 형성되기도

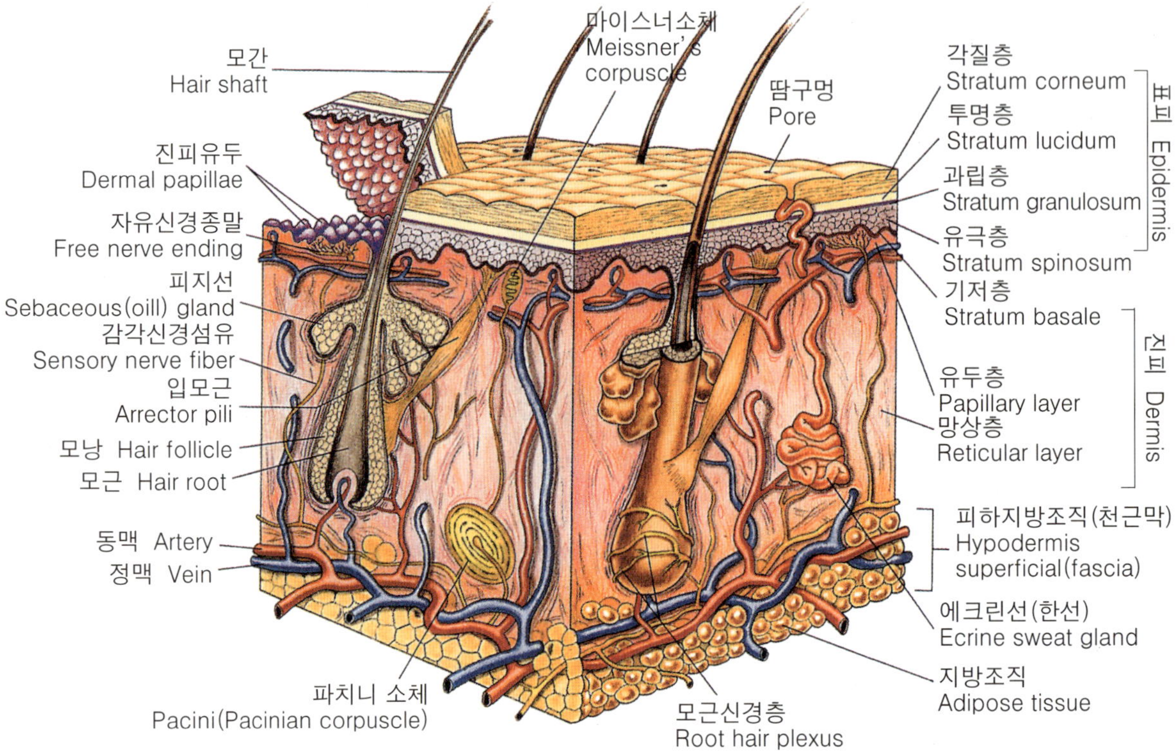

그림 1-1. 피부의 단면도

하고 다시 없어지기도 하여서 '가성 주름'이라는 말로 표현하기도 한다. 표피형 주름을 올바르게 관리하지 못했을 경우에는 진피 내의 주름으로 고착될 수 있으므로 주의해야 한다.

그밖에 피하지방이나 근육에 끌려 당겨지기 때문에 생기는 커다란 주름도 있다. 이런 주름은 일시적인 것도 있지만, 얼굴에서는 표정근의 영향이나 피부의 노화 현상에 의해 고정된 깊은 주름을 형성하게 되므로 어느 정도 그 사람의 연령을 추정하는데 도움이 된다.

피부의 표면에는 이렇듯 많은 주름 외에 모공이나 한공이 있고 모공에서는 다양한 굵기와 길이의 털이 자라나고 있으며 솜털과 같은 털은 그 근본이 거의 둥글고 편평하게 융기되어 각질층을 형성하는데, 이것은 피부 촉각과 관계가 있는 것으로 추정되고 있다.

한공은 손바닥이나 발바닥에서 특히 분명하며, 확대경으로 보면 피구에 일렬로 나란히 있음을 알게 된다.

또한 피부는 특유한 색깔을 갖고 있는데, 피부 내의 검은 색을 띄게 되는 멜라닌 세포나, 붉은 색을 형성하는 헤모글로빈 색소 이외에도 혈액의 양, 피부 두께, 피부표면에서의 반사광이나 투명도에 의해서도 달라질 수 있다. 즉, 인종, 성, 연령, 몸 부위에 따라서 또는 영양상태, 내분비의 이상, 내장의 질병, 갖가지의 피부병인 경우에도 피부색은 달라진다.

피부의 구조를 상층으로부터 보면 표피(epidermis), 진피(dermis, corium), 피하조직(subcutis, panniculus)으로 나눌 수 있으며 부속기관으로는 털, 땀샘, 지방샘, 조갑(손, 발톱)이 있다. 피부의 두께는 개인별, 부위별 차이가 있으며 일반적으로 남성의 피부가 여성보다 두꺼우나 지방층은 여성이 두껍다.

이러한 피부는 체온을 조절하고, 수분이 빠져 나가거나 흡수되는 것을 조절한다. 또한 섬세한 신경망이 퍼져 있어 온도나 고통 등을 감지하게 된다. 뼈 생성에 필요한 비타민 D를 합성하고 남성호르몬인 테스토스테론을 활성화 시키는 기능을 하는 등 우리 인체에 있어서 매우 중요한 역할을 한다.

1) 표피(Epidermis)

표피는 피부의 가장 외부에 있으며 주위 환경과 직접 접촉하고 있다. 표피의 두께는 부위에 따라 차이가 많은데 0.03~1.5mm 정도이며 이 중에서 손바닥과 발바닥이 가장 두꺼워 약 1.5mm이며 눈꺼풀은 0.5mm 미만으로 가장 얇다. 표피는 각질(keratin)이라는 방어기능을 갖는 세섬유 단백질(filamentous protein)을 생산하는 각질 형성 세포(keratinocyte)의 순서적 배열로 이루어진다.

표피는 표면 외배엽(surface ectoderm)에서 유래하며 태생 3주에 각질 형성 세포의 특징을 지니게 되며 표피 부속기(adnexa) 특히 털 및 에크린 한선 단위(pilar and ecrine sweat unit)는 태생 3개월에 형성된다. 그 후에 아포크린 한선 단위(apocrine sweat unit)는 모낭상피(follicular epithelium)의 상부로부터 생기고 피지선(sebaceous gland)은 모낭의 중간 부위로부터 생긴다. 표피 부속기의 발달도 부위별 차이가 있으며 유전적으로 조정된다.

(1) 표피의 기본 세포형

성인 표피는 각질형성 세포, 멜라닌 세포(melanocyte) 및 랑거한스(langerhans) 세포의 3가지의 기본 세포형으로 구성된다.

① 각질 형성세포(keratinocyte)

각질형성 세포는 '편평 상피 세포(squamous cell)'라고도 불리어지는데 이 세포는 피부의 각질층 뿐만 아니라 모발과 조갑의 구조 단백질을 형성하는 각질이라는 복잡한 세섬유 단백질을 생산하는 특수한 기능을 갖고 있다.

표피는 내측으로부터 기저층(basal layer), 유극층(prickle layer, Malpighian layer), 과립층(granular layer), 투명층(lucid layer), 각질층(horny layer, stratum corneum)의 5개의 층으로 나누어지는데 이 명칭은 각질 형성 세포가 각화세포(cornified cell)로 분화됨에 따라 달라지는 모양을 반영하는 것이다.

기저층의 각질형성 세포는 두 가지의 세포로 분열하게 되는데 하나는 낭세포(daughter cell) 즉, 기저세포(basal cell)로 남게되고 나머지 낭세포는 단계적으로 표면으로 이동하며 그 형태가 변화하여 각질세포로 된다. 세포는 위로 갈수록 점점 편평하게 되고 초기의 핵은 각질층으로 갈수록 점점 소실되고 세포질 비율이 증가하게 된다.

각질층과 과립층은 인체내 부위에 따라 그 두께의 차이를 볼 수 있는데 손바닥과 발바닥에서 가장 두껍고 복부같은 섬세한 피부에서는 얇다. 그러나 기저층은 어디서나 한개층의 세포로 구성된다.

과립층의 각질 형성 세포는 케라토히알린(keratohyaline) 과립을 포함하고 있다.

② 멜라닌 세포(Melanocyte)

멜라닌 세포는 표피의 색소생산 세포로서 태생 8주에 태아의 표피에서 발견된다. 정상 성인 표피에서 멜라닌 세포는 기저층에 위치하며 멜라닌 세포와 기저 세포의 비율은 부위에 따라 차이가 있으며 약 1 : 6 정도이다.

표피의 멜라닌 세포 수는 민족과 피부색에 관계없이 일정하며 민족간의 피부색을 결정하는 것은 이 세포가 계속적으로 생산하는 멜라닌 소체(melanosome), 즉 색소 과립의 수와 크기에 의해 결정된다.

멜라닌 세포는 실제적으로 수지상돌기 세포(dendritic cell)이나 광학 현미경 수준에서는 좀체로 인지되지 않고 미세구조학적(ultras-tructural) 및 조직 배양 검사로 낙지모양 외관이 증명된다. 수지상 돌기는 상당한 거리 표피 내로 뻗어 있기 때문에 하나의 멜라닌 세포는 많은 각질 형성 세포와 접촉하고 있다.

멜라닌 세포는 피부의 색소 제조소이지만 거기서 생산되는 멜라닌 소체가 계속적으로 인접된 각질 형성 세포에 옮겨와 피부의 색소 저장소로의 역할을 한다. 멜라닌 소체는 골지체(Golgi) 영역에서 합성되며 멜라닌 전구 물질에 티로시나제(thirosinase)가 작용하여 여러 단계를 거쳐서 조밀한 색소 과립을 형성한다. 이렇게 될 때 멜라닌 소체는 수지상 돌기 끝으로 옮겨지고 각질 형성 세포가 멜라닌 세포의 수지상 돌기를 탐식함으로써 멜라닌 소체가 인접된 각질 형성 세포로 옮겨진다.

검은 피부는 흰 피부보다 큰 멜라닌 소체를 만들며 멜라닌 소체의 크기는 각질 형성 세포에 어떻게 분포되느냐를 결정하는 중요한 요소가 된다. 흰 피부라 할지라도 만성 일광 노출은 멜라닌 세포로 하여금 큰 멜라닌 소체를 만들게 하여 검은 피부에서와 같은 멜라닌 소체 배열을 초래한다이와 반대로 백반증(vitiligo)에서는 멜라닌세포가 파괴되어 그 수가 감소 혹은 소실되어 백색으로 되며, 이와 유사한 백색증(albinism)에서는 멜라닌 세포의 수는 정상이나 완전한 멜라닌 소체를 합성하지 못한다. 즉 백반증에서는 색소 공장이 소실하는 것이고 백색증은 색소 합성의 도구에 결함이 있는 것이다.

국소적인 색소증가도 여러 원인에 기인한다. 전형적인 주근깨(freckle)는 멜라닌 세포의 수는 정상이나 국소적으로 멜라닌 형성이 증가된 것이다. 또한 멜라닌 세포의 상대적 수는 증가하지 않고 색소 침착을 볼 수 있는 악성 상피 신생물의 예는 기저 세포암(basal cell carcinoma)으로 최근 문제시되고 있는 피부질환이다.

③ 랑거한스 세포(Langerhans cell)

랑거한스(Langerhans) 세포는 정상 상태에서 표피의 중간층의 각질 형성 세포사이에 산재해 있다. 이 세포는 태생 14주에 발생하며 과거에는 이 세포를 멜라닌 세포가 변화된 것으로 오인되었지만 최근 발생학적으로 멜라닌 세포와 관련이 없는 것이 증명되었다.

랑거한스 세포의 기능에 대해서는 아직도 다 밝혀지지는 않았지만 알레르기성 접촉 피부염에서 일차적인 면역 기능 역할을 하는 것으로 알려져 있다.

(2) 표피의 구조

표피의 모양은 여러 세포가 중첩된 형태이며 표피 내에는 혈관이나 신경 등이 없다. 표피는 다시 상층으로부터 각질층, 투명층, 과립층, 유극층, 기저층으로 나누어진다. 표피의 최하층인 기저세포는 단일층의 원주상의 세포로서 기저막으로 진피와 접하고 있으며 끊임없이 분열하여 상층으로 이동하며 유극세포, 과립세포를 거쳐 각질세포가 된다.

① 각질층(horny layer)

표피를 이루고 있는 세포는 주로 각질세포이며, 가장 안쪽에 있는 기저세포가 끊임없는 세포 분열을 일으켜 각질세포층으로 밀려난다.

각질층에서는 체내에 있는 물질이 체외로 빠져 나가지 못하게 함과 동시에 침입하는 세균이나 유해물질을 막아주며 피부의 가장 바깥층이므로 갖가지 외부 영향에 대한 저항력이 강한데 그 까닭은 물에 녹지 않는 단백질인 케라틴이 주성분으로서 거의 화학반응을 일으키지 않기 때문이다.

털구멍에서 나오는 기름과 물이 잘 섞여져 약산성의 얇은 막을 만들어 세균이나 유해물질로부터 피부를 보호하며, 염증 발생을 억제시킨다. 우리가 비누와 같은 알칼리성 물질을 자주 접하게 되면 피부내에의 각질층은 물을 흡수하여 부풀게 되어 부드러워지고 저항성은 떨어지게 되므로 쉽게 피부의 문제를 일으킬 수 있게 된다. 분열층에서 만들어

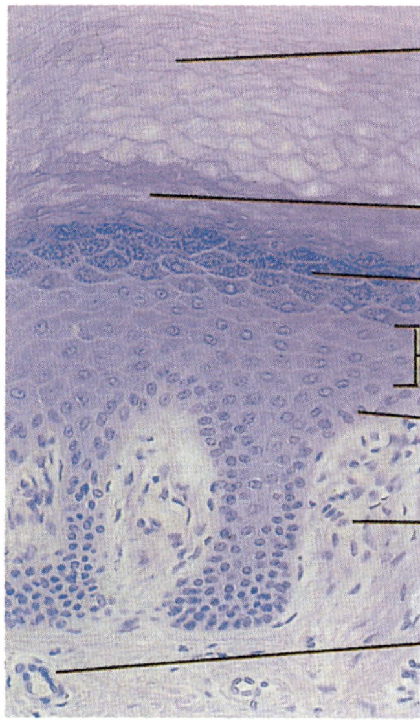

그림 1-2. 표피의 구조

진 새로운 세포가 죽으면 각질층이 되며 이 각질이 몸에서 떨어져 나갈 때까지의 기간은 약 20~28일이 걸린다.

새로운 피부가 만들어 질 때 피부가 얇은 곳은 빠르게 새로운 피부가 형성되나 두꺼운 곳은 더디게 형성되며, 이를 토대로 살펴 볼 때 안면의 작은 상처나 여드름 자국은 20~28일 후에야 새로운 피부로 태어나게 된다.

각질층에서 밀려난 세포가 물을 공급받지 못하면 죽은 세포가 되는데 이 세포가 피부에서 떨어져 나가지 못하면 세균의 공격 대상이 되어 여러 피부 문제의 원인이 된다. 그러므로 이러한 피부 문제를 예방하기 위한 것은 피부내의 수분 공급 즉 보습력을 강화시켜야 하며 주기적인 피부관리를 통해 죽은 각질층을 제거해 주는 것이 좋다. 현재 우리가 사용하고 있는 화장품의 대부분은 이 각질층에 영향을 주는데 침투성이 좋은 성분의 경우 각질층의 세포 10층~25층까지 흡수되는 정도이다(길이로는 10~200μ에 해당된다).

또한 각질층은 화장품과 직접 접하기 때문에 피부의 성질은 각질층의 성질과 밀접한 관계가 있다. 각질층은 핵이 없는 세포로서 이루어지고 있으며, 케라틴이 주성분이고, 지방, 왁스, 콜레스테롤 등이 함유되어 있다. 그리고 각질층 하부의 베리어층(Barrier layer)은 외부로부터 물질의 침투를 막는 역할을 한다.

각질층이 적당량의 수분을 유지하는 것은 피부의 탄력이나 유연성을 유지하는데 대단히 중요하며 정상적인 피부는 약 30% 정도의 수분이나 수용성 성분을 함유하고 있다. 각질층의 수분함량이 10% 이하로 떨어지면 건성 피부 증세가 나타나며 피부가 갈라지거나

표 1-1. 피지의 조성

조 성	함량(%)
트리글리세라이드	41.0%
디글리세라이드	2.2%
지방산	16.4%
스쿠알렌	12.0%
왁스	25.0%
콜레스테롤	1.4%
콜레스테롤 에스터	2.1%

표 1-2. 천연 보습인자의 조성

조 성	함량(%)
아미노산	40.0
젖산과 그 염	12.0
피로인산 나트륨	12.0
요소	7.0
글루코스 아민 등	1.5
구연산	0.5
무기물질	18.5
유기산 등 기타	8.5

거칠어진다. 이러한 건성피부는 수분과 계속적인 접촉, 차고 건조한 기후 등에 의해서 일어난다.

피부는 수분을 함유할 수 있도록 각질층 내의 아미노산과 같은 수용성 성분들을 가지고 있으며 이러한 물질을 총칭하여 천연보습인자(NMF-Natural Moisturizing Factor)라고 하며 각질층의 수분유지에 중심역할을 한다. 또한 건조한 날씨에 피부에서 수분의 증발을 막아주고 또 유연성을 부여하며 외부로부터의 유해 물질이나 세균의 침입을 방지하여 주는 물질이 피지성분이다. 그러나 사춘기에는 이러한 피지성분의 과도한 분비로 여드름을 유발하는 요인이 되기도 한다. 천연보습인자는 개인에 따라 또 부위에 따라 다르나 대략적인 성분과 함량은 표 1-1과 같다.

② 투명층(lucid layer)

각질층 바로 아래에 있는 얇고 투명한 층으로서, 세포질 안에는 빛을 강하게 굴절하는 엘레이딘(eleidin)이라는 반유동성 물질이 차있다.

주로 손, 발바닥에 존재하여 무색, 무핵의 납작하고 투명한 2~3개층의 상피 세포로 구성되어 있다.

③ 과립층(granular layer)

투명층 아래에 이루어진 3~5층의 방추상의 세포층으로서, 각질층과 투명층과는 달리 세포핵도 뚜렷이 보인다.

수축된 각질섬유와 핵을 가진 편평한 과립상 세포들이 3~5층을 형성한다.

④ 유극층(spinous layer)

각질층에서 떨어져 나가는 표피세포를 보충해 주는 층이다. 다각형 세포들이 많은 돌기로서 이웃세포와 굳게 연결된 극세포층이다.

중앙에 위치하는 많은 세포층으로 큰 타원형의 핵을 가지고 있으며 발달된 각질섬유로 인해 세포들은 편평해진다.

⑤ 기저층(basal layer)

진피와 접한 원주상 또는 입방형의 소형 세포들이 거의 단층으로 배열되어 있다.

기저 세포층은 피부 표피가 출발하는 층으로 바로 밑에는 진피와 경계를 이루고 있다. 표피의 가장 깊은 층으로서 유사 분열을 하는 입방세포나 원주세포의 단일층, 색소를 만드는 멜라닌 생성세포(melanocyte)를 볼 수 있어 진피 내의 색소 세포와 더불어 피부색을 결정짓는 요소가 된다.

2) 진피(Dermis)

진피는 그 두께가 표피의 약 10배 정도 된다.

피부에는 표피를 제외한 진피와 피하조직에 숱한 혈관이 그물눈처럼 분포되어 있어 혈액이 순환되고 영양을 공급하고 있을 뿐 아니라 지각 신경과 자율 신경이 분포되어 있어 피부의 지각, 피부와 혈관의 평활근 운동, 지방선이나 한선의 분비 등과 관계된다.

진피는 피부의 탄력과 관련이 있으며 모세혈관, 임파관, 신경세포 등이 얽혀있다. 진피에는 무수히 많은 섬유와 세포가 있고 여기서 생성되는 조직을 이루는 콜라겐 섬유와 탄력을 주는 엘라스틴 섬유 등이 있으며 기질로서는 히아루론산, 코드로친 설페이트 등이 존재한다. 진피의 주요 성분은 교원질이며 이것은 전 신체의 주된 구조 단백질 역할을 하는 섬유 단백질(fibrous protein)이다.

콜라겐 섬유는 진피의 약 90% 이상을 차지하며 외부의 생리적 화학적 자극으로부터 신체를 보호하는 역할을 하며 일반적인 노화 현상을 주도하고 섬유성분은 그 기능을 잃어 피부 주름 형성의 원인이 된다. 그리고 히아루론산과 같은 기질은 피부내의 수분을 일정하게 유지하는 역할을 한다. 진피에는 신경이 많이 분포되어 있는데 촉각과 압각, 온도각, 통각 및 소양각은 진피 유두(특히 손바닥과 발바닥)와 모낭 주위에 많이 분포되어 있다.

(1) 유두층

유두층은 표피와 진피가 접촉하는 부분으로서 돌기, 즉 유두를 형성하고, 신경, 혈관 등이 있으며, 신경 말단의 일부는 감각소체를 형성하여 촉감, 압통감 등의 감각을 느낀다. 손바닥, 발바닥 등 표피의 지문은 이 유두와 일치한다.

(2) 망상층

망상층은 유두층 내부에 있어 치밀한 망상의 결합 조직 속으로 구성되어 있으며 모낭, 입모근, 피지선, 한선등으로 되어있다.

또한 콜라겐과 섬유조직으로 이루어져 이들이 여러 개의 다발로 꼬여 있으면 탄력있는 피부가 되고, 약해져 있으면 피부에는 주름이 잡히게 된다.

콜라겐이나 섬유조직, 지방 분비샘, 땀샘은 양분과 물, 산소 등을 공급받아야 제 기능을 다 할 수 있다. 혈관이 잘 발달되고 혈액순환이 원활한 경우에는 피부의 혈색이 좋아 보이고 그렇지 못하면 창백하게 보인다. 망상층을 형성하는 섬유에는 다음과 같은 것들이 있다.

그 중에서도 콜라겐 섬유는 많은 아미노산으로 결합되어 있으며 아미노산은 분자가 작을 경우 물에 녹는 성질을 가지고 있다. 이것이 수분을 빨아 들임으로써 피부에 탄력을 주고 젊음을 주는 것이다. 그러나 내외적 원인으로 말미암아 분자가 커지면서 물에 불용성이 되어 딱딱하게 위축이 되어 피부는 탄력을 유지하게 되고 그러므로 피부는 수용성 콜라겐이 많을 수록 아름답고 탄력있는 이상적인 피부가 된다.

20세가 넘으면 불용성 콜라겐이 되어 점차적으로 노화의 형성이 나타나게 된다.

① 콜라겐(교원 섬유, 아교 섬유)

가장 많은 대표적인 결합조직 섬유로서 끓이면 아교와 같은 성분이 되기 때문에 아교 섬유라고도 불린다. 아교 섬유(collagenous fiber)가 매우 풍부한 힘줄 같은 것은 육안으로 백색을 띄므로 이를 백섬유(white fiber)라고도 하는데 탄력성은 매우 적다.

아교 섬유는 굵은 섬유와 가는 섬유로 되어 있으며 주로 다발을 이룬다. 굵은 섬유는 콜라겐(collagen)이라는 단백질로 형성, 진피에 장력을 제공하고 기능면에는 기계적 외력이나 생리적 및 화학적 자극에 대해 강한 저항력, 또 각질층과 함께 외계의 영향으로부터 신체내부를 보호하는 역할도 한다. 외부 조직에 있어 진피의 대부분은 아교 섬유 단백질로 구성되어 외적 자극 등에 대하여 저항력이 있다.

② 엘라스틴(탄력 섬유)

엘라스틴(elastic fiber)은 마치 고무와 같아서 당기면 1.5배까지 늘어나며 육안적으로 황색을 띠어 황섬유(yellow fiber)라고도 불린다.

또한 물에 넣어 끓여도 젤리 형태로 되지 않고 각종 시약에 대하여도 저항력이 매우 강하다. 아교 섬유에 비해 짧고 가늘며 탄력성이 있어 피부에 탄력성을 주는 역할을 하는데 예를 들어 피부를 잡아당길 때 원상태로 탄력있게 되돌아가는 작용을 한다. 이렇듯 주름이 생긴다는 것은 엘라스틴의 파괴를 의미한다.

피부 두께의 약 85%를 구성하는 진피는 70%의 콜라겐과 5%의 엘라스틴으로 이루어져 있다. 원 섬유질과 탄력소의 섬유망은 수분을 결합하는 기능에 의해 탄력을 갖게 되는데 이러한 일종의 단백질 망이 수분을 상실하고 보유능력이 약화됨에 따라 노화현상도 나타난다.

③ 세망 섬유(reticular fiber)

표피 바로 밑에 있는 세망섬유는 기저판에 단단히 묻어 있고 진피 쪽으로 수직으로 뻗어 있으며 기저판과 그 밑의 세망섬유를 합해서 기저막(basal membrane)이라 하는데 광학 현미경하에서는 아무런 구조가 없는 동질성이지만 전자 현미경하에서는 아교섬유에서보다 더 작은 단위의 원섬유가 있고 약 250Å 간격으로 된 횡문이 관찰된다.

④ 히알루론산(hyaluronic acid)

히알루론산이 피부의 천연 보습인자를 구성하기 위하여 탄력 섬유와 결합섬유 사이에 존재하는 보습 성분이다. 갓 태어난 아기의 피부에는 히알루론산이 많다. 그래서 보드럽고 촉촉한 것이며 연령이 많을수록 감소하게 된다. 히알루론산은 이론적으로 자기 몸무게의 수백 배, 실제로 80배 정도의 수분을 끌어 당기는 능력이 있기 때문에 보습제 중에서도 부분 유지능력은 가장 뛰어나다고 한다.

3) 피하 지방층

내피 밑에는 지방의 작은 덩어리가 뭉쳐 있는데, 이 지방층은 피부의 모양을 지탱해 준다. 피하지방층은 지방 세포로 구성되어 있으며, 열격리물, 충격흡수물, 영양 저장소의 역할을 한다. 즉 에너지 저장창고의 역할이나 피부에서 온 충격을 감소 시키는 쿠션의 역할도 한다.

피부의 제3의 층인 피하지방층은 지방세포의 소엽으로 구성되어 있으며 이 소엽은 교원질과 큰 혈관으로 구성된 섬유성 중격(fibrous septum)으로 분리된다. 중격의 교원질은 진피의 교원질과 연속되어 있다. 표피나 진피에서와 마찬가지로 피하지방층의 두께도 부위에 따라 차이가 있다. 피하조직은 대부분이 지방질이므로 몸의 부위에 의한 차이는 물론이고 개인차가 심하다.

가장 내부에 위치하는 피하지방층은 지방세포(lipocyte, fat cell)의 소엽(lobule)으로 구성되어 있다. 피하지방층은 등과 엉덩이 부위에서 가장 많이 분포하고 코 부위는 매우 적게 있다.

2. 피부의 기능

피부는 직접 외부환경과 접하고 있으므로 이러한 환경으로부터 신체를 보호하고 또 신체를 주위 환경에 적응시켜야 한다.

1) 보호작용

(1) 물리적 보호작용

피부의 상층의 표피는 단단한 각질을 가지고 있으며 진피는 탄력성이 풍부하고, 최하층의 두터운 지방조직은 밖으로부터의 타박, 압박, 마찰 등의 기계적 자극에 대해 저항력을 갖고 몸을 보호한다. 또한 외부의 세균, 독물 등의 침입을 방어하고, 땀, 피지 등은 피부면을 더욱 윤택하게 만들어 방어기능을 통해 신체를 보호한다.

(2) 화학적 보호작용

① 산성 보호막

피부표면에는 땀과 피지로 구성되어 있는 지방의 막이 있어 외부로부터의 침투를 막을 뿐만 아니라 산도가 높기 때문에 이러한 피부내의 유리산은 알칼리를 중화하여 세균의 침입을 방지한다.

② 자외선의 흡수

멜라닌 색소는 자외선을 흡수하여 생체가 자외선에 의해 손상을 입는 것을 방지하여 준다. 피부는 햇볕에 노출되면 붉어지고 색소가 증가된다. 이것은 태양 광선 속에 포함된 자외선 때문인데 이것이 지나치게 체내에 들어가면 유해하므로 피부의 자외선 흡수로 체내를 보호해 준다.

③ 생물학적 보호작용

피부는 면역체를 만드는 장소인데 피부의 면역 세포는 면역 반응을 통하여 생체방어기구로 작용한다. 수두나 천연두일 경우에 발진이 피부에 생기면 평생 면역이 얻어지고 종두(우두)를 놓으면 천연두에 걸리지 않는 것 등은 그 때문이다.

이와 같은 피부의 면역 기능은 체외에 대해서 뿐만 아니라 체내적으로도 몸을 보호한다.

④ 대내적 보호작용

피부는 외부로부터 받은 자극에 의하여 특수 물질을 생산하여 체내의 여러 장기의 기능을 촉진시키는 작용을 한다. 즉 신진대사의 증진, 내분비선의 기능 증가, 혈액 생산의 증가, 면역체의 증산, 기타 신경 기능의 조절 등을 통하여 대내적으로 신체를 보호하는 작용을 한다.

(3) 생물학적 보호작용

① 체온 조절작용

피부의 모세혈관의 수축과 확장으로 혈류량을 변화시키고, 또 땀을 나게 하여 체온 조절작용을 한다.

피부는 온열의 불량도체로 외계의 고온을 막고 그 외에 체외에의 온열 발산도 조절한다. 몸에서 체외로 발산하는 온열의 80%는 피부로 부터이고 이 작용은 열의 전도와 방산, 수분 증발에 의해 이루어진다. 추울 때 땀의 분비가 적어져 수분 증발이 감소되고 또한 피부의 모세 혈관이나 피부표면이 수축되어 체온의 발산을 막는다. 그리고 날씨가 더울 때는 이 반대가 되는 것 등도 이런 작용 때문이다.

사람의 체온은 건강할 때에는 환경 조건이나 신체 활동의 현저한 변화에 대하여 적은 범위 내에서 변동한다. 즉, 체내에서의 열발생이 과도하거나 외기의 기온이 상승하면 피부가 이완되고 혈관이 확대되어 땀분비가 증가하고 체내의 열을 방출하며, 외기의 기온이 저하되면, 피부와 혈관이 수축하고 체내의 열이 외부로 방출함을 방지한다. 이러한 작용으로 인해 한겨울에는 땀의 분비가 적어 수분 증발이 감소하고 피부의 모세혈관이나 피부표면이 수축되어 체온의 발산을 막고 더운 여름철에는 그 반대의 현상이 일어난다.

② 영양소의 합성작용

음식물을 통해 전구 비타민 D를 섭취하면 피부에 도달하는 자외선과 결합하여 비타민 D를 합성한다.

2) 흡수, 호흡, 분비작용

(1) 흡수작용

피부는 여러 화학 성분들을 흡수 할 수 있다. 이러한 흡수작용은 표피에서의 흡수와 모낭으로의 흡수가 있다. 지용성 물질이나 알코올에 녹인 것의 흡수는 용이하며 수용성 성분은 쉽게 흡수되기 어렵기 때문에 유화제를 첨가하여 유제로 만들어 침투시킨다.

이러한 피부의 흡수작용을 이용하여 현재 주사 대신 약물을 피부에 붙여 서서히 피부를 통하여 약물이 체내에 흡수되게 하는 약품이 개발되어 있으며 현재도 이러한 연구는 많이 진행되고 있다.

(2) 호흡작용

피부는 폐호흡의 약 2%에 해당되는 양의 산소와 탄산가스를 교환하는 호흡작용을 하며 이로 인해 약간의 탄산가스를 배출하고 산소를 흡수한다. 폐 호흡에 비하여 약 1/200 정도의 호흡이 피부를 통해서 이루어지는데, 피부는 외기로부터 산소를 흡수하고 체내에서 발생한 탄산가스를 배출한다.

(3) 분비작용

피부에는 땀을 만드는 한선과 기름을 만드는 피지선이 있는데, 땀과 피지는 항상 피부면에 분비되어 피부를 윤택하게 한다. 땀과 피지는 결합하여 천연보호막(산성보호막)을 형성한다.

① 땀

인체 표면에는 대략 3백만 개의 땀샘이 분포되어 있는데, 이 한선이 전 피부표면에 분포되어 있는 것은 인간과 원숭이 등의 영장류에서만 볼 수 있다. 땀의 99%는 물이며 1%의 용해물을 함유하고 있는데 구성면에 있어서는 소변과 별 차이가 없는 투명한 수용액이다.

한선에는 에크린선과 아포크린선이 있는데 에크린선은 전신 피부, 특히 이마, 코, 겨드랑이, 손바닥, 발바닥, 가슴, 등과 허벅지 등에 많고, 아포크린선은 겨드랑이, 유두, 회음부, 항문주위 등에서 땀을 분비한다.

평상시에 땀은 지속적으로 분비되지만, 그 양이 매우 적기 때문에 육안으로 보이지 않으나 외기의 기온이 높을 때는 많이 분비되기 때문에 몸의 표면을 흐르게 되고 육안으로도 쉽게 보이게 된다. 전 피부표면에서 눈으로 볼 수 있는 발한은 환경 온도가 31~32℃(88~90°F)를 상회할 때이다.

발한에는 온열성과 정신성이 있는데, 온열성인 것은 더울 때 거의 온몸에서 일어나며, 온도 자극은 말초 혈관에서 뇌로 운반된 더운 혈액에 의해 자극되는 것으로 전신 발한이 먼저 시작 된 후, 마지막에 손바닥과 발바닥의 발한이 나타난다. 또한 정신성 발한은 긴장이나 흥분 등의 정신적 요소가 있을 때 손바닥이나 발바닥, 겨드랑이에서 발한하는 것으로 즉각적이고 갑작스러운 발한이 일어나 대개의 경우 손바닥과 발바닥에서 시작되어 전신적으로 퍼져 나간다.

발한은 대량의 수분이나 노폐물을 몸 밖에 분비함으로서 신장의 소변 배설 기능을 보충함과 동시에 체온 조절에도 큰 역할을 담당한다.

② 피 지

피지는 모근을 따라 피부면에 분비되고, 피부표면에 얇은 기름막을 만들어 피부의 건조를 막으면서 부드럽고 매끄럽게 해주며 탄력성을 준다. 또한 수분이나 물에 녹아있는 유해물질이 피부 내에 침입하는 것을 막는다. 피지선은 전신 모낭부에 있으며 피지를 분비하여 피부의 표면에 얇은 기름막을 만들어 피부와 모발을 윤택하게 한다. 또한 모든 자극으로부터 피부를 보호하고 수분이나 유해물질이 피부 내에 침입하는 것도 방어한다.

피지는 땀과 달리 피부 전 표면에서 일정하게 분비되는 것이 아니며 콧등, 앞이마, 얼굴이나 가슴 등에 가장 많이 분비되며 온도에 민감하게 반응한다. 또한 피지는 사춘기가 되었을때 비로소 분비되기 시작한다. 그 이유는 피지 분비는 남녀 모두 남성호르몬의 작용과 중추의 지배를 받기 때문으로 성호르몬의 분비가 왕성한 청년기에 분비량이 가장 많고, 인체 부위로는 얼굴, 가슴, 등에 가장 많이 분비되고 나이가 들어 이러한 성호르몬의 분비가 줄어들면 피지의 양도 따라서 준다.

땀과 기름은 몸 표면에서 일체가 되고 일종의 유제가 되어 피부면을 덮어 피부를 보호하는 기능을 하게 된다. 손바닥이나 발바닥에는 피지선이 없으므로 당연히 피지의 분비가 없는 반면 한선은 많이 분포되어 있어 땀이 많이 분비되면 피부의 온도가 저하되어 건조되기 쉽게 되므로 겨울에는 주름이 생기고 손발이 트는 등 피부 건조증을 유발할 수 있으므로 피부에 적당량의 크림, 로션류를 발라 보호해줄 필요가 있다.

3) 지각 및 표정작용

(1) 지각작용

피부는 오감각기 중의 하나이다. 외계로부터의 자극에 따라 피부내에 있는 신경 말단인 감각소체에 의하여 촉각, 냉각, 온각, 통각 등의 지각을 느끼며 이러한 피부의 지각작용을 통해 피부 외계의 정보를 제공한다. 이런 지각은 제각기 지각신경의 말단에서 느끼고 사람은 그 지각에 의해 그에 맞는 행동을 하게 된다.

촉각은 피부내의 느껴지는 접촉감을 말하며, 냉각은 추위, 온각은 더위, 통각은 아픔을 나타내는데 현재까지 '가려움'과 '간지러움'의 본태는 아직 모르지만 '가려움'은 통각이 가벼운 상태를 일컫고, '간지러움'은 촉각에 정신작용이 가해져 생긴 것이라고 추정되고 있으며, 이를 통칭해 소양감이라고 한다.

(2) 표정작용

피부는 각 사람의 특징을 나타낼 뿐만 아니라 희로애락의 표정을 나타내며 각 인간의 특징 및 상황에 따라 안면 표정이 달라짐을 관장한다. 예를 들어 부끄러울 때에는 얼굴을 붉히고 성냈을때 온몸의 피부가 빨개지고 놀랐을 때 새파래지는 것 등과 같다.

MEDICAL Skin Care

제2장

피부의 부속기간

제 2 장
피부의 부속기관

1. 피지선(Sebaceous gland)

피지선은 안면과 두피에서 많이 분포하며 손바닥 및 발바닥을 제외하고는 전 피부에 분포되어 있다. 피지선은 자체적으로 독립된 소형기관(miniorgan)이지만 해부학적 및 기능적으로는 모낭과 관련되어 있으며 세포질 내에 풍부한 지질(lipid)을 함유하는 포상샘으로서, 모낭선(follicular gland)이라고도 한다. 관은 모낭에 개구하고 있다. 털과 관계없이 피부 표면에 피지를 분비하는 독립 피지선도 있으며, 입술, 소음순, 귀두 등에서 볼 수 있다. 털이 전혀 없는 손바닥과 발바닥에는 피지선이 없다.

2. 한선(Sweat gland)

피부의 부속기관 중에서 땀을 분비하는 것은 땀샘이라 부르는 외분비 조직이다.

땀샘은 두 종류로 구분되는데, 온몸의 피부에 분포하는 에크린 선과 겨드랑, 배꼽, 외음부 등에 분포하는 아포크린 선이 있다.

1) 구 조

(1) 에크린 한선 단위(Eccrine sweat unit)

에크린 한선 단위는 특수한 부위를 제외한 거의 모든 피부에서 발견되나 손바닥, 발바닥, 이마 및 겨드랑이에서 가장 풍부하다. 땀의 분비는 여러 요소에 의존하는데, 열은 발한 증가에 대한 가장 주요한 자극이지만 정서적 스트레스를 포함한 기타의 생리적 자극도 중요하다. 열에 대한 반응으로 일어나는 땀생산의 증가는 신체의 열조절 체계(thermoregulatory system)의 일부이며 피부내의 혈류 증가와 함께 체온을 효과적으로 조절해 준다. 손바닥과 발바닥 같은 마찰 표면에서 땀은 촉각 감도를 도와 주고 부착(adhesion)을 향상시켜 준다고 생각된다.

(2) 아포크린 한선 단위(Apocrine sweat unit)

아포크린선은 선체를 형성하는 선세포가 비교적 큰 세포로 되어 있어 대한선 이라고도 하며, 사춘기가 되어 비로소 발육되고 기능을 발휘하게 되는데 에크린 선에 비해 기능도 일찍 쇠약하고 선체도 오그라든다.

성인의 아포크린 한선 단위는 에크린 한선 단위와 같이 표피에서 유래하지 않고 모낭(hair follicle)의 상부에서 발달되므로 모단위(papilar unit)와 밀접히 관련되어 있다.

분비물의 구성성분을 살펴보면 단백질, 당질, 암모니아, 지질 및 철분과 죽은 각질 세포를 포함하고 있다. 이 분비물은 흰 빛을 띄고 있으며 피부 표면에 도달할 때까지는 냄새가 없으나 피부표면에서 세균에 의해 냄새가 나도록 변화된다. 이러한 냄새는 개인차가 심하며, 일반적으로 개인의 독특한 체취를 형성하게 되고 여성의 경우 아포크린샘 분포밀도가 남성보다 75% 더 높은 것으로 알려져 있다.

현재 인간에서의 아포크린 분비물의 기능은 잘 알려져 있지 않으나 동물에서는 방어 및 성적 기능이 있는 것으로 알려지고 있다.

아포크린 한선 단위는 이따금씩 다른 부위에서도 발견 될 수 있으나 일반적으로는 겨드랑이, 유륜(areola), 항문부위(anogenital area)에 한정되어 있다.

2) 역 할

땀의 분비는 체온 조절에서 중요한 역할을 하는데, 그밖에도 소변의 배설과 마찬가지로 수분조절 기능을 보충하거나, 수분과 노폐물의 배출에도 도움이 된다.

땀이 분비되어 피부 표면에 도달하면 즉시 증발해 버리고 육안으로 땀을 볼 수 없지만, 더욱 발한이 심해지면 육안적으로 땀을 볼 수 있는 상태인 '감지성 발한'이 된다.

또한 피부 표면에 분비된 땀은 피지선이 분비하는 피지와의 유화 작용을 일으켜 산성의 지방막을 형성하고 피부를 덮는다. 이런 지방막에 의해 여러가지의 화학적 자극이나 미세한 기계적 자극으로부터 피부를 직접 보호하며 이 지방막은 약산성이기 때문에 피부 표면에 세균이 번식하는 것을 막을 수 있다.

3) 한선의 병변

(1) 액취증(Osmidrosis axillae)

① 정 의

겨드랑이에서 나는 땀 냄새를 액취증이라고 하는데, 피부의 모공속에 부착되어 있는 아포크린이란 분비샘에서 나오는 분비물이 피부의 모공을 통하여 피부표면에 나오면 피부표면의 세균에 의하여 화학적인 변화가 일어나서 냄새를 풍기게 된다.

사춘기부터 발육하기 시작하는 아포크린선은 선 조직의 탈락된 세포와 함께 모낭 속에 분비되며 이것은 같은 모낭 속에서 아포크린선보다 위쪽에 있는 피지선 개구부에서 분비되는 피지와 더불어 모근을 따라 표피면으로 배설된다. 이는 에크린선의 분비액보다는 비교적 농도나 점도가 높은 분비액인데, 아포크린선 분비액 자체도 취기를 띄고 있다.

물론 이 취기는 개인 차가 큰 것이므로 정상적인 분비 상태에서도 극단적으로 말하면 사람 각자의 취기가 다르다고 생각할 수 있다. 그리고 민족, 인종의 차이에 의해서도 이런 체취는 다르다.

② 치 료

액취증의 치료에는 바르는 약, 전기 분해, 전기 응고법, 암내 수술의 방법이 있다.

피지가 포함된 아포크린선 분비액의 지방분을 좋아하는 일종의 세균이 번식되어 지방을 분해하고 더한층 취기를 높이는 액취증의 경우 정도가 심하지 않은 경우에는 탈취제를 사용하고 청결을 항상 유지하도록 노력하면 취기가 감소되는 경우가 많다. 이러한 액취증은 땀을 많이 분비하는 여름철에 심해지므로 봄부터 여름사이에는 항상 청결을 유지하기 위해 신경 쓸 필요가 있다.

탈취제에는 스프레이, 크림 등 다양한 제품이 있는데 이러한 제품들에는 냄새를 없애는 여러 가지 약품이 들어 있다. 냄새는 세균이 땀이나 오염물을 분해하기 때문에 생기므로 탈취제는 멸균작용을 하는 약품을 써서 냄새가 나는 것을 막는 것이다. 또 땀을 억제하기 위해 땀샘을 조여 땀이 나지 않도록 하는 약품을 사용하기도 한다.

이런 약품들은 화학작용으로 인해 피부에 나쁜 영향을 미칠 수 있으므로 그 사용에 신중을 기하여야 한다. 여름이나 땀이 많이 나는 시간에 국한하여 사용하는 것이 좋은데 그렇지 않은 경우 이런 약품에 계속 의존하면 탈취제를 뿌리던 겨드랑이 아래쪽 피부가 검게 착색이 되는 경우도 많다.

아포크린선의 분비는 전술한 바와 같이 나이가 들면 비교적 빨리 감소되므로 그와 같은 것을 염두에 두고 자기에게 알맞는 방법을 찾아야 한다. 전기 응고기로 모공을 하나씩 태워가고 땀샘을 축소시켜서 발한을 막는 방법(전기 응고법)도 있다. 이 방법은 일정 기간 효과가 있지만 시간이 경과함에 따라 땀샘이 수술전으로 되돌아가고 액취증이 재발해 버리는 경우가 많기 때문에 수술하는 편이 확실하 다.

(2) 다한증(Hyperhidrosis)

땀샘의 분비 이상 증상 중에 범발성 다한증, 국소성 다한증이 있다. 그리고 국소성 다한증은 편측성 다한증과 대측성 다한증으로 구별된다.

① 범발성 다한증

운동을 심하게 한 경우 기온이 높은 환경, 혹은 정신적인 충격을 받는 경우 누구나 어느 정도 온 몸에서 땀이 나는데, 이것은 물론 생리적 현상이므로 질병이라고는 할 수 없다. 그러나 비정상적인 전신성의 발한이 있다. 이것을 '범발성 다한증'이라 부른다.

예민한 성향의 사람이나 뚱뚱한 사람은 발한하기 쉽고 월경이상, 빈혈, 신경증이나 히스테리인 경우도 발한하기 쉬운 것으로 알려져 있다.

② 국소성 다한증

국소성 다한증은 교감 신경 장애에 의해 일어나는 것으로 알려져 있다.

겨드랑이, 코, 이마, 음부, 항문의 둘레에서 많이 나타난다. 수한증, 족한증이라고도 부른다. 이와 같은 사람은 어느 한 부위가 늘 습하며 또는 차갑고 특히 여름에는 분비된 땀이 분해되어 악취를 발생시킨다. 발바닥의 각질이 땀 때문에 불어서 희어지거나, 물집과 습진을 만들며 겨울에는 푸르고 자주빛을 띄어 동상에 걸리기 쉬워진다.

이런 사람은 음부나 허벅지 부위, 겨드랑이 등에서는 습진을 일으키기 쉬우므로 예방에 특히 조심할 필요가 있다.

(3) 색한증(Chromhidrosis)

간장의 분비이상과 관계되며, 발한액에 색이 있는 것을 색한증이라고 한다. 색한은 한샘에서, 인디칸(indican)이라는 물질이 배설되고 피부 표면에서 산화되어 인디고로 변화되는 것으로 알려져 있다.

(4) 한포(Pompholyx)

'수지수포' 라거나 '발한 이상증' 이라는 이름으로 불리고도 있는데 흔히 말하는 무좀이 한포를 가르키는 것으로 알려져 있었으나, 오늘날에는 백선균이 증명될 경우에만 무좀(한포상 백선)이라는 병명을 쓰고있다.

한포는 팥 크기 만한 작은 물집(수포)이 손바닥, 발바닥, 손가락, 발의 옆 가장자리 표피에 생기는 것으로서, 이런 수포가 농포로 변화되거나 혹은 건조되어 낫는 것이다. 한포가 있는 사람은 많은 경우, 국부적으로 다한증이 발견된다.

무좀(한포상 백선)은 백선균에 의하여 발생되는데 한포는 급성으로 진행되지만, 한포상 백선인 경우는 경과가 장기화 되는 것으로 알려져 있다.

3. 조 갑

1) 구 조

손톱과 발톱은 손가락, 발가락 끝의 등쪽 표피가 굳어진 것으로서 손가락과 발가락의 끝을 보호한다. 판상으로 보이는 것을 조갑이라고 하고, 조갑 아래의 부분을 조상이라 하며, 손 발톱의 영양상 중요한 곳으로 작은 혈관이 많이 모여 있다.

조갑의 근원 부위 피부 아래에는 조모가 있고 손발톱은 여기서 만들어지며 하루에 약 0.1mm씩 끝쪽으로 자란다. 조모의 앞쪽에는 희게 반달 모습으로 보이는 조반월이란 부위가 있는데, 이는 조모에서 새로이 만들어져 아직 충분히 각화되지 않은 부분이다. 조반월은 엄지 손가락과 엄지 발가락에 가장 많이 나타나고 인지, 중지, 약지의 순으로 작아지

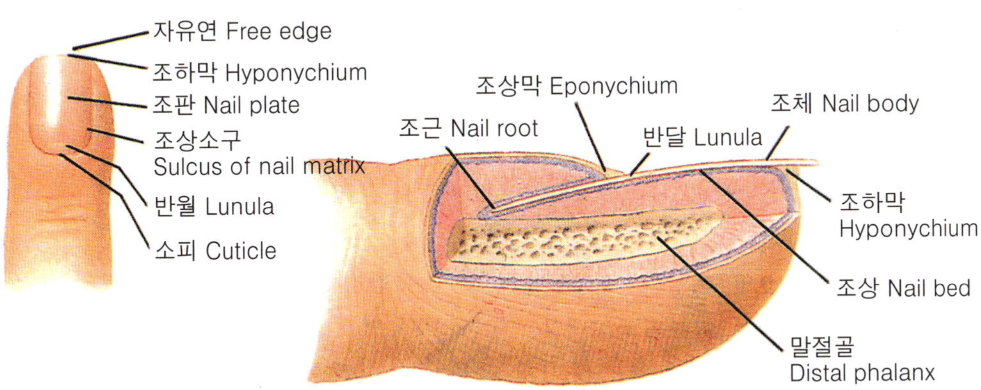

그림 2-1. 조갑의 구조

며, 소지(새끼 손가락, 새끼 발가락)에는 보이지 않는 수도 있다. 발톱에는 엄지 이외는 조반월이 보이지 않는 일이 많다. 조상피는 손발톱의 근원 부위를 덮고 있으며 조모를 보호한다.

조갑에서 볼 수 있는 변화의 원인에는 첫째 선천적인 것, 둘째로 고열, 중독, 전염병 등 무거운 병에 걸렸을 때 볼 수 있는 전신적 영향에 의한 것, 셋째로는 손가락, 발가락 끝의 피부병이나 손발톱의 무좀, 외상과 같은 국소적인 것이 있다. 같은 원인이라도 다른 변화를 나타내는 일이 있고 또한 원인이 다르더라도 같은 변화를 나타내는 일도 많으므로 손발톱의 변화만으로는 병인을 찾아내기가 어렵다.

손발톱은 전신의 건강 상태를 짐작할 수 있는 기준이 되는 것으로 알려져 있다. 이제까지의 설명에서 알 수 있듯이 손발톱의 질병 치료에는 국소적인 원인, 혹은 전신적인 원인을 알아야 한다. 특히 주의하여야 할 것은 조모에 변화가 일어나도 조갑의 변화로 나타나기 까지 시간적인 차이가 있다는 점이다. 또 원인이 제거되어도 새로운 손발톱으로 대체되어 변화가 해소되기 까지 긴 시간이 걸린다.

다음으로 손발톱의 몇가지 주요한 변화를 설명하겠다.

(1) 형성 부전

손발톱이 없거나 있어도 조금밖에 없는 것으로 비교적 드문 증상이다. 많은 경우 피부, 점막, 잇몸 등 다른 부위의 이상을 동반한다.

(2) 색깔의 변화

① 외부로 부터의 착색

담배의 니코틴에 의한 착색, 모발 염색약에 함유된 색소에 의한 착색과 같은 경우이다.

② 조갑 자체의 색 변화

조갑 백반은 조갑에 공기가 들어갔기 때문에 광선의 굴절 이상에 의해 희게 보이는 것으로 손톱에서 흔히 발견된다. 각 손톱 전체가 희게 보이는 것은 대개 선천적인 이상이며 극히 드문 것이다. 점상의 백반(조화)이나 옆으로 줄이 있는 선상의 백반은 정상인 사람에서도 흔히 발견된다. 특히 매니큐어 때문에 조상피를 깎아내는 경우, 식염수에 항상 손을 담그는 직업인 사람(예, 김치공장 종사원)의 경우 등에서 흔히 볼 수 있으므로 외인성이라고 생각된다.

조갑에 세로로 흑갈색의 선상 또는 대상의 색소가 침하된 것을 흑색대(인종적 색소 침하대)라고 하며 유색 인종에서 흔히 볼 수 있는데, 질병은 아니다. 조갑이 두터워지면 다소 황색을 띄며, 드물게는 녹농균이 감염되어 녹색을 띄는 일도 있다.

③ 조상의 변화로 표면에서 조갑의 색이 변화되는 것

손톱 아래의 출혈은 검게 나타나고, 농(pus)이 형성된 경우는 녹색을 나타낸다. 빈혈일 때는 조갑이 창백하게 보인다.

(3) 변 형

① 숟가락 모습의 손발톱

조갑이 숟가락처럼 움푹해진 모습이고 동시에 손발톱도 비교적 얇다. 선천적인 이상 때문에 생기는 일도 있으나 저 색소성 빈혈, 십이지장충증일 때 흔히 보게 된다.

그 밖에 강한 알칼리성 약품을 취급하는 사람, 손가락을 항상 빈번하게 사용하는 노동자에게서도 볼 수 있다.

② 시계유리 손발톱(히포크라테스 손발톱)

손가락, 발가락의 끝을 둥글게 싸듯이 꼬부라져 있고 동시에 손가락이나 발가락 끝이 북채 처럼 부풀어 있는 경우이다. 만성의 심장질환, 만성의 폐질환일 때 가장 많이 볼 수 있으며 순환계통의 장애때문에 손가락, 발가락 끝의 산소가 결핍되어 생기는 것으로 알려져 있다.

③ 손발톱이 두터워진다(비후)

사이즈가 작은 구두를 신어 발가락에 쉴새없이 자극을 반복하게 되면 두껍고 단단한 발톱이 된다.

④ 세로 홈

조반월의 부위에서 손톱 끝 쪽으로 세로로 생긴 선상의 홈인데, 얕게 몇가닥이 있는 것은 건강인도 볼 수 있고 나이가 들면서 차츰 두드러지는 것이므로 별로 병적인 의미는 없다. '조갑 종렬증'이란 이 홈이 깊어지고 세로로 갈라지는 손발톱의 병으로 손과 발가락 끝의 혈류가 나빠지는 병일때 가장 많이 보게 된다. 그밖에 류마토이드 관절염일 때도 이런 변화가 생긴다.

⑤ 가로 홈

얕은 것, 깊은 것, 한가닥 밖에 없는 것 등 여러 가지이다. 보우선(Beau's lines)이라고 지칭되기도 한다. 한가닥인 것은 정신적 쇼크, 성홍열, 홍역, 장티푸스, 약물 중독과 같은 급성병에서 보게 된다.

조모에 변화가 생겨 횡구가 생기는 것인데 조갑의 뿌리 부위에서 보이게 되기까지 30일~40일(하루 0.1mm 자라므로)의 시일이 걸리므로 이 부위부터 가로홈 까지의 길이를 측정하면 발병의 시기를 대략 짐작할 수 있다.

만성의 질병, 예를 들어 관절 류머티즘, 조곽염과 같은 때는 몇 개의 가로 홈이 생긴다. 그밖에 같은 간격으로 얕게 가로 홈이 생기는 일이 있는데, 이것은 월경 때나 월경에 가까울 경우 손발톱의 성장 속도가 다른 시기와 다르기 때문에 생기는 것이다.

⑥ 움푹한 점상

이런 변화는 '심상성 건선'일 때 곧잘 보게 된다. 그밖에 손가락 끝의 피부병, 원형 탈모증, 손발톱의 무좀일 때도 생긴다. 얕고 움푹 파인 점상은 건강한 사람에게도 생기는 일이 있다. 황갈색으로 변하면서 무르고 물결친 것과 같은 모양으로 두터워진다.

⑦ 손발톱이 얇아진다.

조갑이 얇아지는 것인데, 손가락 끝의 혈류가 나빠졌을 때, 저 색소성 빈혈일 때 생기는 일이 있다.

(4) 표면상의 변화

① 무르다(취약)

손발톱의 수분이 적기 때문에 생기는 것으로, 피부의 균열과도 같다. 조갑의 유리연은 영양이 충분치 않으므로 원래 무르고 약한 부분이다. 매니큐어액이나 리무버를 남용하면 손발톱의 표면에서 수분을 제거시켜 조갑을 무르게 만든다.

② 벗겨진다.

조갑의 유리연이 일부 벗겨지는 현상으로, 벗겨진 곳은 흐릿해져 희게 보인다. 끝쪽 일부에서만 끝나는 일이 많지만, 만일 손발톱 전체에 걸쳐 발생한다고 해도 결코 손발톱이 떨어지는 일은 없다.

조갑 박리증은 일상에서 흔히 볼 수 있는 것으로서 특히 요리사, 미용사처럼 열, 약품에 접하는 사람들에게 많다. 병적으로는 심상성 건선, 조곽염, 손발톱 무좀일 때 생기는 일이 있다.

③ 빠진다.

손발톱이 근원 쪽부터 벗겨져 빠지는 현상이다. 일정한 사이를 두고 반복되는 손발톱의 질병으로, 선천적인 것이고 극히 드물다.

평소에 흔히 볼 수 있는데, 출입문에 끼이거나 출혈한 뒤, 그 부위의 손발톱이 빠지는 것이 보통이다. 그밖에 중병에 걸렸을 때 손가락과 발가락 끝의 혈류가 나빠졌을 때도 보게 된다.

④ 손발톱 주변 피부의 화농

물일이 많고 손가락이 언제나 젖어 있는 사람은 손톱과 주위의 피부 사이에 세균이 들어가기 쉬워 화농하는 일이 있다. 칸디다라는 진균(곰팡이 일종)으로 발생되고 그밖에 포도상구균도 원인균이 된다.

손발톱 주위의 피부가 붉게 부어 오르고, 손발톱과 피부의 사이가 넓어져 이 사이에서 고름이 나오는 일도 있다. 손발톱은 윤기가 없어지고 몇 개의 횡구가 생기며 표면은 물결친 것처럼 된다.

이것을 치료하기 위해서는 되도록 물일을 피하고 건조시키는 것이 중요하다. 리바놀(rivanol) 성분의 살균제, 설파제, 항생물질의 복용을 통해 치료가 가능해졌다.

4. 모 발

1) 모발의 구조

(1) 모발의 수와 크기

두피전체에는 약 12만개에 달하는 모발이 있으며, 우리가 흔히 말하는 머리숱은 단위 면적당 얼마나 많은 숫자의 머리카락이 분포하는 가의 정도를 나타내는 머리카락의 밀도를 말하는 것으로 사람마다 다르다. 많은 경우 15만개를 넘는 사람도 있고 적은 경우 5만 이내인 사람도 있어 개인차가 심하다.

인종별로 보면 금발은 약 14만개, 붉은 모발은 약 9만개만이 있으며, 흑발과 갈색머리는 평균치에 가깝다. 백인의 모발이 가장 가늘고, 흑인의 모발이 가장 거칠다. 일반적으로 모발의 굵기는 60~95마이크론이다. 머리카락 한가닥의 강도는 150~160g 정도 된다. 또 모발 하나의 고착력은 50g으로 이것은 모발 한 개를 뽑을 때 들어가는 힘의 강도를 말한다. 그러므로 사람의 모발을 10만개로 계산 할 때 모발이 견딜 수 있는 힘의 강도는 무려 15톤에 이른다. 모발의 수는 나이가 들수록 고착력이 떨어지며 20대 이후부터는 점차 그 숫자가 줄어들기 시작하는데 모발이 사람마다 다른 것은 굵기에서 결정되어진다.

모발이 검고 직상모인 동양인은 굵기가 굵고 모발의 강도도 높은 반면 금발이나 붉은 머리인 서구인의 모발은 평균 동양인보다 10~30% 가늘다.

모발의 성질도 사람마다 다른데 피부가 지성인 사람은 모발도 지성이고, 건성인 사람은 모발 또한 건성인 경우가 많다. 자신의 모발이 건성인지 지성인지의 여부는 두피의 피지 정도에 따라서 모발의 지성, 건성 여부가 달라지는데, 모발 타입은 피부 상태와 마찬가지

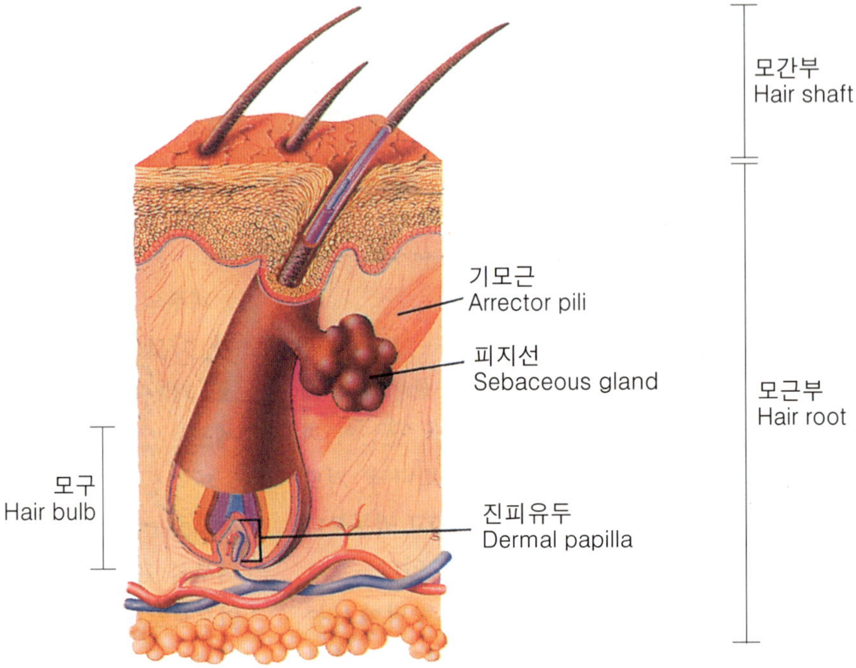

그림 2-2. 모근부의 구조

로 언제나 똑같지 않고 나이가 들면서 변하기도 한다. 예를 들어 나이가 들면서 머리카락이 점점 갈색이나 노란색으로 변한다면 이는 지성에서 건성으로 변하는 것이다. 또한 모발은 탄력적으로 자신의 길이의 5분의 1정도 늘어날 수 있다. 그러나 모발은 수분에 민감하기 때문에 공기의 다습과 건조함에 따라 곱슬곱슬한 정도가 영향을 받게 된다.

모발에는 자연적인 가리마 부분이 있는데 왼쪽에 있는 것이 가장 일반적이고, 가운데, 오른쪽 순으로 나타난다.

(2) 털의 구조

털은 발바닥과 손바닥, 입술을 제외한 온몸을 덮고 있다. 사람마다 차이는 있겠지만 실제로 전체 피부에 나 있는 털의 수는 대략 500만개 정도라고 한다.

털에는 다음의 세 종류가 있다.

① 앞머리, 턱밑, 음부, 그리고 겨드랑이 부위의 길고 부드러운 털

② 눈썹과 속눈썹의 짧고 뻣뻣한 털

③ 그 외 몸 전체에서 발견되어지는 솜털과 같이 부드럽고 무색인 털로서 라누고(Lanugo)라고도 불린다.

이러한 모발은 손바닥, 발바닥, 눈꺼풀을 제외한 신체의 모든 부위에 나타난다.

털은 몸의 표면에 나와 있는 부분인 모간과 피부 안에 있는 뿌리 부분인 모근으로 되어 있다. 우선 털의 명칭을 보면 몸 밖으로 나와 있는 부분이 모간인데 털이 피부 밖으로 비쳐지면 이는 죽은 조직으로 간주된다.

피부 안쪽(진피층)에서 털이 만들어지는 곳이 모낭이다. 모낭을 가로축으로 3구간으로 나누면 가장 아래쪽에 있는 것이 모근의 뿌리 부분으로서 부풀어 있는 곳인 모구가 있다. 생화학적인 합성을 하며, 혈관에서 영양을 공급받아 모모세포가 분열, 털로 성장해 간다.

다음 구간은 케라틴화 구간이다. 케라틴(keratin)이란 털, 손톱, 머리카락 등의 주성분인데 일종의 단백질이다. 아미노산의 일종인 시스틴(cystine)이라는 물질과 결합하여 세포가 케라틴화한다. 털이 뻣뻣하게 느껴지는 것은 이 케라틴 성분 때문이다.

마지막으로 털의 가장 바깥 쪽에 있는 부분은 탈수되어 각화된 세포와 세포를 이어주는 세포간 결합 물질에서 생긴다. 처음 이 두 구간을 트란젠트부(Transient part)라고 한다.

또한 털을 세로로 나누어 털의 세로 단면을 살펴 보면 털의 가장 바깥 쪽을 싸고 있는 외모근초가 있고 이것은 피부의 표피를 이루는 세포가 분화된 조직과 외모근초의 안쪽을 싸고 있는 조직인 내모근초로 감싸여 있다. 이외 내모근초 바깥에는 결합직초라는 것이 있어 전체적으로 보면 마치 양파처럼 층을 이루고 있다.

모구 바닥 부분을 보면 파여 있는 곳이 있는데 이곳을 모발 생성과 발육에 중요한 역할을 하는 모유두라고도 하며 진피 유두라고도 한다. 이 진피유두는 모낭 중 유일하게 진피 표면 아래 결체 조직을 갖고 있으며 모낭 바닥에 있는 이 유두는 모낭의 털 성장사이클을 조절하는 중요한 역할을 맡고 있다.

따라서 이 유두를 제거하면 털의 성장이 멈춰 버린다. 이를 이용하여 전기분해법(electrolysis)을 이용하여 털을 제거하기도 한다.

모구는 앞에서 말했듯이 모낭의 증식이 이루어지는 장소로 2~3개 층으로 이루어져 있는 피부 표피층의 가장 아래쪽을 형성하고 있는 조직인 기저세포가 유두의 윤곽을 만들고 있다. 이 모구 세포 중 3분의 1도 안되는 수만이 분화하여 털이 된다. 또 모구에는 멜라노사이트라는 세포가 있다. 멜라노사이트란 멜라닌 색소를 만드는 곳으로 털의 색을 만들어 준다.

(3) 모발의 구조

모발은 세겹의 층으로 되어 있다. 바깥층의 각질 부분은 부드럽고, 평평하며 투명한 세포들로서 지붕의 판자처럼 서로 겹쳐져 있다. 세포들이 이렇게 집중 배열되어 있어서 모발의 안쪽 부분을 방어하는 유용한 방패의 역할을 한다.

그림 2-3. 모발의 단면도

두번째 층인 피층(cortex)은 모발에 유연성을 주는 가느다란 세포로 되어 있다. 이 세포들이 작용하는 것을 중지하면 모발은 손상되고 만다. 피층에 있는 작은 구멍에는 모발에 윤기를 주는 기름이 고여 있다. 기름이 부족하게 되면 모발은 건조하고 거칠어진다. 자연색을 발하는 물질이 이 두 번째 층에 있다. 바깥층을 통해서 갈색, 붉은색, 검은색, 노란색, 회색 또는 흰색의 색조를 모발에 주는 것이 바로 이 물질이다.

모발의 가장 중앙부에 있는 층은 골수의 통로인데 모발의 줄기가 세로로 나란히 두개가 놓여진 형태로 구성되어 있다. 골수의 통로는 비어 있지 않다고 알려져 있다. 그것은 모발의 강한 중심의 속을 형성하고 있다. 약한 모발과 부드럽고 윤기가 없는 솜털 같은 모발은 이 중심이 결여되어 있다. 모발의 끝부분은 점점 가늘어지다가 예리한 바늘의 끝처럼 된다. 또한 입모근(arrectores pilorum)이라 불리는 근육이 소낭과 연결되어 있는데 이 근육은 피부의 온도 변화에 따라 모공을 수축시켜 소름을 돋게 하며 이때 털이 서는 것을 육안으로 관찰 할 수 있다.

(4) 모발의 일생

모발의 성장은 일련의 재생과정(a series of reincarnation)이라고 말할 수 있다. 정상적인 모발의 수명은 정해져 있지 않다. 모발은 휴식과 성장을 반복하는데 휴식의 시기는 신체의 부위에 따라 각각 달라지며 부위마다 일정한 주기가 있다. 모발의 경우 그 수명은 매우 다양하여 짧은 경우는 몇 주에서 긴 것은 수년에 이른다.

예를 들면, 다리의 털인 경우 성장의 시기는 약 8주 정도로 보이며 3개월 동안 휴식한다. 두피의 모발인 경우는 휴식의 시간은 그보다 훨씬 더 짧다. 속눈썹의 경우는 약 150일 정도 된다.

소낭은 모발이 피부에 머물러 있는 것을 도와주는 역할을 한다. 모발은 한달에 3/4인치 정도 자라는데 밤보다는 낮에, 그리고 따뜻한 여름철에 더 빨리 자란다. 새 모발은 거의 수명을 다한 모발보다 2배 정도로 성장 속도가 빠르다.

털의 성장 주기는 다음과 같이 나누어진다.

① 성장기

털은 대부분 자라면서 일생을 마친다. 전체 체모의 85~90%가 성장기에 있다. 휴지기가 멈추고 성장기에 들어서면 털의 모포가 진피 내로 깊숙이 내려간다. 그리고 모구 부분이 뿌리 깊은 부분까지 이르면 모모 세포(털의 근원이 되는 부분)는 바로 세포분열을 시작해서 새로운 털 생산에 착수한다.

모발이 새로 생산되면 새로운 모발은 표피 쪽에 있던 휴지기의 모발을 밀어 올려 빠지게 한 다음에 표피 밖으로 얼굴을 내민다. 그 다음에는 퇴행기까지 영양을 섭취하면서 성장을 계속한다. 만약 모발을 잡아 뽑아 통증을 느꼈고 모근의 끝이 코르벤 구조를 하고 있는 경우는 성장기의 모발이다.

② 퇴행기

성장을 마친 모발은 퇴행기에 들어간다. 이 시기를 퇴축기 라고도 하며 이 시기를 거치면서 모발의 일생은 끝난다. 이 기간에 해당하는 털은 온 몸에 있는 전체 털의 1% 정도이다. 퇴행기는 모포의 수축이 시작되어 세포분열을 정지하고 성장이 멈추고 쉬고있는 상태인 휴면 상태로 들어가는 시기를 가리킨다. 이 시기의 특징은 모유두색이 변하고, 모모세포는 위축되어 세포분열은 물론 새로운 생산활동을 중단하고 탈모준비에 들어간다. 이 시기는 멜라닌 생성이 완전히 중단된다.

③ 휴지기

탈모를 코앞에 둔 모발은 모근만 있는 상태에서 몇 개월 동안 휴지기에 들어간다. 뿌리만 살아남아 다시 봄을 기다리는 것이다. 전체 모발의 10~15%는 휴지기에 들어있다.

휴지기의 털은 새로 만들어지는 털에 의해 위쪽으로 밀어 올려지기 때문에 모포의 깊이는 정상 때의 약 3분의 1정도이다. 따라서 잡아 당기면 별 저항없이 간단히 빠져 버린다. 휴지기의 털은 가늘다. 이 시기에 하루 50~100개 정도의 모발이 빠지는 것은 정상이다.

(5) 모발의 기능

① 충격완화 기능

외부의 자극으로부터 충격을 완화시켜 인체 내부를 보호한다.

② 촉각전달과 인체보호 기능

털은 외부의 감촉을 몸에 전달하는 기능도 있다. 털이 완전히 없어지면 털이 있을 때에 비해 촉감 전달이 18배 정도 감소한다는 실험 결과가 나와 있다.

그리고 털이 난 부위에 따라서 털은 각각 독자적인 기능도 하고 있다. 예를 들면 모발은 뇌를 자외선이나 외적 자극으로부터 보호하며, 눈썹은 땀이나 이물질이 각막으로 직접 눈으로 들어가지 않도록 막아주며, 속눈썹은 먼지나 벌레 등 이물질로부터 눈을 지켜준다. 마찬가지로 코털은 먼지의 침입을 막고 바깥 공기가 몸 안으로 들어가기 전에 온도를 높여주는 기능을 하고 있다.

③ 노폐물 배출 기능

털은 체내에서 만들어진 노폐물을 배출하는 기능을 한다.

여드름의 경우 모발의 휴지기인 경우에 여드름이 쉽게 발생된다. 모공내의 피지와 더러움은 모발을 계단삼아 밖으로 배출되며, 모발은 피부내의 노폐물 배출에 없어서는 안되는 물질이다.

(6) 모발의 병변

① 다모증

A. 다모의 기준

다모에는 전신성 다모증과 국소성 다모증의 두 가지가 있는데, 이 둘 모두 선천성으로 알려지고 있다.

전신성 다모증은 출산 때, 혹은 3~7세 경까지 전신에 단단한 털이 나는 것으로 선천성의 희귀한 병으로 성형 외과적으로 처치해야만 한다.

국소성 다모증 역시 선천성의 기형으로 일부의 피부에 뻣뻣한 털이 나 있는 것을 말한다. 치료법으로는 모근을 전기로 태워버리거나 절제하여 식피를 한다.

요즘 호르몬제가 치료에 응용되고 있는데, 그 부작용으로 온몸의 부드러운 털이 굵어지고 특히 여성에게 남성 호르몬을 사용했을 경우, 수염이 나는 일도 있다. 이러한 경우 호르몬 사용을 중지하면 자연히 없어진다.

다모의 기준은 인종 즉 동양인, 서양인에 따라 큰 차이가 있는데 일반적으로 사춘기 소녀들 중 10%와 출산한 여성의 10%에서 다모증 증세를 보인다. 여기서 다모증이란 얼굴이나 가슴, 등, 엉덩이 등 대개 남자들에게서나 나타날 수 있는 부위에 굵은 털이 나는 것을 말한다. 물론 남성에게도 다모증이 있다. 남성들의 다모증은 안드로겐의 영향으로 인해 인체 내 여러 부위에 굵은 털이 비정상적으로 과도하게 성장한 것을 말한다.

인종 별로 살펴보면 라틴계나 유태인, 웨일즈 지방의 여성들은 일본이나 인도 여성들보다 털이 많다. 또 갈색 머리의 여성들은 금발의 여성들보다 얼굴, 유방, 가슴에 털이 더 많은 경향이 있으며, 남성들도 역시 인종에 따라 털이 부위별로 밀집해서 생겨나는 일이 있는데, 이는 유전에 기인한 것으로 파악되고 있다.

다모증의 수준을 판정하는 기준에 대해서는 사람마다 다를 수 있는데, 현재 다모증을 분류하는 기준으로 제시된 것은 인체 부위별 분류 방법으로 다음과 같다.

- 안면 다모증

  1단계 : 윗입술, 턱, 볼에 몇 가닥의 털이 있다.

  2단계 : 입술 가장자리에 털이 짙게 난다.

  3단계 : 털이 얼굴 전체에 퍼져 있다.

  4단계 : 털이 얼굴 전체에 퍼져 있고 색도 짙다.

- 털의 성장 밀도

  가벼운 정도 : 가느다랗고 색이 있는 털이 양쪽 손발과 볼, 턱(단, 턱수염은 드물다.) 가슴, 배 등에 보인다.

  중간 정도 : 굵고 색이 있는 털이 보인다.

  심한 정도 : 굵고 단단한 털이 턱수염 부분, 손가락 관절, 귀, 코를 덮고 있다.

B. 다모의 원인

- 연 령

  사춘기에 생성되는 다모는 특발성 다모증의 특징이며, 이에 대한 원인은 아직까지 발견되어지지 않고 있다. 폐경기에 나타나는 다모 현상은 사춘기에 비해 그다지 중요한 의미를 갖지 않는다. 반면 장년기에 나타나는 다모는 유의해야 할 필요가 있는데 이 경우는 내분비선 장애 등의 질환이 의심되기 때문이다.

- 인 종

  인종에 따른 다모의 기준 차이는 매우 커서 어떤 인종에게는 다모로 보이는 경우라도 다른 인종에게는 문제가 되지 않는 경우도 많이 있다.

- 가족력

  사춘기 다모증의 경우 유전에 대해 신경 쓸 필요는 없다. 그러나 다모의 원인이 부신기능 장애인 경우로써 이로 인한 대표적인 질환으로 쿠싱증후군이나 애디슨병이 있다.

- 월경 주기

  월경 장애가 클수록 대사 이상 가능성이 높으므로 다모의 원인이 된다.

• 호르몬 이상

여드름과 머리의 앞 이마나 정수리 부위부터 탈모가 시작되는 남성형 대머리 같이 안드로겐 호르몬 영향을 받은 것으로 보이는 증세가 동시에 나타나거나 또는 그 중 한가지만이라도 생길 경우에도 다모 증상이 나타날 수 있다.

성 호르몬은 사춘기 이후 남성과 여성의 특징을 나타나게 해준다. 남자에게는 근육과 수염, 굵은 목소리를 그리고 여성에게는 부드러운 피부와 여성다운 몸매를 갖게 한다.

털도 성 호르몬의 직접적인 영향을 받는다. 남성에게는 굵고 긴 털을, 여성에게는 가늘고 짧은 털을 나게 하는데 이러한 성호르몬은 우리의 몸 여러 기관에서 분비된다. 그리고 혈액과 함께 구석구석 전달되어 임무를 수행한다. 성호르몬은 언제나 일정한 양이 혈액 속에 들어 있어야 하는데 이를 통제하는 곳이 뇌의 중간 부분에 위치하고 있는 시상하부로써 이곳은 신경세포와 신경섬유가 복잡하게 얽혀 있어서 체온 조절, 물질 대사, 본능적인 감정 표현 등을 맡고있다. 이 제어장치는 너무 많거나 너무 적지 않도록 호르몬의 양을 유지시키는데, 나이가 들어서도 변함없이 지속적으로 그 역할을 수행한다.

여기서 예외가 되는 것이 여성호르몬이다. 여성호르몬은 난소와 부신 피질에서 분비된다. 그러나 어느 정도 나이에 이르면 여성은 폐경기를 맞아 난소에서 여성호르몬이 분비되지 않게 된다. 그러면 여성호르몬은 부신의 바깥층을 이루는 내분비선 조직인 부신 피질에서만 만들어지면서 체내의 여성호르몬 양이 매우 적어지게 된다. 이처럼 여성호르몬의 균형이 깨지면 골다공증 등 갱년기 장애를 일으키는 원인이 된다. 이 호르몬의 불균형이 체모의 발생에 상당한 영향을 미친다.

• 체 중

젊은 여성이 비만일 경우에는 혈중 인슐린, 혈당치, 혈중 중성 지방등을 검사하며, 월경 주기의 이상, 호르몬이 혈액 속에 녹아 있는 정도를 나타내는 혈중 호르몬의 수치 측정 등을 알아본다.

다모증의 경우 여성의 체중과 밀접한 관계가 있는 것이 미국에서 알려진 바 있다.

• 심리적 영향

유전적으로 스트레스에 약한 사람은 신체 특정 부위에 털이 생성되는 안드로겐성 피부질환이 생길 가능성이 있다. 또 심리적인 영향도 고려해야 한다. 다모증에 대해 느끼는 감정은 사람에 따라 다양하다. 따라서 이러한 심리요인에 대해 정확하게 판단한다는 것은 매우 미묘하며 또한 중요한 일이다.

그러나 안드로겐의 대사가 광범위하게 일어나며 특별한 정신과적인 문제로써 편집증, 정신분열증 등 병적인 장애를 보일 때는 신중한 검사가 필요하다.

② 무모증

모근은 피부 속에 있지만 털이 나지 않는 상태로 선천성인 것으로 생각되고 있다. 발모제, 인공태양 광선요법 등을 사용하며 호르몬의 외용, 내복도 생각할 수 있다.

무모증의 대표적인 현상은 알트리시인데, 알트리시란 선천적으로 털이 없는 것으로 모낭 시스템의 개발이 늦어지거나 기능이 완전히 퇴화되어 버린 경우로써 핍모증이라고도 한다. 단단한 털이 나는 부위에 비교적 적고 혹은 연모가 나있는 상태를 말한다. 특히 여성의 음모 부위에서 이런 현상이 나타날 수 있다. 이와 같은 여성 음부의 경우는 성형 외과적 방법으로써 식모나 남성호르몬 연고를 발라 단단한 털을 나게한다.

③ 결모증

모발에 비교적 많은 편이지만, 수염, 음모에도 생길 수 있다. 빗이나 브러시를 사용하여 모발에 자극이 가해질때 특히 합성 수지의 제품을 사용한 경우에는 모발의 끝이 꼬부라지고 매듭을 만드는 경우가 있다. 이러한 매듭은 모근에 가까운 부분에 나타나고 끝부분에 오는 일은 드물다.

이와 같은 결모는 매듭 부분부터 모발이 끊기는데 빗이나 브러시를 사용할 때 주의하고 모발의 건조를 예방하기 위해 양모제를 바르는 것이 좋다.

모발이 성장하는 곳인 모구는 코텍스층이나 큐티클층이 강하게 밀착되어 있어 매끄럽게 느껴지는데 이 경우는 코텍스층과 큐티클층의 연결이 없는 상태를 말한다. 이런 현상을 흔히 모발 빈혈이라 부르는데 원인으로서는 외적영향으로는 크게 물리적, 화학적, 환경적 원인으로 구분될 수 있다. 물리적 원인은 빗 또는 브러쉬에 의해 당겨지거나 모발끼리 심하게 마찰한 경우를 일컬으며 화학적 원인으로는 잘못된 샴푸, 린스, 정발제, 퍼머, 염색 등으로 인한 모발의 손상이 있다. 또한 환경적 원인으로는 과다한 자외선 노출, 바람, 비, 바닷물 등에 의해서도 생길 수 있다. 또한 내적 영향으로는 신체가 허약하거나 수술 후의 회복기간, 빈혈, 감기, 임신중일 때 이런 현상이 쉽게 발생한다. 이때 내적 원인인 경우 의사의 진찰을 받고 외적 원인인 경우 아미노산 복합제, 프로테인, 라놀레인 등을 사용하여 모발의 보호막 등을 입혀 외부로부터의 충격에서 보호해 준다.

④ 열모증

A. 결절성 열모증

모발에 부분적으로 회백색 혹은 회갈색의 작은 결절(매듭)이 생기고 그 부위부터 모발이 끊긴다. 여성에게서 많이 발견되며 모발, 음모, 겨드랑이 털, 눈썹 등에서 나타난다. 모발의 전부가 이런 증상인 경우는 드물며 부분적으로 생기는 일이 많다.

결절부의 털은 모필(붓)처럼 되고 한가닥의 털에서 몇 개의 결절을 보는 일이 있다. 결절부 이외의 털은 거의 정상이며, 모근에도 이상은 없다.

B. 종렬성 열모증

모발의 끝이 몇 가닥으로 갈라지거나 모발이 세로로 몇 가닥 쪼개져 모근에 도달하고 또한 나무가지 모양으로 갈라진 것을 말한다.

열모는 퍼머 등의 기계적 혹은 화학적 자극에 의해서도 발생하는 일이 있다고 생각되며 모발을 건조시킴으로서 쉽게 발생한다.

이와 같은 기계적 자극에 의한 모발의 장애가 가벼울 때는 결절성 열모의 상태이지만, 더욱 자극을 반복하여 모발의 상해가 심해지면 종렬성 열모의 상태가 된다고 한다. 즉 한 모발에 결절성 열모와 종렬성 열모가 함께 발견되는 일이 있고 결절성 열모의 끊어진 끝이 털의 성장에 따라 종렬성 열모가 된다고 생각된다. 이와 같은 열모는 생활 습관이 서구화됨에 따라 여성의 72%가 열모를 경험한다고 하는데 퍼머넌트, 웨이브의 일반화에 의해 점차 증가되고 있다.

모발에 유성의 양모제를 바르고 건조를 막는 의미에서 빈번한 세발은 주의가 필요하다. 외용약으로 양모제를 매일 바르고 영양 공급에 주의한다.

유인으로써 빗, 브러시 등에 의한 자극이 될 수 있으므로 빗, 브러시 등은 되도록 사이가 드문 것을 사용하며 합성수지로 만든 제품은 특히 주의할 필요가 있다.

2) 탈모증

(1) 원형 탈모증

원형탈모증은 과거에는 전염성 질환으로 생각되었으나 현재는 전염되지 않는 것으로 인식되고 있다. 주 증상으로는 가려움, 아픔과 같은 자각 증상이 없이 원형의 탈모를 본인이 인지하지 못한 상태에서 타인에게 지적되어 발견되곤 한다. 그 크기는 여러가지로 2mm~5cm까지 다양하다. 수는 2~3개의 것이 가장 많고 때로는 몇 개씩 모여 불규칙한 모양을 형성하기도 한다.

보통은 모발에 한정돼 있지만 드물게는 눈썹, 턱수염, 체모가 원형으로 탈락되기도 한다. 일반적으로 탈모부위는 반짝이며 다소 움푹하다. 처음에는 약간 붓고 피부가 부드러워지나 모공은 거의 보이지 않는다. 탈모 부위 둘레의 모발을 잡으면 모발이 쉽게 빠지는 것을 볼 수 있다. 이 부위의 모근을 현미경으로 확대시켜 보면 모발 끝이 뾰족하고 보통의 모발인 경우는 코르벤형(프라스코형)이라서 곧 식별할 수 있다.

대부분의 원형탈모증은 자연히 낫는 경우가 많으며 병의 진행이 멈추면 우선 머리가 빠지지 않게 된다. 모발이 다시 나게 될 때에는 우선 중심부에서 부터 자라나고 차츰 주위로 퍼져 간다. 탈모 부위가 5개를 넘거나 모발이 아니고 눈썹, 턱수염, 겨드랑이 부위의 탈모가 있는 경우에는 낫기 힘들며 적극적인 치료가 필요해진다.

(2) 악성 원형탈모증

악성 원형탈모증의 초기 증상은 보통의 원형탈모증과 같다. 그러나 악성 원형탈모증인 경우는 처음 1~2개의 원형 탈모가 점차로 늘고, 동시에 그 크기도 증가되며 눈썹, 겨드랑털, 턱수염, 음모 등이 빠지며 점차로 온몸의 단단한 털이 나있는 모든 곳으로 확대된다. 더욱 심한 경우는 가슴, 배, 등에 나있는 연모도 탈락한다.

이같이 단순한 원형탈모증은 저절로 낫는 경향이 강한데 비해 악성 원형탈모증은 호전될 증조를 보이지 않고 자꾸만 진행되어 간다.

치료는 어려운 편이며 현재 스테로이드 호르몬의 외용요법(ODT 요법) 방법이 가장 유효한 것으로 생각된다. 스테로이드 호르몬제의 내복은 부작용이 우려되므로 신중하게 생각하여 사용하여야 하며 특히 위장이 약한 사람, 결핵 질환자, 고령자는 이 스테로이드 호르몬제의 내복을 금해야 한다.

(3) 비강성 탈모증

비강성 탈모증이란 비듬이 병적으로 많고 가려움증이 있으며 점차 머리털이 가늘어지는 것을 말한다. 비듬증이란 일단 그 사람의 체질이라고 보아도 될 것이다. '지루성 습진'의 가장 가벼운 증상이 비듬 상태라고 할 수 있다.

치료는 외용약으로 비듬을 막는 항 비듬 샴푸를 사용한다. 비강성 탈모도 일단 항 비듬 샴푸를 매일 사용하면 탈모가 중단된다.

내복약은 특별히 필요가 없으며 비듬을 억제하는 비타민으로써 현재 알려진 B_3를 사용한다.

(4) 장년성 탈모증

장년성 탈모증의 형태는 2가지로 첫째는 두정부형, 즉 머리 중심 부위부터 대머리가 시작되는형, 이마형으로 이마에 접한 곳부터 대머리가 시작되는 경우이다. 젊어서 시작되는 탈모는 유전과의 관계로 알려지고 있다. 더욱이 남성에 많고 여성에서는 거의 볼 수 없다. 남성이 주로 걸리므로 이와 같은 '젊은 대머리'의 원인으로써 남성 호르몬의 영향이 생각되고 있다.

치료방법으로는 발모제, 인공 태양광선 조사, 여성호르몬 연고를 사용 한다.

(5) 물리적 작용에 의한 탈모

외부로부터의 압박, 잡아 당겨짐, 피부 안쪽부터 모근이 압박되어 모근이 위축되며 탈모되는 경우를 말한다. 그 종류로는 다음과 같은 것을 들 수 있다.

① 결발성 탈모증

과거에 주로 보여졌던 탈모증으로 '쪽', '낭자머리'를 할 때 '모발 견인'이라는 물리적 작용이 모근에 가해져 탈모증을 일으키는 것을 말한다.

② 목침 대머리

딱딱한 목침을 사용하고 그 나무의 압박에 의해 탈모증이 됨을 말한다.

③ 유아성 베개 벗어짐

지속적으로 누어 있는 아기의 뒷머리에 폭이 넓은 띠모양의 엷은 탈모를 말한다.

(6) 절종 후 탈모

머리에 절종이 생겨 빨갛게 붓고 고름이 나온 뒤, 종기 그 자체는 완치되었으나 종기 부위에 탈모가 생기게 되는데 그 모양은 종기의 발생 부분이 원형이므로 탈모의 모양도 원형이고 언뜻 '원형 탈모증'을 연상시킨다.

(7) 노인성 탈모증

노인에서 나타나는 탈모이지만, 두피 및 모근에 노화가 생겼음을 말해 준다. 개인차가 상당히 많고 또한 체질에 따라 다르며 유전과도 관계가 있다. 일반적으로 노인성 탈모증인 경우는 노인성 백발과 함께 오지만, 장년성 탈모증에서는 거의 백발이 없다.

확실한 치료법은 아직 없으며 발모제, 인공 태양, 여성호르몬 등이 어느 정도 그 진행을 막는 것으로 보고되고 있다.

(8) 반흔성 탈모증

머리의 화상이나 칼로 벤 상처가 완치된 뒤에 대머리가 생긴다.

(9) 두부 백선성 탈모증

두부의 백선은 '기계충'이라고 부르기도 하는데, 일반적으로 기계충은 이런 두부 백선과 두부의 비듬증을 합해 부르는 명칭이다. 백선균(곰팡이의 일종)이 두피에 기생하고 쌀겨와 같은 비듬이 생기는 증상으로, 탈모는 아니나 모발이 부러져 마치 탈모증과 같은 형태를 나타낸다.

어린이, 특히 머리가 짧은 남자 아이에서 발견되고 장발의 아이에는 발생하지 않는다. 또한 어른도 발병하지 않는다. 치료로서는 항백선제를 바른다.

(10) 매독성 탈모증

가려움, 통증 등의 자각 증상이 없는 매독의 제 2기 발진으로써 탈모가 나타난다.

매독성의 탈모는 원형 탈모증처럼 원형으로 깨끗이 빠지는 탈모가 아니고 콩알만한 크기의 탈모가 후두부, 옆머리에 수많이 산재성으로 나타나는 것이 특징이다. 이 경우 피부과 의사에 의해 확실한 진단을 받는 일이 중요하다.

혈액의 매독 반응은 100% 양성으로 보아도 될 것이다.

(11) 전신성 질환에 의한 탈모

전신성인 질환의 한가지 증후로서, 불규칙한 모양으로 여기저기 탈모되는 형태를 보인다. 전신성 질환으로서는 장티푸스, 폐렴, 독감, 기타 고열을 동반하는 질병 후에 흔히 이러한 탈모증이 나타난다. 빈혈의 결과로서도 나타날 수 있다.

요즘 암 환자에 항암제를 사용하기 때문에 그 결과로써 탈모가 일어나는 일도 있다. 또한 노령의 여성에게 남성 호르몬을 투여했을 경우에도 드물게 두부에 나타나는 일이 있다.

(12) 발모광

주로 신경질적인 어린이에서 볼 수 있는데 모발을 뜯는 버릇이 있고 그 결과 탈모반으로써 나타난다. 일부 아이들의 경우 가려워하기도 한다.

노이로제의 일종이므로 정신 요법이 필요하다. 외용약으로써 발모제를 바른다.

MEDICAL Skin Care

제3장

피부분석 및 고객상담

제 3 장
피부분석 및 고객상담

1. 피부분석

1) 용어의 정의

피부분석은 주로 피부유형의 판독과 피부상태를 알아보기 위한 단계로서 고객의 피부 특징을 육안관찰 혹은 기기측정을 통하여 판독하는 수행과정을 말한다.

2) 피부분석의 목적

피부분석의 목적은 유전적인 소인의 피부유형이나 다양한 요인으로부터 발생되는 피부 징후를 판독하므로서 피부상태에 알맞은 관리목표를 계획할 수 있다. 이는 피부상태에 알맞는 홈트리트먼트 제품을 처방할 수 있을 뿐 아니라 피부개선과 피부세포의 노화를 지연시켜줄 수 있는 중요한 관리지침이 된다.

3) 피부분석의 세부사항

피부분석의 세부사항은 주로 보습성의 당김(dryness) 피부결의 거칠기(roughness), 처짐(sagging), 주름(wrinkle), 탄력성(elasticity), 민감성(sensitivity), 안색(complexion) 등에 대한 분석사항을 들 수 있으며 과색소침착증(hyperpigmentation), 여드름(acne), 아토피 피부염(atopic dermatitis), 지루성피부염(seborrheic dermatitis), 바이러스 감염(viral infections), 모공각화증(keratosis pilaris) 등 피부에 나타나는 이상질환을 포괄한다. 특히 피부병력 관리주기 홈케어 사항은 피부분석에 따른 진단결과를 뒷받침해 줄 수 있는 중요사항이다.

4) 피부분석 방법

(1) 문진법(問診法)

고객에게 직접 피부상태와 관련된 세부사항들을 대답을 통해 알아보고 판별할 수 있는 방법이다. 주로 피부미용에 관련한 세부사항으로서 개인의 신상내용과 피부의 병력사항, 약물복용, 식습관, 가정에서의 피부관리법, 살롱의 관리주기, 미용기기의 사용여부, 다이어트 여부, 근통증부위 등을 알 수 있다.

(2) 견진법(視診法)

육안으로 피부를 판별할 수 있는 방법을 말하며 일명 시진법으로도 불려진다. 피부상태를 시각적으로 파악할 수 있는 세부사항에는 주로 과색소침착 분포정도, 모공상태, 흉터나 염증 후 자국정도, 여드름의 발전단계, 피부질환의 발생 등이 있다.

(3) 촉진법(觸診法)

피부를 직접 손으로 만져보아서 피부를 판별하는 방법이다. 촉감을 통해 이루어지는 피부진단사항은 주로 민감성, 거칠기, 탄력성, 셀룰라이트 분포 등을 알수 있다.

(4) 피부진단기의 피부측정

① 기기사용시의 피부분석 순서

A. 피부분석 전단계

헤어밴드(hair band) → 화장 지우기(point make-up remover) → 1차 클렌징(cleansing) → 스킨토너(skin toner) → 아이패드(eye pad)

B. 피부측정 및 진단단계

피부측정기기를 선택하고 피부측정부위에 피부측정기기를 고정하여 정확하게 측정한다. 피부상태의 측정은 대부분 반복 측정하므로서 정확한 측정치를 파악하는 것이 중요하며 피지상태의 측정은 1회 측정한 수치를 측정치로 한다.

② 피부진단기의 피부관찰

피부표면에서 관찰되는 피부상태에는 주로 피부결의 거칠기 정도, 주름의 크기, 과색소침착 분포, 모세혈관 확장, 피지분포 등을 확대배율 또는 측정수치를 통하여 면밀하게 파악할 수 있다.

그림 3-1. 피부세정

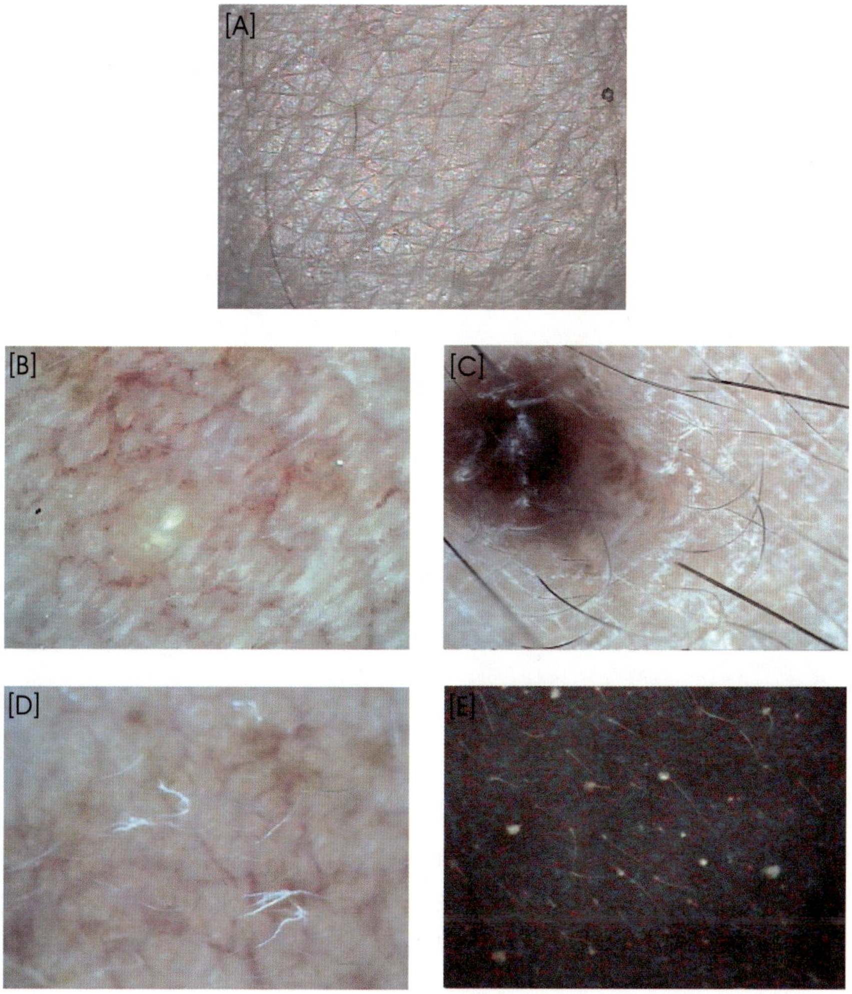

그림 3-2. 피부관찰사항

[A] 피부결 [B] 비립종 [C] 점
[D] 모세혈관확장 및 기미 [E] 피지

표 3-1. 피부관찰에 따른 피부상태의 반응색상

피부상태	특 징
정상피부	청백색
건성피부 수분부족피부	푸른빛의 연보라색
지성피부 여드름	분홍과 오렌지색
과색소침착피부	갈색과 암갈색
민감성피부 모세혈관확장	진보라색
노화된 각질	흰형광색
포진	밝은 노랑색

③ 피부분석 장비(Skin analysis equipment)

피부분석 장비는 피부의 다양한 특징을 확대하여 관찰할 수 있는 기기이며 피부상태를 측정하는 측정도구를 포괄한다.

피부분석에 이용되는 장비에는 확대경(magnifying lamp), 우드램프(wood's lamp), 스킨스코프(skin scopes), 수분측정기(moisture meter), 유분측정기(sebum meter) 등이 있다.

A. 확대경(Magnifying lamp)

육안으로 관찰할 수 있는 피부표면의 특징을 30배, 50배, 100배 배율로 확대하여 볼 수 있는 피부진단기이다. 확대경의 사용은 여드름 화농물질의 압출 경우 안전하게 제거할 수 있고 사용방법이 간편하여 널리 사용되고 있다.

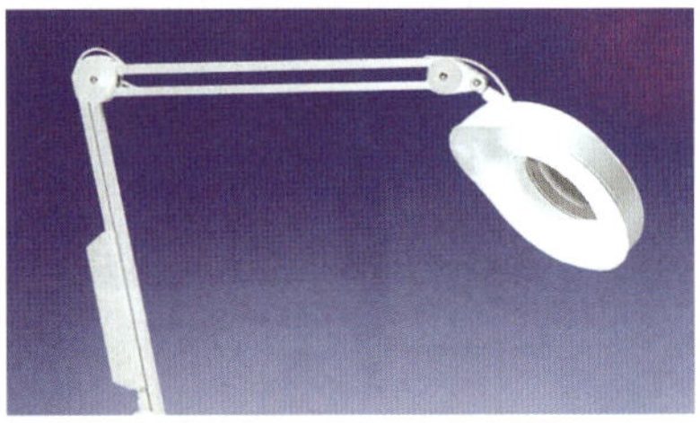

그림 3-3. 확대경

B. 우드램프(Wood's lamp)

우드램프는 미국의 물리학자인 Robert Wiliam Wood에 의하여 처음 개발되었으며 특수광선을 이용하여 백선과 같은 곰팡이균의 관찰에 사용되어 왔다. 우드램프는 피부표면에 나타난 색깔로서 피부상태를 파악할 수 있는 피부분석기로 널리 사용되고 있다.

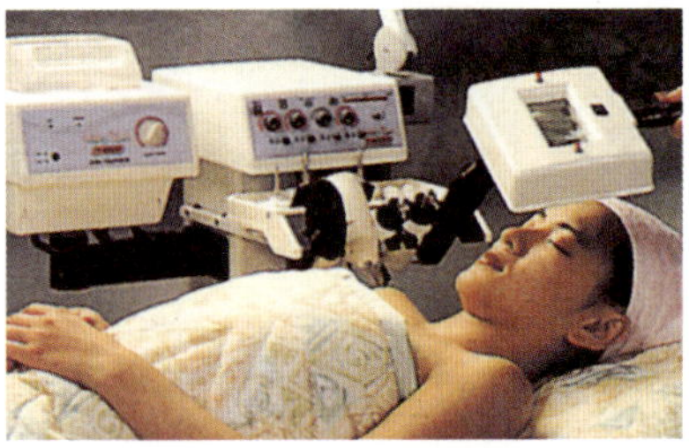

그림 3-4. 우드램프

C. 스킨 스코프(Skin scopes)

스킨 스코프는 피부에 나타난 다양한 특징을 60~800배율까지 확대하여 영상으로 직접 관찰할 수 있는 피부측정기이다. 우드램프와 비슷하여 다양한 피부상태를 관찰할 수 있다. 주로 피부표면의 형태적 구조인 피부결 피지 주름 등 피부관리 전후를 비교하여 피부상태를 파악할 수 있는 장점이 있다.

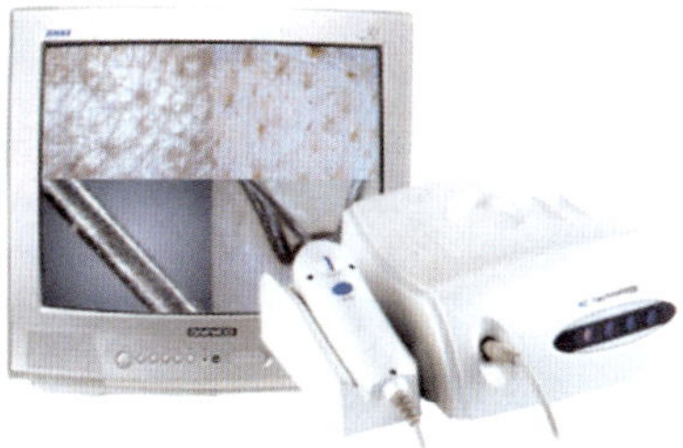

그림 3-5. 스킨 스코프

D. 유 · 수분측정기(Sebum & Moisture Meter ; Hydrometer, Cornemeter)

피부의 수분과 유분의 양을 임의 단위로 수치화하여 계측하는 피부측정기를 말하며 수분측정기는 피부의 각질층에서의 경피수분 함량을 전기적 성질을 이용한 방법이다. 유 · 수분의 측정 조건은 피부세정 후 3시간 경과 한 다음 단계에서 측정하며, 실내온도 20℃~22℃, 습도 40~60%의 항온 항습환경에서 실시하는 것이 중요하다.

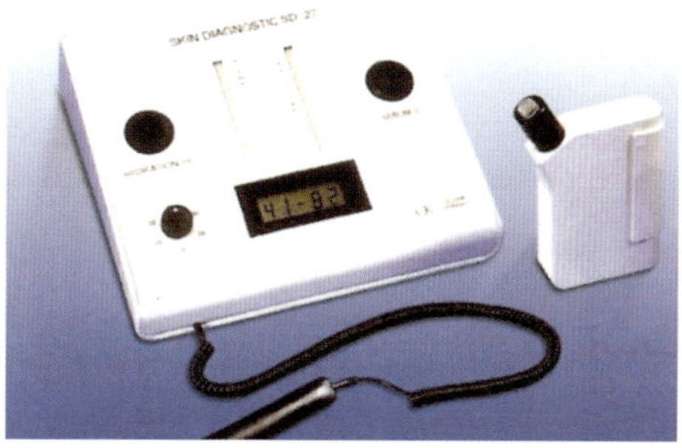

그림 3-6. 유 · 수분 측정기

사용법은 피부표면에 탑침봉을 접촉시켜 측정치를 확인한다. 이때 정확한 측정치을 파악하기 위해 수분의 경우 3회정도 반복측정하여 평균측정치를 사용하게 되며 유분의 경우 1회 측정을 수행한다.

5) 피부분석 과정(The analysis procedure)

피부분석은 고객의 피부에 나타나는 다양한 특징들을 면밀하게 파악하고 병력사항들을 참고하여 관리 프로그램을 수립한다. 피부분석과정은 1차적으로 포인트 메이크업 리무버(point make up remover)단계와 2차적인 피부표면세정을 가볍게 시행한 후 피부측정의 분석과정를 수행하게 된다.

표 3-2. 피부분석 과정

피부분석 과정
고객상담 (개인 신상내용 작성)
⇩
피부판독 및 피부진단 (피부분석표 작성)
⇩
트리트먼트프로그램 및 기기사용 선정 (관리계획서 작성)
⇩
안면 & 바디 트리트먼트 시행
⇩
홈케어 처방 (가정에서의 관리주기 및 화장품 사용법 작성)
⇩
평가 (관리 의견서 및 효과성 작성)
⇩
관리 프로그램 재설정 (관리기획안 작성)

2. 피부특징에 따른 피부유형

1) 피부유형의 구분

피부유형(skin types)의 구분은 피부의 유수분의 양에 따른 피부보습성을 기준으로 구분하며 피부유형은 크게 정상피부, 건성피부, 지성피부, 복합성피부, 민감성피부로 나뉜다.

(1) 중성피부(Normal skin)

중성피부는 피지선의 분비기능이 원활하여 피지가 적절하게 분비되고 피부보습 상태가 지속적으로 촉촉함을 유지할 수 있는 피부유형을 뜻한다.

중성피부는 정상피부유형으로 불려지고 있으며 대개 20대 초반까지 많이 볼 수 있는 피부유형이다. 중성피부의 특징은 피부의 촉감이 매끄럽고 부드러우며 피부결이 섬세하고 눈으로 보아 윤기와 광택이 있다. 특히 피부수분 함량이 12% 이상으로 건조함이 없이 일정하게 촉촉한 보습상태를 유지한다. 또한 중성피부의 경우 염증이나 과색소침착이 쉽게 발생되지 않고 탠닝의 경우 피부색의 회복이 비교적 빠르게 진행되는 특징을 보인다.

(2) 건성피부(Dry skin)

건성피부는 수분이 부족한(dehydrated) 건성과 지방질이 부족한(alipidic) 유분부족의 건성피부를 들 수 있다. 수분의 부족은 모든 피부에서 나타날 수 있는 피부특징으로 신체의 내적인 혹은 외적인 요인으로 발생되며 만성적인 경우 피부세포의 노화를 발생시킨다. 나이가 들면서 나타나는 건성피부는 피부세포의 생리적 기능이 저하되고 피부노화가 진행된 상태를 말한다. 즉, 외인성 혹은 내인성의 원인으로 표피층에 분포한 세포간 지질의 감소와 분비샘에서의 분비물질의 감소를 보이며 피부가 지속적인 건조함이나 탈수현상을 반복한다. 따라서 피부가 쉽게 당기고 거칠음과 건조함을 호소하게 된다.

건성피부는 노화진행정도에 따라 노화초기에 나타나는 표피건성(superficial dehydrated skin)과 피부노화가 이미 진행된 경우의 진피건성(deep dehydrated skin)으로 구분할 수 있다.

(3) 지성피부(Oily skin)

지성피부는 유분의 분비가 지나치게 많아 번들거리고 화장이 쉽게 지저분해지기 쉬운 피부유형이다. 지성피부는 크게 건조 지성피부(sicca skin), 지방성 지루피부(oleosa skin)로 구분한다. 건조 지성피부는 수분부족으로 인한 건조함을 느끼는 지성피부로서 외부환경적인 요인이나 세안제 등의 요인에 영향을 받는다. 지방성 지루피부는 유전적으로 피지선의 활동이 활발하여 과다한 피지분비로 피부표면이 지루상태를 보이고 모공이 육안으로 보아 눈에 띄며 각질이 두꺼워져 있다. 뿐만 아니라 피지산화물로 인한 세균의 번식이 쉽고 모낭 내 과각화현상으로 인하여 모낭벽의 약화와 모낭염(folliculitis)이 쉽게 발생될 수 있는 피부유형이다.

(4) 복합성피부(Combination skin)

복합성피부는 안면부의 부위에 따라 두가지 피부유형의 특징을 가진 피부유형을 말한다. 주로 티존(t-zone)부위는 피지분비가 많으며 염증이 쉽게 유발되고 반면 뺨부위는 피부당김이나 건조함을 호소하는 경우로 흔히 세안제 등 잘못된 화장품 사용으로 인해 쉽게 염증이나 자극 발생의 문제성 피부로 발전될 수 있는 피부유형이다.

(5) 민감성피부(Sensitive skin)

민감성피부란 피부의 형태적 구조가 정상이상으로 섬세하고 얇아서 외부환경요인에 지나치게 민감한 반응을 나타내는 피부를 말한다. 특히 피부보습의 기능이 저하되어 건조하므로서 각종 피부 트러블이 많이 발생되는 특징을 나타낸다.

민감성피부 유형에는 선천적 민감성피부(congenital sensitive skin)와 후천적 민감성피부(acquired sensitive skin), 알레르기성 접촉성피부염(allergic contact dermatitis)으로 구분된다. 선천적인 경우 피부가 얇아서 화장품이나 자외선으로부터 손상을 쉽게 받을 수 있는 피부이며 후천적인 민감성피부는 건조한 실내환경, 향이나 방부제 또는 알코올 함유의 화장품, 영양불균형, 피부의 수분공급 소홀, 수면부족, 임신, 폐경기, 국소 부신피질호르몬제(topical corticisteroid) 남용 등의 외부요인으로 인해 모든 피부에서 발생될 수 있다. 또한 알레르기성 접촉피부염의 경우 화장품의 어떤 성분에 의해 가려움이나 발진이 유발되는 특징을 보인다.

민감성피부에 대한 주관적 피부반응은 피부가 외부환경에 민감하게 반응하여 건조하기 쉽고 양 볼의 붉어짐과 잦은 가려움이 있으며, 피부결이 고르지 않아 화장이 쉽게 들뜨고 가벼운 화장품 사용에도 따가움이나 가려움 부기 등의 민감반응이 쉽게 발생된다.

객관적인 피부반응에는 피부의 장벽기능이 약하여 외부물질의 자극에 대해 쉽게 반응하고, 꽃가루 액세사리 등에 대한 알레르기성 접촉 피부염이나 아토피 피부염(atopic dermatitis)을 쉽게 일으키며 햇빛에 의해 쉽게 붉어지거나 피부염을 유발한다.

2) 문제성피부(Problem skin)

문제성피부는 안면에 복합적으로 나타날 수 있는 노화피부의 특징과 피부병변의 피부상태(skin conditions)를 뜻한다. 문제성피부의 세부사항은 노화진행피부에서 볼 수 있는 주름살(wrinkles)이나 건조함(dryness), 처짐(sagging), 거칠음(roughness)을 들 수 있고 흉터(scar), 여드름(comedonal, acne), 민감성 피부(sensitive skin), 홍조증(flush), 모세혈관 확장증(telangiectasia, erythrosis), 모세혈관파열(couperose), 주사(rosacea), 과색소침착(hyperpigment) 또는 백반증(vitiligo), 백색증(albinism)과 같은 색소침착저하증(hypopigmentation)의 문제성피부를 들 수 있다. 여드름의 경우 모낭 내 염증의 발전단계에 따라 비염증성의 폐쇄성 여드름(white head), 개방성 여드름(black head)의 면포(comedonal)가 있고 염증성으로 발전된 구진(papules), 농포(pustules), 결절(nodules), 낭포(cysts)의 여드름이 있다.

3. 고객상담

1) 고객상담의 목적과 필요성

고객상담은 고객간에 맨 먼저 이루어지는 피부분석 과정으로서 피부관리 시행 전 고객의 직업, 나이, 병력사항, 피부유형, 홈케어, 샵 관리주기, 기기사용 여부 등 피부와 건강에 관련한 사전점검을 뜻한다. 고객상담의 목적은 고객의 피부특징 및 상태를 면밀하게 파악하고 최상의 관리프로그램을 수행할 수 있는 계획을 수립함에 있다. 따라서 고객상담은 관리자의 원활한 업무수행과 관리의 효과성 향상을 위해 세밀하고 정확하게 수행되어야 한다.

2) 고객상담의 방법

고객상담의 방법은 주로 방문을 통한 직접면접과 전화 인터넷 등을 통한 상담 방법으로 이루어지며 피부관리에 대한 임상의 전문지식이 풍부할수록 정확하고 원활한 상담업무를 수행할 수 있다.

3) 고객상담 기록카드의 구성

고객상담을 통한 고객정보 기록카드의 세부내용에는 고객의 방문일자, 피부병력, 피부유형, 자외선에 대한 내성, 관리주기, 약물복용, 생리주기 등 건강점검설문지(health screening questionnaire)가 있으며 피부관리차트에 관련하여 피부분석표의 피부유형과 피부상태 점검사항이 있다. 피부관리 계획설정에 따른 피부관리 챠트에서는 얼굴과 바디관리방법 및 순서를 포함한 화장품사용의 제품 및 성분의 표기와 사용되는 미용기기명과 소요시간 등을 기록하며, 홈케어의 제품사용현황으로 구성된다.

특히, 상담카드의 기록내용 중 피부분석표에 표기된 개인의 피부유형 및 상태와 홈케어는 고객이 알아두어야 할 인지사항이므로 가정에서의 관리법을 정확하게 설명할 필요가 있다. 또한 피부관리사는 관리전에 고객의 세안법이라든지 피부활성제품사용 여부, 미용기기 사용여부, 필링여부, 바디관리의 주기 및 부위적 테라피의 유형 등을 염두하여 관리프로그램을 적용하여야 한다. 이는 정확한 관리방향의 설정에 중요한 역할을 제공하며 고객에서 발생될 수 있는 피부의 부작용을 최소화할 수 있고 피부관리의 목표를 수월하게 달성할 수 있게 한다.

4) 고객상담 기록카드 작성순서

고객상담의 기록카드 작성은 상담후 관리 전 관리프로그램 계획과 관리 후에 관리주기와 관리방향에 대한 의견서로 나누어 기록한다. 맨 먼저 직접면접식의 상담을 통해 개인신상내용을 메모해 두며 이후 피부분석표를 체크하고 관리프로그램 시행사항을 기록한다. 다음단계로 관리에 대한 만족도를 점검하고 홈케어 제품설명 및 판매내용을 기록하여 작성종결한다.

표 3-3. 피부분석 과정

고객상담
(개인 신상내용 작성)

↓

피부판독 및 피부진단
(피부분석표 작성)

↓

트리트먼트프로그램 및 기기사용 선정
(관리계획서 작성)

↓

트리트먼트 시행

↓

홈케어 처방
(가정에서의 관리주기 및 화장품 사용법 작성)

↓

평가
(관리 의견서 및 효과 작성)

↓

관리 프로그램 재설정
(관리기획안 작성)

표 3-4. 고객상담 기록카드

<table>
<tr><th colspan="4">고객상담카드(CONSULTATION CHART)</th></tr>
<tr><td>방문일자</td><td colspan="3"></td></tr>
<tr><td>성명</td><td></td><td>생년월일</td><td>직업</td></tr>
<tr><td>주소</td><td colspan="2"></td><td>전화</td></tr>
<tr><td>병력사항</td><td></td><td colspan="2">피부알러지 여부</td></tr>
<tr><td>체형</td><td></td><td>키(cm)</td><td>체중(kg)</td></tr>
<tr><td>약물복용</td><td></td><td>콘택트렌즈착용 여부</td><td>생리주기</td></tr>
<tr><td colspan="4">피부분석(SKIN ANALYSIS)</td></tr>
<tr><td></td><td colspan="2">※ 부위별 세부지적사항</td><td>※ 특이사항</td></tr>
<tr><td colspan="4">피부유형</td></tr>
<tr><td>구분</td><td colspan="2">세부내용</td><td>비고</td></tr>
<tr><td>중성피부</td><td colspan="2"></td><td></td></tr>
<tr><td>건성피부</td><td colspan="2"></td><td></td></tr>
<tr><td>지성피부</td><td colspan="2"></td><td></td></tr>
<tr><td>복합성피부</td><td colspan="2"></td><td></td></tr>
<tr><td>예민피부</td><td colspan="2"></td><td></td></tr>
<tr><td>■ 문제성
· 여드름
· 과색소침착
· 민감성
· 노화
· 아토피</td><td colspan="2">
비화농성 화농성
기미 주근깨 반점 기타
홍조 큐퍼로제 주사
초기 중기 후기
유 무</td><td></td></tr>
<tr><td colspan="4">피부상태</td></tr>
<tr><td>구분</td><td colspan="2">세부내용</td><td>피부분석기 명</td></tr>
<tr><td>피부결</td><td colspan="2">양호 보통 거칠다</td><td></td></tr>
<tr><td>피부유수분양</td><td colspan="2">높다 중간 저조</td><td></td></tr>
<tr><td>모공크기</td><td colspan="2">크다 보통 작다</td><td></td></tr>
<tr><td>민감도</td><td colspan="2">정상 민감 과민</td><td></td></tr>
<tr><td>흉터</td><td colspan="2">유 무</td><td></td></tr>
<tr><td>탄력성</td><td colspan="2">양호 보통 저조</td><td></td></tr>
<tr><td>피지분비정도</td><td colspan="2">많다 보통 부족</td><td></td></tr>
<tr><td>주름정도</td><td colspan="2">유 무</td><td></td></tr>
<tr><td>피부안색</td><td colspan="2">양호 보통 저조</td><td></td></tr>
<tr><td>자외선 민감도</td><td colspan="2">I II III IV V</td><td></td></tr>
</table>

표 3-5. 얼굴관리(FACIAL TREATMENT)

번호	날짜	클렌징	딥클렌징	기기적용	화장수 &앰플	마사지	1차 팩	2차 마스크	비고

표 3-6. 홈케어제품(HOME CARE COSMETIC PRESCRIPTION)

제품 종류	사용법	비 고
각질제거제 & 세안제품		
화장수		
보습에센스 & 기능성제품		
데이 & 나이트크림		
자외선차단 제품		
아이크림		
바디제품		
두피제품		

MEDICAL Skin Care

제4장

문제성 피부 및 관리방법

제 4 장
문제성 피부 및 관리방법

1. 노화피부(Aging skin)

1) 노화피부의 정의

생물체는 나이를 먹을수록 대사율이 저하(低下)되거나 기능이 감퇴된다. 인체의 경우 항상성(homeostasis)이 점차 약화되므로 장기 기능이 균형을 잃어가게 되어 장해를 가져오게 된다. 즉 노화란 나이가 들면서 기능과 구조의 퇴행적 변화와 외부환경에 반응하는 능력이 저하되는 현상이다.

노화피부란 인체의 노화 진행과 함께 피부에 나타나는 변화를 말한다. 피부 노화는 환경적 요인인 자외선, 공해, 다이어트, 스트레스와 같은 악영향이나 질병 등 과 신체의 외상 시 대응하는 기관이나 조직의 기능이 저하되어 일생동안 지속되는 현상을 말한다.

피부 노화에 미치는 요인으로 내인적 노화(True aging, Intrinsic aging)와 외인적 노화(Extrinsic aging)로 나눌 수 있다. 증가하고 있는 고령층의 피부 관리를 위하여서는 피부 노화의 원인이 되는 내적 및 외적 요소를 이해하는 것이 필수적이라 할 것이다.

2) 노화피부의 원인

노화는 인체 내에서 복합적으로 발생하여 진행되기 때문에 결정적인 원인을 찾기는 어렵다. 노화과정을 설명하는 이론으로 다음과 같은 학설이 있다.

(1) 유전 기인설(DNA 프로그램이론설)

노화현상에 영향을 주는 유전 학설이다. 생물에는 각각의 종(species)에 의한 정해진 수명이 있으며, 자연도태의 유전적인 형태로 만들어진 유전자에 의해 환경 스트레스에 저항하는 능력을 나타낸다는 것이다. 즉 인체를 구성하는 10조개 이상의 세포는 세포 분열을 반복한다. 그러나 이러한 분열에는 한계가 있으며 종별로 유전자로서 세포내에 확실하게 분열한계가 정해져 있기 때문에 인체도 수명의 한계가 있어 이에 따른 자연스러운 노화현상이 나타난다는 것이다. 인체의 노화와 죽음은 각각의 DNA 유전인자에 짜여 진 프로그램에 따라서 노화현상이 일어난다는 설이다.

(2)오류 카타스트로피설(Error catastrophe설)

생체는 자신의 기능을 유지하기 위해 자신의 유전정보인 DNA정보를 RNA에 옮겨 복사되고 효소나 그 외에 단백질을 합성한다. 단백질합성까지 번역되는 복잡한 과정인 전사과정 중 나이가 들면서 오류(error)가 생기게 되고 이것이 조금씩 축적되므로 결과적으로 노화를 일으킨다는 학설이다.

전사오류에 의해서 기능을 잃어버린 효소나 단백질이 합성되면 세포의 기능이 쇠퇴하거나 기능이 저하되어 죽음에 이를 수 있다는 것이다. 즉 DNA의 손상과 회복에 근거 한 것으로 DNA손상이 노화에 의해 계속적으로 축적되는 것이라면 노화세포로부터는 구조가 차이 나는 단백질이 합성될 가능성이 있고, 오류 카타스트로피설을 지지하는 근거가 될 수 있다.

DNA 손상의 원인은 자체적 노화나 자외선, X-선 혹은 세포내에서 발생하는 산화반응들에 의해 끊임없이 손상 받고 있으며 손상을 입은 DNA는 그대로 사멸하거나 복원기구에 의하여 새로운 DNA로 복구된다. DNA 복원기구가 결여된 병으로 일광이나 자외선으로부터 DNA손상이 지속되어 피부가 빨갛게 짓무르고 검버섯, 주근깨 등의 색소가 침착되어 색소성 건피증을 볼 수 있으며 점차 피부암이 발생하게 되어 있다.

DNA복원기능의 쇠퇴가 노화현상과 관계가 있다는 견해이다. 여러 종의 포유동물피부의 섬유아세포를 배양하여 자외선을 조사한 뒤 DNA가 손상된 세포의 복원능력과 각 동물의 수명을 비교해 본 결과 관련성이 있음을 증명되었다. 즉 사람의 수명은 침팬지의 약 2배인데 DNA복원능력도 약 2배인 것이 밝혀지게 되어 DNA복원능력과 수명과의 관계에 정비례한다는 결과를 제시하고 있다. 즉 DNA복원능력 저하와 노화현상과의 상관관계가 있다고 할 수 있다.

(3) 신경피로설

① 스트레스설

뇌에 강한 자극이나 정신적 타격, 불안, 고민 등이 계속된 후 노화가 급격히 일어날 수 있다는 설이다. 캐나다의 세리에 교수에 의하면 "노화란 그 생애에서 받은 스트레스 결과이며 과거에 경험한 여러 가지 질환 또는 장애의 총화"라고 하였다. 이 학설은 스트레스가 생기면 생체는 이에 적응하기 위하여 에너지를 사용하며 이것이 장기적으로 지속되면 에너지 예비력에 결함이 생겨 생체의 부조화와 노화를 촉진시킨다는 것이다.

생물이 살아가는데 있어 원하지 않는 고통이나 자극, 즉 스트레스원(stresser)이 가해지면 간뇌가 자극을 받고 이 자극은 다시 하중체에 전달된다. 하중체는 간뇌의 옆에 위치하며 모든 내분비선기능을 조정하고 있으므로 내분비선의 근원적인 장기이다. 스트레스원에 의해 몸에 주어지는 피해를 조금이라도 덜기 위한 반응으로 간뇌-하중체-부신피질로 계속 전달이 되는 작용을 한다.

정신적인 스트레스가 너무 강하면 간뇌에서 부신피질로 전달되는 삼자의 활동이 깨어지고 호르몬분비의 균형이 깨어진다. 이러한 스트레스 상태가 오래 계속되면 병적 상태로 발전하는데 위궤양, 천식, 동맥경화의 질병 등이 발병하게 된다.

만약 적당한 자극(stress)이 계속 되면 긴장을 유지시키는 역할을 하는데, 특히 육체적으로 나이를 먹어도 정신적으로 적당한 자극이 항상 있으면 마음에 긴장을 주고 정신적, 육체적 젊음을 유지하는데 도움을 준다.

② 신경세포 소모설

신경피로설 중에서 나이가 듦에 따라 인체의 세포 중 중추신경세포가 점차 감소하고 중추신경세포의 기능이 저하되어 노화가 발생된다는 학설이다. 인체의 신경세포는 그 수가 140억 개이며 일반 세포와는 달리 세포분열에 의해 증가하거나 대치되지 않는 세포이다. 인간의 노화정도와 함께 중추 신경세포도 노화 또는 감소하게 되므로 연령이 높을수록 뇌세포가 감소되며 이와 함께 노화는 계속 촉진되어 죽음에 이르게 된다.

신경계의 기능저하 원인 중 리포후스친이라는 퇴행성 색소를 들 수 있다. 이 색소침착은 나이가 들면서 혈관공급의 불충분으로 인한 영양장애의 결과 그 양과 부위가 증대된다. 이러한 신경세포의 퇴행성 변성은 전신에 영향을 미치어 노화를 야기 시킨다고 한다.

(4) 혈행장애설

인체의 노화는 순환계의 변화와 관계가 있다는 학설이다. 순환계 중 혈관의 변화가 노화의 주된 원인으로 작용하는데, 나이가 들면서 혈관이 노화되어 혈액 순환이 불순하게 되면 모세혈관은 서서히 감소하고 투과성도 없어지게 된다. 모세혈관이 위축되면 각 조직에서 산소(O_2)와 이산화탄소(CO_2)의 가스교환 및 영양물과 노폐물교환이 잘 이루어지지 않으므로 체내의 보존이 어려워져 노화가 진행된다고 한다.

(5) 독소설

① 대사산물 침착설

생체의 세포 분열 및 세포대사 후의 결과 세포내 혹은 세포 사이에 불필요한 물질이 제거되지 않고 계속적으로 침착되어 세포의 대사를 방해하여 생체에 노화를 일으킨다는 학설이다.

조직 내 침착되는 물질로는 소모색소, 침전물 등을 들 수 있으며 노인의 피부에서 볼 수 있는 갈색반점이 그 예이다. 그러나 이 색소과립의 침착이 세포 구조를 물리적으로 압박하는지 색소과립에 붙은 유해물질의 일부분이 장기적으로 흡수되어 세포를 노화시키는지는 아직 확실히 증명되지 않았다.

② 자가중독설

인체의 노화를 유발하는 원인으로 화학물질로 인한것으로 즉 생체의 노화는 서서히 진행되는 생체중독의 결과라는 학설이다. 대장 속의 물질 분해시 물질부패로 독소가 생겨 이것이 분해, 배설이 되지 않으면 체내에 흡수되어 조직을 약화시키고 장기의 기능까지 변화시킨다는 것이다.

(6) 프리 래디칼설(Free radical설, 유리기이론)

노화원인설 중 가장 합리성이 많이 인정되고 있는 중요한 이론으로 유리기설이라고도 한다. 과잉산소, 유해산소, 활성산소 이러한 산소들이 조직을 파괴해 가는 것이 노화현상이다.

지구상에 있는 모든 물질들은 분자의 상태로 이루어져 있다. 분자들은 가운데 양전기를 띤 양성자와 주변궤도에 음전기를 띤 전자가 회전하면서, 보통의 경우 양자 간에 전기적으로 안정적인 균형 상태를 유지함으로서 존재하게 된다. 그러나 외부적 요인에 의해 음전기를 띤 전자 하나가 외부로부터 들어오거나 외부로 나가게 되면 전기적 균형상태가 깨어지게 된다. 전기적 이온의 균형을 상실하여 주위를 떠돌게 되면 다른 물질분자나 원자에 쉽게 결합하여 상대의 성질을 화학적으로 변화시킨다. 이러한 분자(기)를 프리 래디칼(Free radical)이라고 한다.

프리 래디칼(Free radical)은 반응성이 아주 높아 세포의 구성물질인 지질, 단백질, 다당류 및 핵산을 파괴하여 세포의 기능을 저하시킨다. 프리 래디칼(Free radical)을 생성해 내는 요인으로는 외부적 요인은 자외선(화학선), 방사능, 오존(O_2), 이산화질소(NO_2), 산소(O_2), 수산기(OH)을 들 수 있다.

이러한 유해요인들을 주변 환경으로부터 방어하면 피부세포의 기능저하 및 손상을 막을 수 있을 뿐만 아니라 노화도 막을 수 있다는 이론이 프리 래디칼설이다. 그러나 프리 래디칼(Free radical)은 체내의 항산화효소인 분자변위효소(SOD, superoxide dismuse) 및 항산화물질에 의해 제거되어 생체에서 균형을 이루고 있다. 따라서 항산화효소와 항산화물질의 양이 많을수록 프리 래디칼(Free radical)의 제거율이 더 높아지므로 노화와 깊은 관계가 있다고 볼 수 있다.

(7) 면역설

고령이 됨에 따라 질환에 걸리기 쉬운 것도 노화현상의 하나로, 여기에는 면역력의 저하가 크게 관여하고 있다고 보는 설이며, 실제로 고령이 되면 면역력저하에 따른 질환이 증가해 가는 것으로 알려져 있다. 예를 들면 교원병, 악성 종양(암)은 그 대표적 질환으로 바이러스감염이 원인으로, 면역력의 통제시스템에 변화가 나타나 면역시스템의 조화가 무너지기 때문이다.

3) 노화피부의 분류

(1) 생리적 노화(Physiological ageing, 내인적 노화 ; Intrinsic Aging)

생리적 노화는 한 개체의 유전적 요인과 시간 경과에 의하여 나타나며 이러한 생리적 노화는 피부에도 피부의 구조와 생리적 기능에 변화가 일어나면서 탄력성의 저하, 주름 및 노인반점 발생 등 다양한 노화현상이 나타난다. 생리적 노화의 경과는 체내 호르몬 상태에 따라 차이가 있을 수 있으며 피할 수 없으며 조절할 수도 없다.

표피, 진피 전체에 걸쳐 구조적 변화로 표피와 진피 모두 위축되어진다. 표피세포의 조기 각화현상으로 표피 전체층 중 각질층이 차지하는 비율이 높아지게 된다. 표피와 진피 경계부가 편평해지고 진피 위축이 관찰된다. 또한 외부로부터의 영양흡수력이 감소하여 피부의 윤기가 없어진다.

표피 두께의 감소로 세포와 조직에 탈수현상이 일어나 건조현상, 잔주름이 발생한다. 표피층의 기저세포의 생성기능이 떨어지면서 세포의 재생주기가 지연(28일에서 42~50일)되어 상처의 회복이 느리다. 세포의 산소함유량이 저하되어 신진대사기능 저하를 가져온다. 모근의 탄력이 감소되어 모공이 벌어진다.

표 4-1. Glogu의 광노화 분류

등 급	형 태	특 징
제1형	주름 없음(No wrinkles)	-20~30대 - 아주 초기 광노화 - 경미한 색소침착 - 각화증 없음 - 주름이 없거나 아주 경미한 주름
제2형	움직일 때만 주름 잡힘 (Wrinkles in motion)	-30대 후반~40대 - 초기에서 중기 광노화 - 초기 노인성 흑자 - 만져지지만 보이지 않는 각화증 - 입주위에 스마일 라인
제3형	평상시의 주름 (Wrinkles at rest)	- 50대 이상 - 진행된 광노화 - 색소침착 및 모세혈관확장 - 눈에 뜨이는 각화증
제4형	항시 주름 (Only wrinkles)	- 60대 이상 - 아주 심한 광노화 - 황회색 피부 - 피부암 - 정상피부가 없음

랑게르한스세포수가 감소되어 피부의 면역기능이 저하되며 멜라닌세포수의 감소와 기능약화로 색소침착 불균형이 일어나고 얼룩반점이 생기며 자외선에 대한 방어능력이 저하된다. 피부의 감각기능이 저하되어 피부반응이 잘 나타나지 않는다.

(2) 환경적 노화(Environment ageing, 외인적 노화)

일광, 추위, 더위, 바람, 공해, 스모그, 흡연 등과 같은 외적 영향을 받아 일어나는 노화를 의미한다. 이러한 외적 요인에 의한 노화는 나이가 들어감에 따라 생리학적 노화를 촉진시키거나 추가적 변화를 초래하게 된다. 이중 가장 중요한 요인은 일광으로, 지속적인 자외선조사는 표피에서 진피에 이르기까지 피부조직학적 변화를 일으키는 광노화(Photoaging)라 하여 환경적 노화를 대표하여 부르기도 한다.

광노화에 의한 피부노화는 얼굴, 가슴, 팔등 광선에 노출되는 부위에 많이 나타나며 평생 동안 노출되는 자외선의 양에 따라 결정된다. 생리적 노화와는 달리 노폐물 축적으로 표피가 두꺼워지며 피부가 악건성화 또는 민감화된다. 혈관이 약해져서 각화증

표 4-2. 생리적 노화와 광 노화에 의한 피부변화

	생리적 노화피부	광노화피부
진피층	얇아짐	두꺼워짐
모세혈관	모세혈관망의 감소	모세혈관 확장증, 모세혈관 망의 확실한 감소 및 소멸
교원섬유와 탄력섬유	교원질 · 탄력소의 감소 및 변형, 탄력섬유조직의 정상적 증식	교원질 · 탄력소의 감소 및 변형, 탄력섬유조직의 불규칙적인 이상 증식
표피	얇아짐	두꺼워짐
케라티노사이트	정상적 세포로 크기가 균일	세포의 이형화 또는 공포화 초래, 피부암 발생가능
멜라노사이트	세포수 감소, 세포의 모양은 균일, 멜라노좀의 생산이 불완전함	세포수 증가 다양한 모양의 세포, 멜라노좀의 생산이 증가
랑게르한스세포	세포수 약간 감소 정상세포	세포수 감소 다양한 모양의 세포
표피-진피경계부	편평화	변화가 뚜렷하지 않음

(Keratoses), 모세혈관확장(telangiectaseas)이 일어나며 유연 연성섬유종(일명 '쥐젖' skin tags) 등이 발생할 수 있다. 멜라닌과립이 확대되거나 노화반점, 주근깨 등의 색소침착이 생긴다. 면역기능이 상당히 저하되어 외부손상에 약해지며 자외선에 의해 DNA가 파괴되면 피부암이 발생될 수 있다. 탄력섬유와 교원섬유의 위축과 변성으로 탄력성이 손실되며 주름이 형성되며 주근깨, 흑자(lentigenes), 저색소증(guttate hypomelanosis)이 나타날 수 있다. 여드름을 악화시킨다.

Glogau가 개발한 광노화 등급(photoaging scale)이 임상적 광손상의 정도를 분류하는데 사용된다.

4) 노화피부의 대표적인 특징

(1) 표피층의 상태

노화피부는 경표피 수분 손실(trans-epidermal waterloss : TEWL)이 증가하기 때문에 습도가 낮아지면서 보습도는 매우 저조하고 건조피부로 쉽게 변한다. 그러므로 피부가 노화되었거나 노화된 모습을 나타낸다. 정상적인 사람의 경우 각질층의 보습도는 과립층의 약 20% 수준(진피층의 약 15% 정도)이며 노화피부의 경우 피부의 각질층 보습도는 그

절반도 안 되는 수준이다. 표피의 건조로 인해, 피부의 부드러움과 유연성이 빈약하고 통통한 모습이 전혀 보이지 않게 된다. 또한, 피지 분비량도 적어 피부 표면이 메말라 보이며 거칠어지고 윤기가 전혀 없다.

표피층의 교체 세포재생 교체 속도는 70대가 되면 20대의 30~50%의 감소율을 나타낸다. Kligman은 각질층 경과시간(Stratum corneum transit time)이 젊은 성인은 20일인데 노인에서는 30일 이상이라고 연구 결과를 발표했다. 이러한 세포 교체속도의 지연은 각질층의 교체 지연과 상처회복이 지연되는 상태를 초래한다.

노인의 경우 박피 시행 후 재생 시간이 젊은이에 비해 2배의 시간이 더 걸리며 비효율적인 표피탈락을 일으켜 피부 표면의 거칠음과 둔탁함을 초래하며 주름, 창백, 색소침착 및 피부결의 변화가 나타난다. 또한 노화피부에서는 피부가 늘어지고, 쉽게 멍드는 피부, 쉽게 손상 받는 피부가 특징이며 양성종양이 발생한다.

(2) 진피층의 상태

노화피부의 진피층은 콜라겐 생성에 변화가 초래되고 엘라스틴 섬유가 조각나게 된다. 노화피부의 진피층의 점다당질류 중 히알루론산이 감소되어 교원질과 탄력소와의 감소를 초래하고 수분을 결합할 수 있는 능력의 감소로 탄력성과 신축성이 감소되어 주름과 늘어짐의 특징을 나타낸다.

즉 진피의 두께가 20% 정도 감소되며 진피의 세포와 혈관이 비교적 적은 편으로 진피층의 세포 증식력 저하와 콜라겐이나 엘라스틴 같은 결합조직의 감소로 강력한 탄력과 신축성을 저하되어 있는 상태이다.

(3) 근육조직의 상태

피부층 아래의 근육조직은 피하지방층과 함께 쿠션 기능을 담당하여 피부층이 빈약한 상태에 있더라도 그 형태를 보완해 주게 된다. 특히 진피층 세포의 손상으로 피부가 노화상태를 나타내는 사람의 경우 거의 예외 없이 근육조직도 빈약하다는 사실을 발견하게 되는데, 그것은 진피층 세포를 약화시키는 여러 요인들이 근육조직에까지 영향을 미치기 때문이다.

에스테틱 관점에서 진피층이나 표피층에 문제가 발견되지 않는데도 피부 표면의 노화조짐 증상이 보이는 경우도 있다. 이런 경우는 피하조직이나 근육조직의 문제로 볼 수 있다. 즉, 지나친 슬리밍으로 인한 피하지방층의 함몰 현상이나 운동 부족, 기타 요인으로 인한 근육조직의 빈약화가 피부층에 영향을 미치기 때문이다.

표 4-3. 노화피부의 특징

피부 유형	특 징
노화피부	· 표피가 건조하고 잔주름이 잘 생긴다. · 콜라겐과 엘라스틴의 감소로 피부의 탄력이 없고 늘어져 보인다. · 표피층이 작아지고 쪼그라진다. · 유두층의 파형(wave)이 편편해지므로 진피로부터 공급되는 산소와 영양분이 감소한다. · 피부를 통한 수분 통과가 감소되므로 세포 간 결착력이 감소한다. · 색소 침착이 부분적으로 발생한다. · 랑게르한스 세포의 감소로 면역기능이 저하된다. · 진피층이 손상되면 주름살, 거친 피부, 흉터 등이 보여 진다.

5) 노화피부관리에 사용되는 화장품

(1) 알파하이드록시산(Alpha hydroxy acid : AHA)

과일, 요구르트 및 사탕수수에서 발견되는 알파하이드록시산(Alpha hydroxy acid : AHA)는 카르복실산(carboxylic acid)에서 알파(alpha)위치인 탄소에 하이드록시군(hydroxy group)을 갖는 구조의 화합물을 통칭하여 AHA라 한다.

AHA는 각질세포의 세포와 세포사이 결합력을 약화시켜 각질세포의 탈락을 촉진시켜 줌으로써 세포증식을 증가시키고 각질세포 교체율(turnover rate)을 증가시켜 정상적인 피부처럼 재생과 유연효과도 줄 수 있으며, 세포활성 증가로 주름을 감소시킨다고 알려져 있다. AHA에는 락틱산(lactic acid), 글리콜릭산(glycolic acid) 등이 있으며, 피부각질 제거 성분으로(skin peeling agents) 사용되어져 왔으나 최근에는 화장품에 적용하여 보습, 피부 주름 감소, 노화 반점의 감소, 피부 연화제 등으로 사용되어지고 있다.

(2) 항산화제

피부는 외부환경과 접촉, 영향을 받게 되는 대사 과정 중 생성되는 활성산소나 유리기에 의해 손상을 받게 된다. 이들을 반응성 산소물(reactive oxygen species), 활성산소(active oxygens), 유해산소(toxic oxygens) 혹은 산소래디칼(oxygen radicals)이라 칭한다.

이에 대응하는 항산화제로서는 β카로틴(β-carotene), 비타민 E(vitamin E, 토코페롤), 비타민 C(vitamin C), SOD(Superoxide Dismutase), 녹차 추출물 등 여러 종류의 물질들이 사용되고 있으며 이들 물질이 함유된 제품은 자외선에 대한 피부 손상을 회복시켜 준다는 연구결과도 보고되고 있다.

(3) 레티놀

레티놀은 레티노이드, 레티노이드산 등으로 일컬어지며 비타민A의 유도체이다. 상피세포의 성장과 분화 등에 중요한 역할을 한다고 알려져 있는 물질로 최근에는 태양 광선에 의해 손상된 피부의 개선에 비타민A에 비하여 좋은 효과를 나타냄으로서 노화방지 물질로써 대두되고 있다. 진피 내 콜라겐 양을 증가시켜 미세 주름을 없애고 표피 내 히아루론산 등의 증가를 가져와 피부의 보습력을 높이는 물질로 알려지고 있다.

(4) 베타하이드록시산(Betas-Hydroxy acid : BHA)

AHA와 유사한 기능을 가지고 있다. 또한 각질 제거와 반점, 건조화, 색소침착 등의 문제 유발에 있어서 안정적이라고 알려져 있다.

(5) 세라마이드(Ceramide)

세라마이드는 각질세포 지질의 40~50%를 차지하는 성분으로 피부의 수분증발을 막는 성분중의 하나이다. 각질세포 간접착의 역할을 하는 지질층의 한 형태로 이들의 구조는 지방사슬이 서로 마주하고 있는 이중층의 구조를 이루며 각질층은 보호해준다.

(6) 비타민 C

체내의 유해산소를 제거하는 항산화제로 작용한다. 진피의 콜라겐 생합성의 중요한 역할을 함으로써 주름 완화에도 도움을 준다. 자외선에 대한 보호기능이 있으며 모세혈관을 강화 시켜준다. 또한 멜라닌 합성의 효소인 티로시나아제의 강력한 억제제로 색소침착을 완화시켜준다.

6) 노화피부관리 실제

노화피부는 혈액순환과 신진대사가 저하되어 있으므로 기능을 회복 시켜 주는 것이 필요하다. 세포 교체 주기가 길어 각질층의 각질이 탈락되지 않아 피부의 톤이 깨끗하지 못하므로 주기적인 필링(peeling)을 실시하여 재생 위주의 관리가 필요하다. 또한 노화방지를 위해 항산화 성분, 필수 지방산, Vitamin A, C, E, 콜라겐 등의 성분이 포함된 제품을 사용한다. 노화피부에 맞는 마사지 법으로 압박 및 지압법과 강찰, 유찰법을 병행하여 세포의 활성을 일으키는 것이 필요하다.

갈바닉과 리프팅기기, 고주파를 이용한 기계를 이용하여 피부에 유효한 영양물질을 침투 할 수 있게 하여 잔주름과 탄력을 부여해야 한다.

표 4-4. 노화피부 관리방법

Step	관 리 방 법
Cleansing	– 부드러운 밀크 타입의 크렌징을 사용한다.
Peeling	– 효소 필링제나 저농도 AHA를 사용한다.
Massage	– 에센셜 오일을 첨가한 영양크림으로 마사지 한다. – 갈바닉 기계로 항산화제, 레티놀, 비타민 C 등의 성분이 들어있는 앰플을 침투시킨다. – AHA의 농도가 다소 높은 필링일 경우에는 당일에는 마사지를 생략하고, 다음 관리시간에 하도록 한다.
Mask	– 재생이 이루어지도록 석고 마스크나, 탄력을 부여할 경우에는 모델링 마스크, 또는 콜라겐 벨벳 마스크를 사용한다.
Protection	– Oil free 제품으로 pH를 맞춘다. – 항산화제 성분이나 보습, 콜라젠, 엘라스틴 등이 함유된 크림을 바른다. – 자외선 차단제를 반드시 바른다.

7) 노화피부 예방 및 홈 케어

(1) 자외선을 차단하도록 자외선 차단제를 필수로 한다.
(2) 피부가 건조를 방지할 수 있도록 수분과 영양을 공급하고, 피부 각질층의 보습상태 개선을 위하여 보습 크림 사용이 가장 우선한다.
(3) 균형 있는 식사와 비타민 A, E가 함유된 식품을 충분히 섭취한다.
(4) 눈가나 입술관리는 집중 관리한다.
(5) 충분한 수면, 적절한 운동을 한다.
(6) 정신적인 스트레스를 해소하고 심신의 안정을 취한다.
(7) 콜라겐, 석고, 벨벳 마스크팩 등을 이용하여 주 1회 관리한다.
(8) 관리횟수는 주 1회, 6~12회 관리 후 기간을 적절히 조절하는 것이 좋다.

8) 노화피부관리시 주의사항

(1) 세안 시 유·수분이 부족한 상태이므로 알칼리 성분인 비누를 피하고 클렌징 밀크를 사용하며 과도한 클렌징은 피하는 것이 좋다.
(2) 고마쥐 타입의 필링제나 물리적인 방법의 필링은 피한다.
(3) 지나치게 늘어진 피부는 마사지를 피한다.

(4) 클레이나 머드 형태의 마스크는 피한다.
(5) 피부가 얇으므로 썩션 마사지나 강한 필링은 삼간다.
(6) 지나치게 유분이 많은 제품은 피한다.

2. 색소침착 피부(Pigmentation)

1) 색소침착의 정의

색소침착은 인체 내 멜라닌 색소가 비정상적인 불규칙한 형태로 증식되거나 피부에 침착되는 현상이다.

멜라닌은 기저층의 기저세포 사이에 존재하는 멜라닌세포에서 생성되어 표피층에서 멜라닌세포 주위의 각질형성세포로 이동되면서 분해 되어 체외로 배출된다. 표피상층부에서 주위 피부에 비해 멜라닌이 부분적으로 증가되어 멜라닌이 불규칙적으로 남아 있게 되면 과색소침착(hyperpigmentation)으로 나타나며 멜라닌이 결핍되어 있을 때는 저색소침착증(hypopigmentation)이라 한다. 또한 기저층에서 생성된 멜라닌이 진피의 유두층 하부에 있는 담색세포로 전달될 수 있는데, 이러한 멜라닌은 일반적으로 혈관 또는 림프관을 통하여 소변 등을 통해 체외로 배출되지만 진피에 머물러 있는 경우 과색소침착으로 나타난다.

멜라닌이 피부 내에 증가되거나 결핍되는 요인으로는 유전, 자외선, 내분비장애, 내장장애, 정신적 스트레스, 물리적 및 화학적 요인, 피부발진 및 염증 등이 있다. 색소이상은 선천성과 후천성으로 분류할 수 있는데 선천성으로는 주근깨, 모반, 백피증 등이 있고, 후천성으로는 기미, 릴안면흑피증, 벨록 피부염, 검버섯, 백반증 등이 있다.

2) 색소침착의 원인

(1) 자외선

태양광선 중에서 자외선 A(320~400nm)와 자외선 B(290~320nm)는 지상에 도달하여 피부에 영향을 주는데, 자외선A는 장파장의 자외선으로 진피 깊숙이 침투하여 색소침착 및 콜라겐 등을 손상시킨다. 자외선 B의 경우는 파장이 짧고 에너지가 높은 자외선으로 표피와 진피의 상부까지 침투하게 된다. 즉, 자외선은 환경적인 원인으로 피부손상이 생기는 주된 요인이다.

자외선이 피부 내에 침투되면 우리 피부는 몸을 보호하기 위해서 멜라닌 세포가 자극받아 멜라닌이 생성된다. 즉 자외선에 반복적으로 노출되었을 때 피부의 주된 방어기전이다. 자외선 조사가 표피 멜라닌 단위에 양성 신호(positive signal)를 제공할 때 색소의 증가가 생긴다. 멜라닌의 생성이 많이 증가된 멜라닌세포의 수가 늘고 멜라닌 세포에서 각질형성세포 내로의 멜라닌 소체의 이동이 증가한다. 생성된 멜라닌은 젊은 사람의 경우 신진대사가 활발하여 피부의 각화작용에 따라 체외로 배출된다. 그러나 중년 이후에는 피부의 노화로 인한 기능이 둔화되어 각화작용이 잘 되지 않으므로 멜라닌이 각질형성세포층에 침착되어 과색소침착증이 쉽게 발생한다.

(2) 내장장애

① 부신기능부전

부신의 기능이 약해지면 멜라닌 자극호르몬(MSH)의 분비를 억제하는 작용이 있는 부신피질호르몬의 분비가 감소하기 때문에 멜라닌 자극 호르몬(MSH)이 과잉으로 분비되어 멜라닌이 증가하게 된다. 즉 부신기능의 약화로 멜라닌 세포의 생성이 증가되어 기미가 발생하게 된다.

② 간 기능 저하 및 암, 결핵

간 기능이 저하되면 체내의 혈액 중의 여성 호르몬이 높아져 멜라노사이트를 자극하거나 간의 정화작용이 저하되어 멜라닌이 쉽게 증가한다.

(3) 내분비장애

① 임 신

여성호르몬(에스트로겐) 분비의 증가는 멜라닌세포를 자극하고 멜라닌을 증가시킨다. 특히 임신 중에 여성호르몬과 동시에 황체호르몬 분비가 증가되어 영향을 미치게 되어 복부나 음부에 흑색으로 침착되거나 눈 주위가 검게 된다. 임신 후반기에 기미를 약 80% 정도 경험하게 된다. 출산 후에는 여성 호르몬의 분비가 급격히 감소하면서 기미는 자연히 소실된다.

② 부인과질환

생식기에 생리불순, 생리통, 자궁이나 난소의 이상의 장해가 있을 경우 여성 호르몬의 불균형으로 멜라닌이 증가하는 경우가 있다. 또 중년 여성의 경우 임신중절이나 갱년기장해 로 볼 부분에 기미가 생기는 현상이 나타나기도 한다. 과색소침착증 중 기미의 주요 요인이다.

(4) 정신적 스트레스

정신적 스트레스나 심리적인 불안정은 호르몬의 분비나 자율신경에 큰 영향을 미친다. 즉, 정신적인 피로로 인해 뇌하수체의 멜라닌자극 호르몬(MSH)을 자극하여 분비가 증가되면 피부의 멜라닌세포가 자극을 받아 멜라닌 생성이 활성화됨으로써 피부의 과색소가 형성되어 기미발생의 요인이 된다.

(5) 물리적, 화학적 요인

박피 또는 인위적으로 무리하게 각질을 제거하거나 심한 물리적인 자극으로 인하여 표피층이 얇아지면 피부는 정상피부 보다 피부보호능력이 저하된다. 또한 자외선에도 민감하게 반응하여 쉽게 색소침착을 일으키게 된다.

아로마 에센셜 오일이나 화장품, 향수의 함유성분이 광화학적 반응에 의해 광감작물질로 작용하는 경우가 있으며 이때에는 광노출부위에 과색소침착증인 안면흑피증이나 벨록피부염을 일으킬 수 있다.

(6) 피부발진 및 피부염증

피부의 발진과 염증으로 인한 피부손상에 대한 멜라닌 합성이 증가되는 반응으로 피부의 발진이나 염증 후 그 부위에 암갈색의 색소침착이 남는 경우가 있다. 과색소침착은 다양한 피부질환에 의해서 생긴다. 피부의 어느 부분에도 다 발생할 수 있으며 흔히 피부색이 검은 타입에서 흔하게 나타나지만 어떤 피부색이라도 생길 수 있다.

색소침착을 유발되는 피부질환으로는 습진, 포진상 피부염, 화상, 부신피질기능 저하증으로 오는 피부질환뿐만 아니라 여드름, 알레르기 반응 같은 작은 문제들도 유발 할 수 있다.

3) 색소침착과정

멜라닌은 멜라닌세포의 멜라노좀(melanosome)에서 형성되어 주변의 각질형성세포로 전달되어 표피 멜라닌단위(epidermal-melanin unit)로 형성 되며 각화 과정을 통해 각질층에도 존재하게 된다. 멜라닌 형성과정은 멜라닌은 티로신(tyrosine)이 티로시나아제(tyrosinase)라는 효소에 의해 3,4-dihydroxy-phenylalanin(DOPA)으로 수산화(hydroxylation)되고 연이어서 DOPA는 산화(Oxydized)되어서 도파퀴논(dopaquinone)이 되고 이런 과정 후에 멜라닌이 형성된다(eumelanin, pheomelanin) 형성된 멜라닌은 수상돌기 끝으로 이동하여 주변의 각질형성세포와 함께 표피 멜라닌 단위(epodermal-melanin unit)를 형성

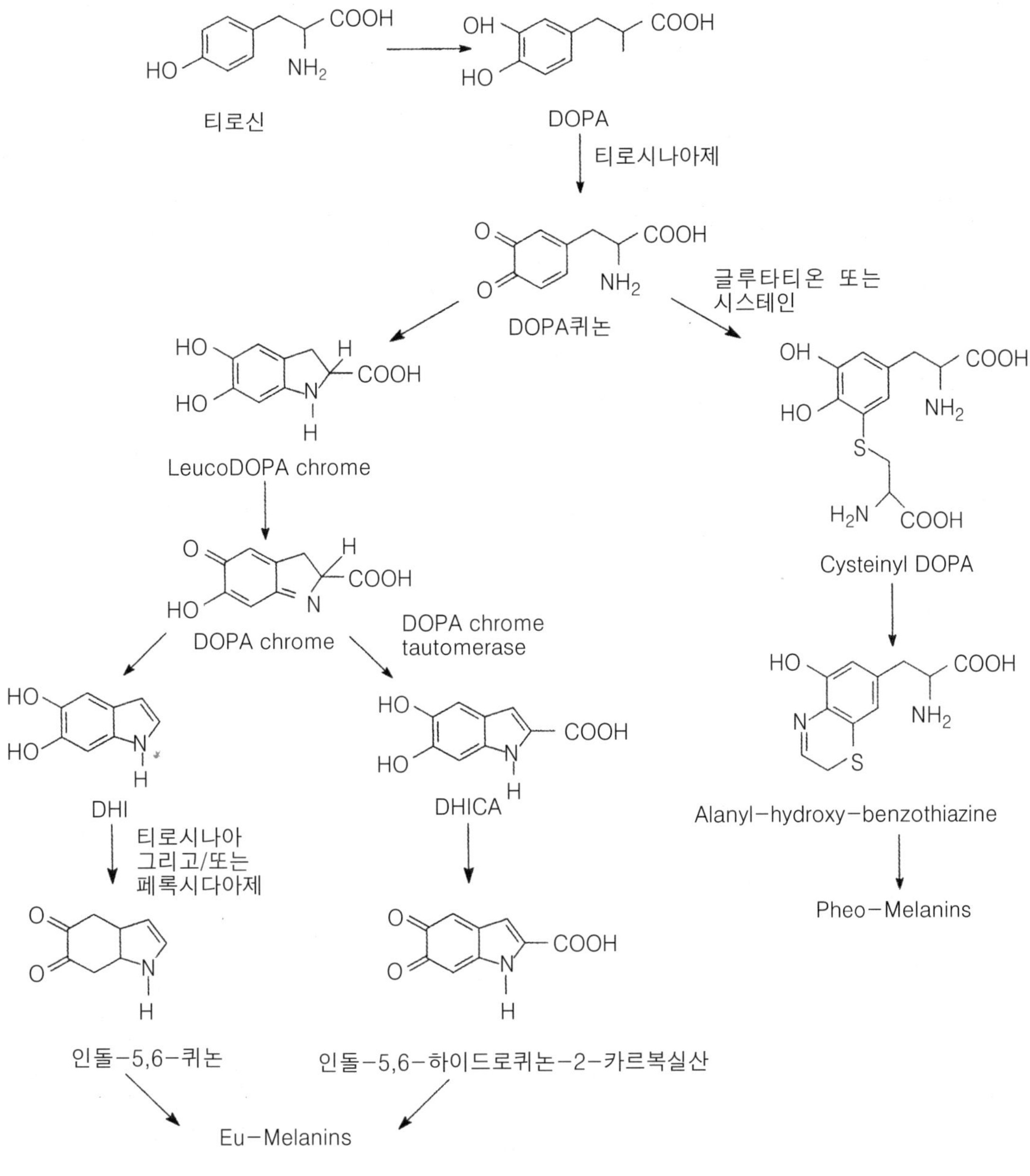

그림 4-1. 멜라닌의 생합성

한다. 멜라닌의 표피와 진피로 이동은 아직 명확히 밝혀져 있지 않으나 포식작용(phagocytosis)에 의해 멜라닌이 진피로 유리 되면 멜라닌 탐식세포(melano phage)에 의해서 포식(phagocytosis)된다는 가설이 있다.

4) 색소이상증의 분류

(1) 기미(Melasma, Chloasma)

기미는 연한 갈색 또는 흑갈색, 암갈색의 다양한 크기와 불규칙적인 형태이지만 경계는 명확하게 나타나는 후천적인 과색소 침착증이다. mask of pregnancy로 알려있으며 아주 흔한 상태로 주로 가임여성에게 주로 나타난다. 주로 얼굴의 뺨, 이마, 윗입술, 턱, 코, 목 부위, 일광 노출 부위에 많이 발생하며 경계가 불규칙하게 주로 좌우 대칭적으로 발생하는 것이 특징이다. 인종, 성별에 관계없이 발생하나 피부 타입이 4~6에 속하는 유색 피부인 경우 발생률이 높다.

기미는 임상학적으로 발생 부위 분포에 따라 전형적인 3가지 형태를 보인다. 뺨 또는 광대뼈 부위에 발생하는 Malar형, 뺨, 이마, 윗입술, 코, 턱 부위에 중앙 집중적으로 발생하는 centrofacial형, 턱뼈 또는 목 부위에 발생하는 mendibular형으로 구분된다.

조직학적으로는 멜라닌이 존재하는 깊이에 따라 표피형·진피형·혼합형으로 구분되는데, 색소가 깊이 존재할수록 갈색조가 흐려지고 진피형일 경우 푸른색까지 띌 수 있으며 치유가 힘들다.

기미의 발생은 자외선, 호르몬, 스트레스, 내분비계 이상, 신체적인 질환 및 임신, 출산 등 복합적인 요인이 작용한다. 기미의 또 다른 원인은 유전적 소양, 영양결핍, 그리고 정확한 기전은 아직 모호하지만 황체호르몬(progesteron) 같은 호르몬에 기인하기도 한다. 게다가 하이단토인(hydantoin)이나 딜란틴(dilantin) 같은 간질치료제도 남녀 모두에게 기미의 발생과 관련이 있다.

기미의 종류로는 처녀성 간반의 경우 주로 14~25세의 미혼여성에게 발생하는 색소침착으로 위쪽 입술 주위에 발생한다. 임신 시 유발되며 출산 후 2~3개월이면 소실되는 임신성 간반과, 22~23세 경부터 발생하며 생리 전후, 피로 후, 수면 부족 등으로 인해 여성의 눈 주위에 안검이 흑색으로 변하거나 하검에 흑반을 나타나는 안검간반, 생식기에 장해가 있는 경우 생기는 자궁성간반, 위장, 간장 등의 내장질환으로 인한 악액성 간반, 절상이나 상처의 전후처지를 잘못하여 색소의 침착이 유발되는 외상성 간반으로 나뉠 수 있다.

(2) 주근깨(Freckles, Ephelides)

주근깨는 '작난반' 또는 '하일반'이라고 부르며 아프거나 가렵지 않은 일종의 피부병이다. 눈 둘레에서 뺨에 걸쳐 좁쌀이나 쌀알 크기 정도의 담갈색 또는 갈색의 색소반점이 무리지어 생긴다.

생성시기는 주로 5~6세의 소아기에 발생하며 사춘기 전후에 눈에 띄게 나타나다가 나이가 증가함에 따라 감소하는 경향이 있다.

자외선과 관련이 있어 반복적으로 햇빛에 노출되는 부위에 잘 발생하며 광 노출이 많을수록 그 수가 증가하고 색깔이 진해지며 광노출이 적어지면 일부 소멸하고 흐려지는 경향이 있다. 여성뿐 아니라 남성에게도 발생하며 일반적으로 특히 백인에게 많이 나타난다.

주근깨의 생성이 유전적인 요인에 의해 발생되는 것은 멜라노사이트의 습관화된 멜라닌 생성에서 기인한다는 의미로 볼 수 있다. 케라티노사이트에 분포되어 있는 주근깨가 각질층의 각화과정 중 박리작용과 함께 표피로부터 끊임없이 떨어져 나감에도 불구하고 멜라노사이트는 원인없이 계속해서 멜라닌 색소를 만들어 내는 것이다.

피부표백성분인 하이드로퀴논(hydroquinone)이나 과산화수소와 같은 것으로 주근깨를 엷은 색으로 약화시킬 수 있지만, 피부가 자외선에 노출되면 다시 색깔이 진해진다. 기미가 지속되면 넓게 분포되어 있던 것이 한 곳으로 모여서 작게는 좁쌀, 크게는 쌀알 크기로 분산되게 된다. 외형상 선천적인 주근깨와 똑같은 형태로 나타나는 수 있다. 이들을 주근깨로 분류하지만 생성 원인이 다르기 때문에 트리트먼트도 달라져야 한다.

(3) 노인성 흑자(일광흑자, Solar lentigo)

65세 이상의 90%가 1개 내지는 그 이상의 일광 흑자를 갖는다. 병명에서 의미하듯이 햇빛이 주된 원인이고 보통 직경 1㎝ 정도의 갈색 반점이 생기는 것으로 급성 또는 만성적인 자외선 노출에 의해서 생긴다. 얼굴과 손 등이 가장 전형적으로 나타나는 부위이고 이런 병변들은 50세 이하에서는 거의 보여지지않기 때문에 일명 노인성 흑자(senile lentigo)라고도 불린다. 나이보다도 햇빛이 보다 주된 요인이다. 이런 병변들은 햇빛에 노출되지 않는 부위에는 노인들이라도 발생하지 않는다.

주근깨에 비해 색깔은 연하지만 흑자의 위치가 피부 깊이 있어 반영구적으로 남는다. 노인성 흑자는 젊었을 때 피부를 햇빛에 많이 노출했던 사람에게 잘 나타난다. 즉 피부 내의 멜라노좀(melanosomes)이 자외선에 반복적으로 노출되었으므로 오랜 시간이 경과한 후에도 자외선으로부터 받은 자극 정보를 기억하고 있음으로써 습관적으로 멜라닌 색소를 생성하기 때문인 것으로 추측되지만 확실한 원인은 아직 밝혀지지 않았다.

최근에는 50대 초반에도 손등에서 노인성 흑자가 많이 나타나는 현상을 볼 수 있는데, 특히 자동차 운전을 많이 하는 사람에게서 발견되며, 자동차 운전 시 정신적인 스트레스가 피부세포를 긴장시키고 자외선의 부가적인 노출로 피부세포가 과민반응을 나타내는 것은 추측된다. 이러한 환경에서 멜라노사이트가 색소를 과잉 생성하여 피부 표면에 일종의 간반성 흑색점을 형성하고 이것이 마치 노인반점처럼 보이는 것일 것이다.

(4) 벨룩크 피부염(Berlock dermatitis)

벨룩크 피부염은 목주위에 색소 침착이 많이 발생한다. 향수 오테코롱을 사용한 후 태양에 쏘이면 피부 노출 부분에 색소침착이 생긴다. 이것은 향수에 배합된 에센셜 오일 중 베가못유의 성분에 의해 피부의 광선감수성이 높아진 곳에 자외선에 노출되기 때문이다. 이 피부염은 색소침착이 나타나기만 하고 2~3개월 후에는 자연히 소멸하는 것이 보통이다. 예방을 위해서 향수 등을 직접 피부에 바르지 말아야 한다.

5) 색소침착 관리

피부에 있어서 멜라닌의 과도한 침착을 방지하기 위한 방법으로는 멜라닌 생합성 경로 중 각 단계를 차단하는 방법을 들 수 있다. 티로시나제(tyrosinase) 활성을 저해하거나 멜라닌 세포에 특이적으로 독성을 나타내는 물질 투여 및 생성된 멜라닌의 피부외부로의 배출을 촉진시키는 것이다.

(1) 멜라닌 색소의 배설촉진

정기적인 에스테틱 트리트먼트를 이용하여 신진대사를 높이고, 모세혈관의 활동을 활발하게 함으로써 표피의 각화작용을 촉진시켜 멜라닌을 체외로 탈락되는 시간을 촉진시킨다. 즉, 멜라닌을 혈관이나 임파관을 통해서 속히 체외로 배출함과 동시에 피부의 활동을 높이는 방법으로 각종 팩제, 피부부활 활성배합 크림이 사용된다.

(2) 멜라닌 색소의 생성 저지

비타민 C는 멜라닌의 생성에 작용하는 티로시나아제의 활동을 억제하여 멜라닌 생성을 저지시킨다. 티로시나아제를 불활성화하는 성분은 알부틴 코직산, 하이드로퀴논 등이 있다. 부신기능을 정상화시켜 색소형성세포 자극호르몬의 분비를 억제하고 멜라닌의 증가를 방지한다.

(3) 멜라닌 색소의 표백

피부의 표면의 멜라닌색소 표백에는 단백분해효소에 의한 각질층의 제거와 수소를 이용하여 표면과 체내를 표백하는 환원표백은 하이드로퀴논, 모노벤질에틸, 유황 등이 사용되며 산소를 이용하여 표면을 표백하는 산화표백은 일반적으로 환원탈색보다 효과가 커 주로 과산화수소를 이용한다.

6) 색소침착에 효과적인 화장품

색소침착에 효과적인 물질들은 작용기전에 따라 자외선을 차단하기 위한 자외선 흡수제와 무기안료 등의 자외선 산란제가 있고, 비타민 C나 코직산(kojic acid) 등의 티로시나아제 억제제(Tyrosinase Inhibitors), 하이드로퀴논(hydroquinone)류의 멜라닌 세포 독성 물질, 토코페롤(tocopherol)같이 멜라닌 생성을 촉진시키는 활성산소나 유리기(free radical)를 제거하는 물질 및 각질박리를 촉진하여 생성된 멜라닌을 제거하는 AHA(alpha-hydroxy acid) 등이 있다.

(1) 하이드로퀴논(Hydroquinone)

하이드로퀴논은 티로시나아제 억제제로 그 유도체들은 약 50여년 전부터 표백크림에 사용되어 왔다. 하이드로퀴논은 티로시나아제의 작용을 억제하고 멜라닌 세포에 세포독성을 가짐으로써 탈색효과를 나타내게 된다. 하이드로퀴논은 단독으로 사용되기도 하지만 간혹 트레티노인, 글리코릭산, 코직산(Kojic acid), 아젤레산(azelaic acid) 등과 함께 사용되기도 한다.

하이드로퀴논의 안정성에 대해서는 많은 우려가 있어 왔는데, 유럽에서는 사용이 금지된 적이 있었고 아시아에서는 많은 규제가 있다. 이런 우려는 이것이 벤젠의 대사산물로 돌연변이(mutagenic)를 유발할 수 있는 성분이라는 것 때문이다. 하이드로퀴논에 노출된 노동자들의 가장 심각한 문제는 눈에 색소침착이 생기는 경우로 소수의

예로 영구적인 각막손상도 있었다. 하이드로퀴논을 국소적으로 발라서 생길 수 있는 부작용은 바른 자리에 무증상의 푸른색 내지는 검은 색의 반점이 나타나는 외인성 조직 갈변증(exogenous ochronosis)이 극소수 보고되었다. 이것은 주로 낮은 농도(2%)를 장기간 도포했을때 발생된다. 하이드로퀴논 국소 도포제는 피부의 호모겐티식산 산화제(homogentisic acid oxidase)라는 효소를 억제함으로써 문제가 생기는 것으로 알려져 있다. 그래서 결국 호모겐티식산(homogentisic acid)이 국소적으로 축적되고 중합(polymerize)되어 갈변증(ochronotic)의 색소가 형성된다. 즉 이 물질들은 피부에 대한 자극성이나 알러지를 유발하는 성질이 있고, 피부를 영구 탈색시키는 경우도 있을 정도로 심각한 피부 부작용을 유발한다. 그러므로 현재 사용이 제한되고 있으며, 각 나라 별로 화장품으로의 사용을 전면 금지하거나, 그 함량을 한정하여 사용하고 있는 실정이며, 하이드로퀴논으로 인한 부작용을 최소화 하기위해서는 4개월 주기로 사용하고 코직산(kojic acid), 아젤레산(azelaic acid) 그리고 다른 탈색제(bleaching agents)들과 교대로 사용하는 것이 바람직하다. 우리나라는 의약품 용도로만 허가가 되어있다.

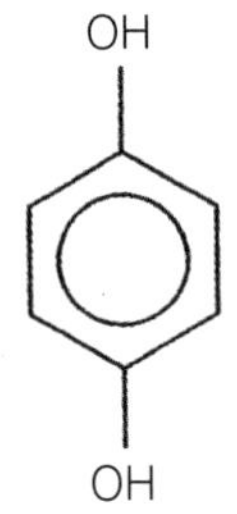

그림 4-2. 하이드로퀴논 화학구조

(2) 비타민 C(Ascorbic acid) 및 유도체

비타민 C 또는 아스코르빈산(ascorbic acid)은 감귤유나 푸른 잎 야채에서 많이 발견된다. 비타민 C는 피부 미백용 원료로 많이 이용되어 왔으나, 자체의 항산화력에 기인한 불안정성 때문에 그 불안정성을 극복하기 위한 여러 유도체들이 개발되어 왔다. 유도체들에는 비타민 C 팔미테이트(Ascorbyl-palmitate), 비타민 C 디팔미테이트(Ascorbyl-dipalmitate), 비타민 C 스테아레이트(Ascorbyl stearate), 비타민 C 마그네슘 포스페이트(Ascorbyl magnesium phosphate) 등이 개발되어 사용되고 있으나, 아직도 안정성, 피부 투과성 및 미백 효능 면에서 미흡한 면이 있다. 예외적으로 magnesium-L-ascorbyl-2-phosphate(VC-PMG)는 아스코르빈산의 안정성 있는 유도체이다. VC-PMG을 기미나 노인성 흑자를 가진 환자에게 국소 도포한 연구에서는 34명의 환자 중에 19명에게서 상당한 호전을 보였다고 보고했다. 비타민 C는 탈색제로 사용될 뿐만 아니라 항산화 효과도 있고 콜라겐 합성을 증가시키는 것으로 알려져 있다.

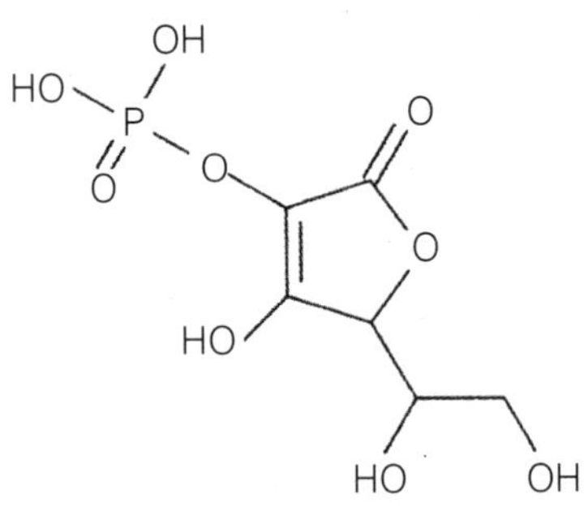

그림 4-3. L-아스코르빈산의 화학구조

(3) 코직산(Kojic acid)

코직산(5-hydroxy-2-hydroxy methyl-γ-pyrone 또는 $C_6H_6O_4$)은 여러 종의 아스페르길루스(aspergillus), 아세토박터(acetobacter), 그리고 페니실륨(penicilli-um)에서 흔히 생성되는 진균 대사산물이다.

코직산은(5-hydroxy-2-hydroxy methyl-r-phyrone ; C_6H_6O)킬레이팅구리(chleating copper)작용에 의해 누룩곰팡이 발효액으로부터 얻어진다. 피부에 대한 코직산의 티로시나아제 효소의 활성을 저하시켜 피부를 희게 한다.

일본에서는 화장품 성분으로 사용되고 있다. 화장품 원료로 사용 시 항생제와 같은 효과가 있으며 하이드로퀴논보다 더욱 안정성이 있다. 과색소 침착을 치료하기 위해 10% 글리코릭산 그리고 4% 하이드로퀴논만 사용하는 것보다는 코직산과 글리코릭산을 함께 사용하는 것이 보다 효과적이라고 보고하고 있다. 하지만 코직산은 접촉 알레르기(contact allergy)를 유발하고 높은 민감성(high sensitizing potential)을 가진 것으로 알려져 있다. 코직산 2.5% 농도를 사용할 경우 얼굴에 피부염을 유발하기 때문에 보통 1% 농도가 사용된다. 그러나 1% 역시 과민반응을 일으킬 수 있다는 보고가 있다.

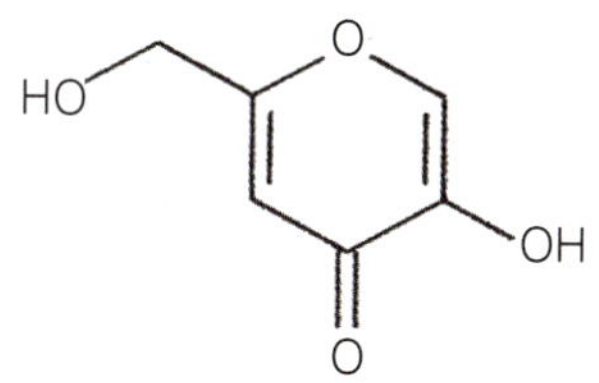

그림 4-4. 코직산의 화학구조

(4) 알부틴(Arbutin)

알부틴($C_{12}H1_6O_7$)은 천연적으로 생성되는 것으로 포도당에 하이드로퀴논이 결합한 형태로 구성된 B-D글루코피라노사이드(B-D glucopyranoside)이다.

알부틴($C_{12}H1_6O_7$)은 화학적 구조가 하드로퀴논과 비슷하나 인체에 대한 독성이 없는 미백제이다. 티로시나아제의 활성과 합성을 억제하기보다는 멜라닌 소체의 활성도를 억제시킨다고 여겨진다. 월귤나무잎, 덩굴월귤잎, 서양배나무잎에서 추출하고 피부에 대한 미백작용이 우수하다.

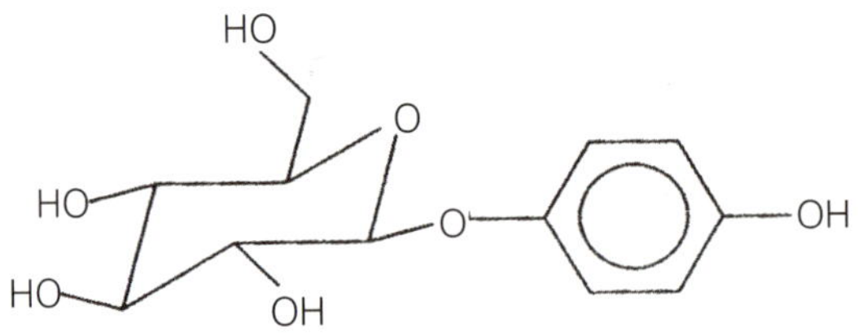

그림 4-5. 알부틴의 화학구조

(5) AHA(Alpha hydroxy acid)

AHA(Alpha hydroxy Acid)는 유기산의 일종으로 피부미용 목적으로 많이 사용된다. 그러나 피부에 대한 자극이 있어 농도가 진한 것을 사용하였을 경우 피부 민감, 모세혈관 확장, 접촉성 피부염 등을 초래할 수 있다. 이 성분은 각질박리 효과가 우수하고 표피 재생에 효과를 나타낸다고 보고가 되어 있어 필링제, 클렌징, 미백크림, 안티링클 제품 등에 종종 사용되는 성분이다.

미백관리에서 색소침착된 부위를 박피시키기 위해서 사용한다. 사용 농도는 10%를 넘지 않도록 한다.

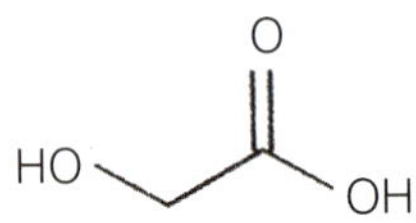

그림 4-6. 글리코릭산의 화학구조

7) 색소침착의 피부관리 실제

색소침착 피부는 멜라닌의 비정상적 상태를 피부색의 침착이 유도 되므로 먼저 피부를 보호하고 강화시켜 주어야 한다. 색소침착을 예방하거나 악화 되는 것을 막기 위해 필수적으로 자외선 차단제를 사용해야 한다. 또한 멜라닌의 탈락을 돕는 필링(peeling)을 적용하여 각질을 탈락시켜 피부의 재생 효과를 높여 피부 톤의 깨끗하고 밝게 만드는 것이 필요하다.

표 4-5. 색소침착 피부 관리 방법

Step	관리방법
Cleansing	· 부드러운 밀크 타입의 크린징을 사용한다.
Peeling	· AHA나 효소(enzyme)필링제를 사용하여 각질제거한다. · 딥 필링(deep peeling)보다 가벼운 필링이 더욱 효과적이다.
Massage	· 민감피부용 앰플을 이용해 천천히 부드럽게 침투한다. · 아로마 앰플 화이트닝 에센스를 사용해도 좋다. · 갈바닉 앰플이 없을 때 VTC원액을 희석하여 피부에 침투한다. · 재생영양크림 마사지나 리프팅을 해준다.
Mask	· 민감 피부용 마스크를 사용. 심하지 않으면 화이트닝 마스크나 재생 마스크를 사용한다.
Protection	· AHA가 들어있는 제품을 사용한다(사용농도 10%를 넘지 않도록) · 미백성분이 함유된 화이트닝 크림을 바른다. · 자외선 차단제를 반드시 바른다.

8) 색소침착 피부예방 및 홈케어

(1) 자외선을 차단해야 한다.

(2) 정신적인 스트레스와 피로해소를 위해 정기적인 운동이 중요하다.

(3) 1주~10일에 1회 효소필링제를 사용해 정기적인 피부 관리가 필요하다.

(4) 주 2회 미백 및 보습효과가 있는 해초 마스크를 사용하면 더욱 좋다.

(5) 색소침착이 심한 사람은 내분비 계통에 원인이 있을 수 있다. 따라서 신체의 건강을 도모할 수 있는 경락 마사지나 반사 신경 마사지를 실시한다.

9) 색소침착 피부 관리 시 주의점.

(1) 고객관리에 따라 색소침착의 원인이 다르므로 먼저 피부를 충분히 체크하고 분석하여야 한다.

(2) 필링시 피부에 지나친 자극을 가하면 가렵고 색소침착의 원인이 되기 때문에 농도가 낮은 제품을 이용한다. AHA의 경우 사용농도는 10%를 넘지 않도록 한다.

3. 여드름 피부(Acne skin)

1) 여드름성 피부의 정의

여드름성 피부는 모피지선의 만성염증성 또는 비염증성 질환이 발생된 피부로 모낭 옆에 붙어 있는 피지선에 과잉 분비된 피지가 피부 표면으로 원활히 배출되지 못하고 모공 내에 축적되어 염증 반응이 일어나 피부 구조가 파괴되는 상태이다.

2) 여드름의 발생원인

(1) 내적 요인

① 유전적 요인

여드름의 중요한 원인 중의 하나이다. 양부모가 여드름 경력이 있었다면 4자녀 중 3명이 여드름이 생길 수 있고, 실제로 통계치는 그렇게 단순하지만은 않고 정확한 유전 양식도 아직까지는 불분명하다. 하지만, 부모 양쪽의 여드름이 자녀에게 유전될 확률은 80~90%로 높다. 의사인 홀턴의 경우 "여드름 손님의 유전 정도는 83%"라는 임상적 통계를 발표하였다.

또한 부모가 여드름을 가졌던 경우에 없었던 경우보다 발생빈도가 높고 증상이 심했던 경우에 그렇지 않았을 때보다 심한 증상을 갖는다. 때때로 여드름 흉터의 유무 및 형태, 여드름 발생이 끝나는 시기까지도 부모와 같은 것으로 나타나기도 한다. 이것은 유전에 따라 피지선의 크기와 활성도가 결정되기 때문인 것으로 여겨지고 있다. 일란성 쌍생아 연구에서도 여드름의 분포 및 정도에서 매우 높은 일치를 보여 유전적 요인의 중요성을 짐작하게 한다.

여드름은 유전적으로 지성피부에 많이 나타나는데, 이것은 체질적인 차이로 인해 안드로겐에 대한 피지선의 반응정도가 다르기 때문이다. 지성피부의 경우 안드로겐에 대해 훨씬 민감하게 반응한다. 따라서 피지선에서 피지를 많이 생성하기 때문에 모공도 넓어지며 여드름도 많이 생긴다. 여드름에는 이러한 유전적인 요인이 있기 때문에 치료한 뒤라도 관리를 조금만 소홀히 하면 쉽게 재발할 수 있다.

② 피지선의 피지과다분비

여드름 피부를 현미경으로 관찰 해 보면 피지선의 크기가 다른 사람에 비해 커서 분비되는 피지의 양도 훨씬 많다는 것을 알 수 있다. 피지의 분비량이 정상보다 많다는 것은 남성호르몬의 피지선 자극이 정상보다 심하기 때문이다.

또한 모낭벽 각화주기가 빨라져 각질 조각들이 모낭 속에 축적되기 쉽다. 이러한 현상들이 과다 분비된 피지와 혼합되어 모낭을 가득 채우게 되어 모낭의 크기가 확대 된다. 이는 모낭벽 표피의 각화 과정을 촉진 할 뿐만 아니라, 피지선에 대한 자극을 증가시켜 피지가 과도하게 분비될 뿐만 아니라 모낭이 확대되는 현상이 계속적으로 악순환 된다.

③ 호르몬

여드름을 유발시키는 원인 중 중요한 요인으로 호르몬을 들 수 있다. 성호르몬(남성호르몬, 여성호르몬, 황체호르몬), 부신피질 호르몬, 뇌하수체 호르몬 등 여러가지 호르몬이 피지선의 분비에 깊이 작용하고 있다.

A. 성호르몬

인간의 몸은 남성호르몬과 여성 호르몬의 균형이 유지되고 있는데, 어떤 원인에 의해 균형이 깨져 남성 호르몬이 더욱 많이 분비하게 되면 피지의 분비가 많아져 여드름이 발생되기 쉽다.

• 남성 호르몬 - 안드로겐(Androgen)

  성호르몬 중에서 여드름 발생과 관계가 깊은 호르몬 중 안드로겐(Androgen)을 들 수 있다. 사춘기에 분비되기 시작하는 안드로겐은 피지선을 자극과 표피 각화를 촉진 시켜, 만들어진 피지가 모공을 통해 모두 빠져나가지 못하고 모낭과 피지선에 축적되면 면포가 만들어진다.

  안드로겐은 주로 남성의 고환에서 만들어지지만 콩팥 위쪽의 '부신'이라는 기관에서도 소량 만들어진다. 여성 역시 부신에서 안드로겐을 만들어내기 때문에 피지선의 활동이 증가하고, 이로 인해 피지 분비가 늘어난다.

  남성은 일반적으로 여성보다 피지 분비량이 많기 때문에 지루 상태나 지성이 되는 경향이 강하다. 남성 호르몬 분비가 왕성한 청·장년기에는 소아기나 노년기에 비해 피지량이 증가한다. 남성 호르몬제를 장기간 사용하면 피지 분비량이 증가하는 것으로 알려져 있다.

• 여성 호르몬 - 에스트로겐(Estrogen)

  여성은 난소에서, 남성은 정소에서 분비되는 에스트로겐의 분비가 많으면 피지생산을 감소시켜 여드름을 감소시킨다고 오래전부터 임상적으로 확인되었다. 월경불순 여성에게 여드름이 많고, 처녀시절 여드름으로 고민하던 여성이 결혼한 후 섬세한 피부로 바뀌는 것은 규칙적인 성적 자극으로 난소가 부활되어 에스트로겐의 분비가 많아지기 때문이다. 또한 난소가 잘 발달되지 않거나 활발하지 못한 경우에도 여성 호르몬의 분비가 감소하여 체내에 남성호르몬이 많아지게 되고 여드름성 피부가 될 확률이 높게 된다.

• 황체 호르몬 - 프로게스테론(Progesteron)

여성 호르몬 중에 프로게스테론(Progesteron)은 황체 호르몬으로 에스트로겐(Estrogen)과 반대의 작용을 하여 여드름의 유발인자로 보고되고 있다. 즉 안드로겐(Androgen)과 같은 작용이 있어 피지 분비를 촉진한다. 프로게스테론(Progesteron)호르몬은 여성 특유의 생리와 밀접한 관계가 있어 월경의 주기를 보면 배란되기 전 급속하게 성선자극 호르몬이 분비되어 배란이 일어나고 황체가 형성된다. 배란에는 두 가지 호르몬이 관계하고 있지만 배란기를 경계로 난포 호르몬은 적어지고 대신 황체 호르몬이 증가한다. 따라서 월경 전에 여드름이 악화 화는 경우가 있다.

여드름과 호르몬 관계에 대한 연구자인 보스톤 대학의 피터 포치 박사에 따르면, 월경 전 여드름이 발생되는 같은 시간에 프로게스테론의 빠른 증가를 볼 수 있다고 한다. 임상적으로 프로게스테론과 같은 합성 프로게스테론인 프로게스틴(progestin)을 월경 전 여드름이 생기는 대상자에게 복용시킨 결과 여드름이 계속 나타났으나 복용을 중단시키자 여드름이 사라졌다. 이 외에도 자연적인 프로게스테론의 분비를 억제하는 낮은 함량의 에스트로겐 피임약(orthonorum 35)을 복용시킨 결과 그렇게 많이 피지분비를 억제하지는 못했지만 월경 전 여드름을 완화시킬 수가 있었다는 보고가 하였다.

B. 부신피질 호르몬

피지 분비를 촉진하는 역할을 하며 부신기능이 항진하는 질병, 예를 들면 쿳싱증후군 등에서 피지 분비의 촉진되는 증상이 일어난다.

C. 뇌하수체 호르몬

간뇌 밑의 내분비선으로 전엽의 경우 갑상선자극호르몬, 부신피질자극호르몬, 비유자극호르몬, 유선발육호르몬, 성장호르몬이 분비하고 중엽에는 색소세포자극호르몬, 후엽에서는 자궁수축호르몬, 혈압상승호르몬이 분비한다. 이 호르몬의 증가는 피지선을 자극하여 증가시킨다. 그 외에 대뇌질환인 파킨슨씨병(Parkinson's disease)일 때도 피지 분비가 항진한다.

④ 내장 장애

건강을 유지하기 위한 영양 섭취와 저장, 노폐물을 체외로 보내는 역할을 하는 것이 위와 간이다. 그러나 위나 장의 기능이 저하되어 변비가 계속 되면 장내의 독소가 혈액 속에 다시 흡수되거나 해독작용을 하는 간의 기능이 약화되어 피부에 여드름이 발생한다. 또한 혈액 불순에 의해 여드름이 발생하거나 악화되기도 한다. 즉 면역 기능은 혈액의 순환을 통해서 이루어지며 동시에 혈액 순환에 영향을 주게 된다.

혈관은 면역 기능에 영향을 받아서 확장되거나 수축되기 때문에, 혈액이 불순한 것은 면역 기능이 약화되었다는 것을 의미한다. 면역 기능이 약화되면, 모낭 내의 세균의 증식이 활발해 질 수 있고, 이것은 여드름의 악화와 발생을 촉진시킨다. 즉 면역기능이 저하되면 영양의 균형이 깨지고 호르몬의 분비도 불균형이 되어 여드름의 악화를 초래하게 된다.

(2) 외적요인

① 스트레스

만성적인 스트레스는 성인기 여드름 발생에 중요한 원인 중의 하나이다. 여드름의 발생은 주로 호르몬의 변화가 시작되는 사춘기 때이지만 20대나 30대, 40대에서도 염증성 여드름이 꾸준히 발생하는 경우는 스트레스가 원인인 경우가 많다.

스트레스, 분노, 심리적 압박, 불안 등 정신적 자극을 받으면 뇌하수체를 자극하여 부신피질호르몬(Aderenocorticotropic hormone ; ACTH)을 유리시켜 코리솔을 분비하게 된다. 즉 스트레스를 받으면 인체가 이를 극복하기 위해 부신에서 스테로이드 계통의 호르몬인 코르티솔(cortisol)이라는 스트레스호르몬을 분비해낸다. 이때 남성호르몬인 안드로겐과 황체 호르몬인 테스토스테론을 동시에 분비해 낸다. 이러한 안드로겐의 분비를 촉진시켜 피지선을 자극한다. 자극을 받은 피지선은 피지를 과잉 분비하여 여드름 발생의 원인이 된다.

② 영양과 식이

A. 지방의 과잉 섭취

지방의 과잉 섭취는 피지의 성분에 불균형을 일으켜 피부가 지루성이 되어 여드름이 발생한다. 지방은 가능한 불포화지방산을 포함한 식물성유를 섭취하도록 하고, 중성지방이 되는 동물성지방을 다량 섭취하는 것은 피하는 것이 좋다. 지방을 섭취할 때는 혈액의 산화를 방지하는 비타민 E를 섭취하는 것이 좋다.

Stress → 시상하부 → 뇌하수체자극 → 부신피질자극호르몬 분비 → 부신자극 → 부신피질호르몬 증가(안드로겐 증가) 및 테스토스테론 추가 분비 → 디히아드로테스토스테론(산화) → 추가적피지선의 자극 → 추가적 피지 분비 → 여드름 발생

그림 4-7. 스트레스로 인한 여드름 발생기전

B. 당분의 과잉 섭취

체내에 들어간 당분은 칼로리 원으로 사용되지만 남은 당분은 지방으로 저장된다. 따라서 당분을 다량으로 섭취하면 지방을 과잉 섭취한 것과 같으며 여드름의 원인이 된다. 또 당분은 혈액 중의 혈당치를 상승시켜 피지 분비를 촉진한다.

C. 담배, 자극물질

주류는 적당량 섭취했을 때는 혈액순환을 촉진하지만, 과음하게 되면 혈압이 높아져 피부에 열이 발생하게 되고 여드름이 쉽게 발생한다.

D. 기 타

음식과 여드름의 상관성에 대해 잘 알려져 있지 않다. 단, 요오드가 과도하게 함유한 음식은 여드름을 악화시키며, 하루에 100mg 정도의 아연을 섭취하는 것은 여드름 피부를 개선시킨다고 한다.

③ 세균의 영향

일반적으로 모공이 막히는 경우에 여드름이 발생하는데, 여드름균(P. acne)이 많으면 모공이 막힐 수 있다. 여드름균은 혐기성균으로 모공 둘레나 모낭의 누두부에 주로 산다. 여드름균(P. acne)은 피지의 주성분인 트리글리세라이드(triglyceride)를 분해하여 유리 지방산(fatty acid)으로 생성해 낸다. 이 유리 지방산은 피부자극물질로 모낭벽이나 모공주위의 세포에 염증을 일으키게 된다. 그 결과 각질이 두터워지고 모공 둘레가 부어서 모공이 막히면 피지가 원활하게 빠져나가지 못해 여드름이 유발된다.

모낭충(Demodex folliculorum)은 인체의 피지선 특히 코와 이마, 턱, 두피 등의 피지선에 기생하는 약 400㎛정도의 진드기로서 흔히 피부의 피지선에 정상적으로 기생하는 기생충이다.

Demodex는 주로 코 주위나 T존 부위의 모공 둘레에 기생하면서 피지를 먹고 살며, 모낭 둘레에 염증을 일으켜 여드름을 유발할 수 있다.

④ 화장품 및 의약품

화장품에 의한 여드름 악화나 유발에 관한 연구가 많았으며, 성인 여성에서 안면하부 특히 턱에 지속적으로 발생하는 경한 여드름을 화장품 여드름(acne cosmetica)으로 명칭하였다. 지나치게 유분이 많이 함유된 제품을 사용한 경우 유분의 과잉으로 여드름이 발생할 수 있다. 화장품 중의 고형 성분이나 유지분이 모공 내에 들어가거나 직접 모공을 막아 피지선의 배설관을 폐쇄하여 면포나 여드름을 유발 할 수 있다.

면포를 자극하는 특정 알코올류와 지방류의 성분이 함유되거나, 특정성분의 함량이 초과된 화장품을 사용한 경우 피부에 자극을 주어 여드름을 발생시킨다. 항생제, 진정제로 사용되는 일부 특정의약품도 부작용으로 여드름을 발생시킨다. 또 파운데이션이나 유성 화장품이 인공적으로 피부를 지성으로 하는 것도 여드름의 유발인자가 된다.

화장품이나 의약품에 적용되어 여드름을 발생시키는 성분으로는 화장품 성분으로 cocoa butter, decyl oleate, olive oil, octyl pamitate, octyl stearate, peanut oil, petrolatum, propylene glycol stearate, methyl oleate, safflower oil, sesame oil, sodium lauryl sulfate, stearie acid, isopropyl isosterate, isopropyl myristate, isostearyl palmitate, isopropy stearate lanolin, linseed oil, laureth-4, mineral oil, myristyl ether propionate, myristyl lactate, oleic acid, oleyl alcohol 등이 여드름을 유발하는 성분으로 알려져 있다.

⑤ 기온 및 기후

열과 습기에 대한 극단적인 예는 아열대 여드름(tropical acne)이다. 아열대 여드름은 갑자기 발생되며 온몸에 발생되는 여드름 형태 중 가장 심각한 여드름으로 나타나고 있다. 과거 생겼던 부위인 얼굴 뿐 아니라 온몸에까지 발생한다. 열과 습기가 여드름을 악화시키는 원인에 대하여는 명확히 밝혀져 있지 않다. 다만, 습기로 인해 각질층이 상당히 부풀어 오를 수 있으며, 부풀려짐에 의한 압력이 상처받기 쉬운 낭포벽을 파괴하는 것으로 보인다.

주로 동남아시아 지역의 기후는, 우리나라 한 여름의 기후와 같이 덥고 습한 기후로 피지생산을 촉진시키고 피지가 많아진 피부는 땀과 함께 박테리아가 쉽게 증식할 수 있는 서식지가 되어 여드름이 발생하기 쉽다. 습도와 온도가 높은 여름철에 피티로스포룸 모낭염이 호발 또는 악화되는 것으로 알려져 있다.

⑥ 자외선

자외선에 반복적인 노출 시 피부를 보호하기 위해 각질을 두껍게 만든다. 각질이 두꺼워지면 모공을 막게 되므로 피지 분비가 원활하지 못해 여드름이 생기거나 더 심해지는 것이다. 햇빛 노출 후 여드름이 악화되는 경우가 있는데, 이 여드름을 멜로카 여드름(mellorca acne)이라 한다. 햇빛에 의한 여드름은 작은 돔 형태의 붉고 작은 농포 여드름으로 변한다. 주로 가슴과 등에 생기나 때때로 얼굴에도 발생한다.

⑦ 기계적 · 물리적인 자극

불결한 손이나 모발, 피부관리기구, 화학섬유로 된 옷 등이 피부와 자주 접촉하여 자극을 주면 피부에 발진이 생기다가 세균이 들어가 여드름으로 발전하게 된다.

여드름을 가진 환자가 지나치게 찰상을 일으켜 2차적으로 악화되는 경우를 칭하며 강박적인 신경증상이 있는 경우 흔히 발견되며, 여드름을 손으로 짜거나 건드리는 빈도는 높을 수록 여드름 반흔이 증가되고 유발되는 비율이 높았다. 여드름 자체의 발진보다는 길게 손톱자국 모양의 이상한 인공적 피부염의 형태를 갖춘 증상이 오래 남게 된다.

기계적 여드름(acne mechanica)은 보호기구나 치료기구 등의 기계적 압박에 의한 접촉 부위에 발생하는 여드름으로 바이올리니스트에게서 발생할 수 있다. 그 외에도 모자, 장신구 등의 계속적인 국소 압력이나 마찰 등에 의해서도 여드름이 발생 할 수 있다.

3) 여드름의 발생기전

(1) 여드름 전 단계 : 피지선의 활성화, 과잉피지분비(Seborrhoea)

피지는 피지선에서 끊임없이 합성되어 모공을 통하여 피부표면으로 분비된다. 피지선에 의한 지질의 분비는 안드로겐과 테스토스테론 호르몬에 의해 조절되는데 피지선은 몸 전체에 분포되어 있으나, 특히 얼굴, 등, 흉부, 어깨에 가장 크고 많은 수가 분포되어 있으며 청소년기에 가장 활발해진다.

이 단계에서는 모낭내의 과다한 피지분비물만 생성되는 것으로 발진현상은 일어나지 않는다. 생산된 피지는 정상적인 경우 약산성 유액으로 흘러나와 죽은 각질세포와 함께 모낭 바깥으로 배출되며 피부표면에서 산성보호막을 형성하게 된다.

(2) 여드름 1단계 : 모낭 과각질화(Hyperkeratosis)

모낭 누두(follicular infundibylum)의 아래 부분에도 정상 각화가 일어난다. 각질층의 죽은 세포조각들은 각화되는 속도만큼 빨리 떨어져 나가지 못하여 모낭관 입구에 두텁게 쌓이게 되며 과잉 분비되어 배출되지 못한 피지는 피지의 접착성 때문에 서로 응집하려는 경향이 있으며 지방산으로 변하면서 굳어져 죽은 각질세포들과 함께 모낭입구를 막게 된다. 이때 만들어지는 유동적이거나 단단한 덩어리인 면포를 형성하게 된다. 개방구가 열린 상태에서는 블랙헤드(black head)를 형성하게 되고 닫힌 상태에서는 화이트 헤드(white head)를 형성한다.

(3) 여드름 2단계 : 세균의 영향(Influence of Bacteria)

과도한 피지 분비로 피부표면을 장기적으로 분포되어 있으면 피부표면의 산성도는 세균들이 서식하기 좋은 알칼리성을 띄게 되어 세균이 모낭 내에 쉽게 침투하게 된다. 세균은 모낭 속에 피지 성분을 영양으로 급속도로 증식한다.

이러한 세균 중 propionic 박테리아와 포도상구균은 여드름 발생의 원인이 되는 균으로 피지의 중성지방을 유리지방산으로 분해시킨다. 유리지방산은 모낭벽을 공격하고 마침내 파손시키는데, 이때 모낭내의 내용물인 죽은 각질세포조각, 지방산, 세균 등이 주위의 피부결합조직으로 흘러 들어가고 그 결과 염증이 발생한다.

염증은 고름이 형성되지 않은 구진, 노란 고름이 형성된 농포 및 깊숙한 조직층에 형성된 결절, 낭종 등의 여드름을 발생시킨다.

4) 여드름의 등급별 분류

(1) 여드름의 1등급(Grade 1)

모낭각화기에 나타나는 면포성의 초기 여드름 증상이다. 블랙헤드와 화이트헤드가 이마와 코, 볼 등에 분포되어 있다. 보통 사춘기 때 나타나는 여드름 초기 증세이다. 경우에 따라 호전되거나 더욱 악화되어 심각한 여드름 피부로 발전할 수 있다. 염증이 발생되지 않도록 적절히 관리하면 에스테틱 관리에 의해 흉터 없이 깨끗이 치유된다.

(2) 여드름 2등급(Grade 2)

면포성 여드름이 세균에 감염되면서 구진이나 농포가 발생되어 면포, 구진, 농포가 소수 발생하기 시작한다. 여드름을 짜내기 위한 이 과정 중 세균에 감염되어 화농성 여드름으로 발전할 가능성이 있으므로 주의해야 한다.

또한 염증성 질환으로 인해 피부가 붉어지고 표면이 일정치 않아지므로 외관상 스트레스를 받기 시작한다. 상태에 따른 적절한 관리를 실시하면 흉터 없이 에스테틱 처치에 의해 치유될 수 있다.

(3) 여드름 3등급(Grade 3)

면포와 구진, 농포가 얼굴 전체에 분포되어 있으면서 구진과 농포가 악화되어 심한 염증과 통증을 나타낸다. 에스테틱 트리트먼트의 처치에 의해서는 위험하며 전문의의 상담과 치료를 받은 후 에스테틱 관리를 받는 것이 효과적이다.

(4) 여드름 4등급(Grade 4)

여드름 증상 중에서 가장 심각한 중증의 상태이다. 구진, 농포, 낭종, 결절 등이 진피까지 자리 잡고 있기 때문에 증세가 심해지면 결절과 낭종이 함께 나타난다. 이러한 중증의 여드름을 응괴성 여드름(acne conglobata)이라 한다. 치료 후에도 피부가 상처를 남긴다. 반드시 의학적 치료가 요구되며 치료 후에도 패이거나 솟아오르는 후유증을 남긴다.

5) 여드름의 종류 및 특징

상태별 분류는 여드름 병변에 따른 분류로 크게 비염증성 여드름과 염증성 여드름, 심상성 여드름, 전격성 여드름, 응괴성 여드름, 켈로이드성 여드름으로 나눌 수 있으며 다시 염증성 여드름은 그 진행상태에 따라 구진, 농포, 낭포, 결절로 나누다.

(1) 비염증성

① 면 포

피지의 과잉분비로 피지막이 정상보다 두꺼워져 모공이 막히기 직전의 단계이다. 피지, 각질세포, 박테리아가 서로 엉겨서 모공의 출구를 막아 형성된다.

② 흰색 여드름(White-head)

모낭이 폐쇄된 면포(closed comedo)로 피부 표면에 하얗게 돋아난 알갱이처럼 보인다. 주로 뺨과 이마에 나며 피지 분비량이 많아지면서 각질과 피지가 정체되어 생성된다.

③ 검은색 여드름(Black-head)

약한 증상으로 피부 표면으로 올라와 입구가 열려있는 개방성 면포(open comedo)이며 지성피부에 동반한다. 검은점 같은 것은 멜라닌 색소가 침착과 피지의 산화 때문에 유발된다.

(2) 염증성

① 구진(papule)

피부의 표면으로 솟은 농(膿)을 포함한 직경 1㎜의 작은 융기(elevation)이다. 암적색이며 크기는 다양하고 장기적으로 지속되며 압통을 동반하는 경미한 염증이다. 비염증성 병변과 염증성 병변의 중간 형태이며 색조는 붉지만 농은 없다.

② 농포(pustule)

경계가 뚜렷하고 단단한 돌출 부위로서 크기는 1㎝ 미만이며 만지면 통증을 수반한다. 모낭 벽이 파괴된 후 진피내로 고름이 들어간 상태이며 구진 및 면포 주위에 호발 한다. 황색의 둥근 농포로 농을 포함하나 박테리아 등 세균은 없다.

③ 결절(nodule)

구진과 같은 형태이나 구진보다 더 크고 단단하며 피부 깊숙한 곳에 위치하고 있지만 겉으로 솟아 보이기도 한다. 고름이 심해져서 모낭 아래 부분이 파열된 상태이며 상대적으로 피부 깊숙이 위치하며 통증을 동반한다. 여드름 흉터를 남길 확률이 매우 높다.

④ 낭포(cyst)

모낭의 염증이 진피에서 파괴되어 넓고 깊게 부풀어 오르면서 딱딱하고 단단한 덩어리를 형성한다. 통증이 있으며 심한 화농으로 치료가 어렵다. 피부 세포파괴로 영구적인 흉터가 생길 수 있으며 진피층에 위치하고 있다. 유발될 때 마다 심한 통증을 수반한다.

(3) 기 타

① 심상성 여드름(Acne vulgaris)

심상성 여드름은 사춘기 이후에 흔히 볼 수 있는 여드름이다. 남자는 16세에서 19세 사이에, 여자는 14세에서 16세 사이에 호발 하여 20~25세 사이에 저절로 없어지는 경우가 많다. 가장 대표적인 증상은 모공이 막혀 피지가 제대로 배출되지 못해 피부에 흰색이나 검은색의 알갱이가 생기는 면포이다.

또한 남성호르몬의 불균형으로 인해 과도한 피지분비가 이루어져 면포가 형성된다. 염증이 진행되면 구진, 농포, 결절 등 여러 모양의 여드름이 동시에 나타나게 된다. 피지선이 많은 부위인 얼굴, 경부, 어깨, 가슴 및 등에 발생한다.

② 응괴성 여드름(Acne conglobata)

응괴성 여드름은 매우 심한 염증성 여드름으로 유전적 인자가 작용한다. 다수의 면포, 농양, 낭종, 그리고 염증성 결절을 특징으로 한다. 모낭피지선의 2차적인 세균감염으로 켈로이드성 반흔이 남는 여드름이다. 거의 대부분이 남자에서 볼 수 있으며 16세 이후의 젊은 남자에게 잘 생기나 성인까지 지속되는 것이 보통이다. 주로 가슴, 어깨, 등 및 목 뒷부분에 많이 발생하며 둔부, 팔, 대퇴 및 얼굴에서도 볼 수 있다. 단단하고 통증을 동반하는 낭종과 결절이 많이 발생한다.

③ 켈로이드성 여드름(Acne keloidalis)

켈로이드란 피부에 났던 상처가 치료되면서 피부 속에서 섬유성분인 콜라겐 섬유가 보통 사람보다 더 많이 증식함으로써 상처받았던 피부가 더 크고 붉게 튀어 올라오라는 것을 말한다. 켈로이드는 체질적인 것으로서 동양인과 흑인에게 잘 생긴다. 여드름의 계속적인 반흔에 의해 피부가 우둘두둘하게 일어난 상태이다. 치료 후에도 상처가 남는다.

6) 여드름관리에 효과적인 화장품 성분

(1) 벤조일퍼옥사이드(Benzoyl peroxide)

벤조일퍼옥사이드(Benzoyl peroxide)는 항균효과가 있어 염증성 여드름에 가장 효과가 있다. 모든 형태의 여드름에 사용되는 성분으로 각질박리의 효능을 가지고 있다. 일시적으로 모공을 확장시켜 피지 배출을 용이하게 하며 모공 내 산소 공급을 통하여 박테리아를 살균한다. 가끔 피부가 건조해지거나 홍반이 발생되나 불쾌감을 초래할 정도는 아니다. 처음에는 2.5% 또는 5% 농도로 사용하며 전부 위에 얇게 도포하고 처음은 최소 농도로 사용하여 과도한 자극 증상을 막아 준다. 대개 도포 시작 후 1~2주 적용하면 호균성 박테리아가 98% 감소된다. 각질이 심하게 일어나야 치료 효과가 좋다는 것을 미리 환자에게 알려줘야 하며 부작용으로 약 2%의 환자에서 알레르기성 접촉 피부염이 생길 수 있다. 항염증작용 뿐만 아니라 각질분해작용과 각질을 탈락시키는 작용을 하여 개선 시켜줄 수 있다.

(2) 설파(Sulfa), 레소르시놀(Resorcinol)

죽은 세포가 쌓여 있는 것을 분해하는 각질 박리 기능은 가지고 있으나 박테리아 살균작용은 없으며 Benzoyl Peroxide에 알레르기를 일으키는 경우에 대체하여 사용할 수 있다.

(3) 살리실산(Salicylic acid)

노화되고 건조한 여드름 피부에 적합한 성분이다. 피부를 건조하게 하는 성분중 자극이 적은 성분이다. 벤조일퍼옥사이드(Benzoyl· Peroxide)나 설파(sulfa), 레조르시놀(resorcinol)은 밤의 트리트먼트 제재로 사용되는 반면에 예민한 피부의 낮의 트리트먼트의 성분으로 살리실산을 사용된다.

(4) 아다팔렌 젤(Adapalene gel)

아다팔렌 젤 0.1%는 레티노이드와 같은 작용을 하는 새로운 화합물로서 트레티노인의 생물학적인 작용을 일부 가지고 있다. 정확한 작용방식은 알려져 있지 않다. 12주 정도 사용하면 여드름 병변이 감소하고 증세도 확연히 나아진다.

아다 팔렌 젤의 부작용은 대략 20% 정도 적용 시 즉시 발생하며 한 달 정도까지 발생하다 점점 적응되면서 감소되기 시작한다. 일부 환자들은 처음 몇 주 동안은 여드름이 악화되기도 하며 하루 1회 정도 저녁 때 도포하여 햇빛에 노출되지 않도록 한다.

(5) 글리콜릭산(Glycolic acid)

여러 과일에서 추출한 산성 성분으로 모공의 막혀있는 부분을 완화 시켜주며 여드름 치료 제와 같이 사용시 더욱 큰 효과를 볼 수 있다.

(6) 레티노인산(Retinoin acid)

여드름 치료제로서 20년 이상 사용되어왔다. 피부 및 모공 안에서의 각질화 과정을 정상화시키는데, 세포와 세포 사이를 붙잡고 있는 접착물질을 각질이 빨리 떨어져 나가게 하여 모공의 입구를 열어주는 작용을 한다. 즉 폐쇄면포들이 개방면포로 진행되게 하여 여드름이 빨리 마무리되게 해준다. 그 부작용으로 홍반, 과민성, 부종, 물집, 광예민성을 들 수 있다.

(7) 아젤라인산(Azelaic acid)

아젤릭산(COOH-$(DH_2)_{17}$-COOH)은 피지선의 분비를 감소시키며 유리 지방산을 낮추고 항균 작용을 갖으며 염증성 여드름에 주로 효과를 보인다.

비염증성, 염증성 여드름 모두에 사용되며 모공과 피부에 서식하고 있는 박테리아의 성장을 억제하는 항균제 효과가 있다. 각질 분해작용과 코메도 덩어리를 용해하는 효능도 있으며, 모공 안에 있는 각질세포의 탈락 과정을 정상화시킨다. 하루 2차례 도포하며 1개월 정도면 효과가 나타나기 시작하며 5~6개월 정도면 좋은 효과를 나타낸다. 부작용으로 홍반이나 각질의 타락 등의 자극 증세가 있으나 기형 유발 등의 증거는 없다.

7) 여드름 피부 관리 실제

여드름 피부는 관리와 치료가 병행되어야 한다. 먼저 피지의 과잉 분비를 감소시키고 표피의 각질을 제거하여야 하며 다른 피부타입보다 관리주기를 짧게 한다. 여드름 압출 후에는 세균의 증식을 억제시킬 수 있는 Panthenol, Triclosan을 사용하는 것이 좋다. 여드름 관리 중 수분 부족이 나타나지 않도록 보습제를 사용하여야 한다.

여드름을 악화시킬 수 있는 oil, 화학제, 자극 심한 접촉 물질은 피한다. 여드름은 꾸준히 치료해야 하며, 어떤 여드름 약제는 광과민성이므로 외출할 땐 자외선 차단제를 이용하는 것이 좋다. 자극적인 음식, 단 음식, 카레인류, 알코올, 인스턴트 음식은 피하고 스트레스, 수면부족, 육체적 과로 역시도 피하는 것이 좋다. 두꺼운 메이크업은 삼가며, 메이크업은 장시간 하지 않는다. 비타민과 수분은 충분히 섭취하는 것이 효과적이다.

표 4-6. 여드름성 피부 관리

Step	관리 방법
cleansing	- 정화용 밀크 타입의 크렌징을 사용한다. - 살리식산, 글리콜릭산 등의 각질제거 성분이 들어 있는 폼클렌징으로 철저한 세안이 되도록 한다. - 여드름 전문 클린징제를 사용한다.
peeling	- 효소나 저농도의 AHA 제품의 필링제를 사용한다. - 효소 필링제를 사용 시 7~8분 정도의 스티머를 병행한다. - 여드름 등급상태 판정 후 여드름을 압출한다.
massage	- 일반적인 마사지는 생략한다. - 여드름이 호전되면 Dr. Jacquet massage나 Lymph drainage massage를 간단히 한다(티트리, 타임, 카모마일, 라벤더 등의 아로마 오일을 사용한다). - 고주파기를 이용해 여드름 부위에 스파클링을 5분정도 한다.
mask	- 유화, 캄포나 멘톨 성분과 같은 정화용 마스크를 사용한다. - 횟수를 거듭해 관리가 진행 될수록 보습 관리가 이루어지는 콜라겐 마스크나 고무 마스크를 사용한다.
protection	- 여드름 압출 부위에 염증을 완화하고 재생을 촉진하는 에센스를 바른다. - 피지를 조절, 압출 부위에 염증을 완화하고 재생을 촉진하는 에센스를 바른다. - 자외선 차단제를 철저히 바른다.

8) 여드름 압출법

여드름을 압출하는 것은 여드름치료에 굉장히 중요하다. 면포단계의 여드름은 내버려두지 말고 짜는 것이 좋다. 손이나 여드름 압출기구, 바늘, 란셋이 사용된다. 손과 여드름 압축에 사용되는 기구는 반드시 소독된 것을 사용해야 하며 여드름의 종류나 크기에 따라 적절한 것을 선택한다. 여드름을 제거하려면 스팀타월 등으로 막힌 모공을 열어주는 것이 중요하다. 모공이 열리지 않는 상태에서 무리하게 압출하게 되면 모세혈관이 파열되거나 흉터 등 피부손상이 오게 된다. 보통 바늘로 모공의 중심부위를 찔러 손으로 누르면 여드름이 나오게 된다.

손으로 짜낼 때는 소독된 면포압출기 이용하거나 중지에 솜이나 거즈를 감아 피부 표면에서부터 내부에 이르도록 깊숙이 피부를 눌러 여드름 덩어리를 떼내듯이 짜낸다. 압출 후 소독용 에탄올이나 지성 피부용 소염 화장수 등으로 소독하거나 모공을 수축시켜주도록 한다.

여드름을 짠 후에는 진공흡입기를 이용하여 피, 고름 등의 모낭 속의 잔여물들을 흡입시켜 모낭 내부를 깨끗이 함으로서 여드름의 재 발생을 방지하는 것이 좋다. 여드름을 압출한 후 재 염증이 생기지 않는다면 여드름의 내용물이 완전히 제거되었다는 것을 의미한다.

곪은 상태에서 여드름을 짜면 세균 감염을 일으키게 되거나, 치료가 끝난 뒤에도 흉터를 남게 될 가능성이 높다. 곪은 여드름은 일단 약으로 염증을 가라앉힌 다음 압출해야 하며 눌러봐서 통증이 없고 말랑말랑해졌을 때 압출해야 한다. 집에서 짤 때에는 피부가 손상되지 않도록 가로, 세로로 한 번씩 주며 맑은 피가 나올 때까지 짜야 다시 곪지 않는다.

(1) 여드름을 짤 때에는 미세한 면포까지 찾아낼 수 있도록 Magnifying lamp하에 시행한다.
(2) 완전 멸균된 Lancet 26게이지 needle로 모류 방향으로 구멍을 낸다.
(3) 면봉이나 솜 압출기로 부드럽게 눌러 짠다. 보통 검지에 고무 손가락 장갑을 끼고 검지만 이용하여 짜준다. 농포는 여드름 씨(화농)가 완전히 나올 때까지 확실하게 짜 준 후 알코올로 소독한다.
(4) 목에 난 것, 덜 화농된 여드름은 짜지 않는다.
(5) 결절과 낭포는 국소연고나 항생제 연고를 바른 다음, 절개하여 치료한다.
(6) 관리를 소홀히 하면 짠 흉터가 남으므로 조심해야 한다.

9) 여드름 관리 후 주의사항 및 홈케어

(1) 여드름을 짜는 것은 1회의 트리트먼트 중 10~15분 이상을 초과하지 않도록 한다.
(2) 정확한 부위에 대한 판단이 서지 않을 경우에는 이 부분을 생략하는 것이 좋다.
(3) 피부관리사가 시행 할 수 있는 여드름의 종류는 블랙헤드(black head)와 화이트헤드(white head)이며 농포(pustule), 구진(papule), 결절(nodule), 낭포(cyst)는 압출하지 않도록 한다.
(4) 활성화된 여드름은 일반적인 마사지는 피하는 것이 좋으며 자극적인 것은 피한다.
(5) 여드름 관리 후 최소한 2시간 후에 메이크업은 하는것이 좋다.
(6) 고객이 알레르기 반응을 보이는 제품이나 성분은 사용하지 않는다.
(7) 여드름 피부 관리 시 피부관리사는 일회용 라텍스 장갑을 사용한다.
(8) 여드름 적출용 란셋은 일회용을 사용한다. 만일 일회용이 아니라면 소독을 철저히 한다.

4. 예민 피부(Sensitive skin)

1) 예민 피부의 정의

예민성 피부는 급격한 산업화와 바빠진 생활로 인해 여드름성 피부에 못지않게 현대에 있어 하나의 문제성 피부로 대두되고 있다.

예민 피부의 정의는 아직 확실히 주장되지 않았지만 피부상태가 정상피부에 비해 그 조절기능 또는 면역기능이 극히 저하되어 사소한 자극에도 강하게 감지되어 반응을 나타내는 피부를 의미한다. 좁은 의미의 예민성피부는 유해자극에 민감하게 반응하는 피부를 의미하며, 광범위한 예민성피부는 알레르기성 특이체질피부나 모세혈관 확장피부까지도 포함한다.

예민성 피부가 외부의 자극에 민감하게 반응하는 원인은 선천적으로 피부조직이 얇고 섬세한 피부를 지닌 경우와 후천적으로 다양한 외적, 내적 자극으로 피부 조직에 이상이 생겨 다른 피부 유형에서 변화되어 발생하는 경우가 있다.

2) 예민 피부의 원인

(1) 유전적 요인

유전적으로 피부조직이 섬세하고 얇아지는 것은 선천적인 유전 요인과 피부조직 자체에 이상이 생겨 표피의 각화 과정이 정상보다 빨라짐으로써 초래되는 현상이라 볼 수 있다.

피부세포는 기저층에서 증식되어 성장하면서 끊임없이 피부 각질층에서 사(死)세포가 되어 박리되어 떨어져 나가는데, 이 기간이 보통 4주 정도이다. 그러나 박리현상이 4주가 되기 유발되어 세포가 빨리 탈락되어 버림으로 어린 세포층이 피부 표면 밖으로 쉽게 노출되게 되어 민감 피부가 될 수 있다.

(2) 후천적 요인

① 화학적 자극

중금속, 화장품에 함유된 유기용매, 향료, 강산(특히 pH 3 이하), 강알칼리(특히 pH 10 이상) 물질이 직접적으로 피부에 접촉하게 되는 경우, 피부보호막이 변화를 일으키면서 방어능력이 약해지고 표피 전체층의 수분이 보호되지 못하고 상실된다.

② 물리적 자극

냉, 열, 마찰, 자외선 등을 비롯한 광선이 자극적 요소로 광선에 대해서는 광과민성 피부질환으로 발전할 수 있다.

③ 박테리아 감염

피부가 박테리아에 감염되면 피부저항력이 감소되므로 심한 여드름 등 피부염 증상들의 장기화 현상은 동시에 피부를 예민 피부로 만든다.

④ 정신적 스트레스

정신적 스트레스는 말초신경을 자극함으로써 피부의 예민 성향을 높인다.

⑤ 특정 질병

당뇨병, 갑상선 기능장애 등의 질병과 부신피질 호르몬제를 이용한 피부 장기투여는 각질세포층을 얇게 하여 피부 감수성이 높아져 예민 성향을 높인다.

⑥ 환경적 영향

기후의 악조건, 난방, 오염물질, 유해가스 등 공해는 피부를 자극하여 예민화 될 수 있다.

⑦ 영양소 부족 및 불섭생

비타민, 칼슘, 마그네슘 등의 부족으로 자율신경계가 불안정해지고 혈관운동이 항진되며 술, 담배, 인공감미료의 과도한 섭취로 체질이 변화될 수 있다.

⑧ 연 령

어린아이의 경우 대체적으로 피부가 예민하고 나이가 들수록 예민 성향이 떨어져 노인이 되어서는 몇 가지 강한 화학성분에 대해서만 반응을 일으키게 된다.

3) 예민 피부의 특징 및 증상

예민 피부의 표피층은 얇고 외관상 실핏줄이 보이기도 한다. 피부 결이 섬세하고 수분부족이 쉽게 나타나 당김 현상이 일어난다. 피부가 조그마한 자극에도 붉어지거나 따가움을 느껴 외부에 대한 저항력이 약하다. 즉 냉, 열, 광선, 오염물질, 기후의 악조건에서 예민하며 소양감과 붉은 반점이 나타난다. 또한 홍반이 발생되는 부위와 피부가 얇은 부위에 색소침착이 잘 생길 수 있다.

많은 사람들이 민감성 피부를 호소하지만, 이런 주관적인 호소가 무엇을 의미하는지에 대한 보편성이 없다. 일부 사람들은 비누, 일광차단제, 화장품 등을 사용한 후에 과민하게 반응하는 감수성이라 하고 따가움, 붉어짐, 여드름, 각질 또는 건조함이 나타날 수 있다고 한다. 다른 사람들은 이런 증상에 대해 호소하지만, 특별한 물질이나 알려진 노출물과 연관되지 않는다. 이러한 증상들은 열, 추위, 거친 바람과 같은 환경적인 요인에 의해 유발될 수 있다.

어떤 물질이 피부에 도포될 때 또는 피부가 특별한 환경에 노출될 때 일어나는 화끈거림(burning), 따가움(stinging), 가려움(itching), 당김(tightness)을 포함한다. 이러한 반응은 대부분 얼굴(특히 비구순 주름, nasolabial fold)에서 주로 발생하고 감수성이 강한 사람들이 도포한 지 1시간 안에 발생한다. 여러 원료들이 이러한 반응들을 나타내지만 임상적으로 객관적인 자극 증상은 나타나지 않는다.

예민 피부의 반응으로 일어날 수 있는 증상들을 요약하면 발열감, 소양증, 피부혈관의 국부적인 충혈, 즉 홍반, 지속되는 홍조, 모세혈관 확장, 소수포, 수포, 염증형성, 피부각질의 과각질화, 습진 등을 들 수 있다.

4) 예민 피부의 진단과 분류 및 진행과정

(1) 진 단

① 젖산 자극시험(Lactic acid stinging test)

Frosch와 Kligman에 의한 연구로 주관적인 피부자극을 호소하는 개인들을 평가할 때 널리 쓰이는 표준적인 측정법이다.

- 코, 입술, 주름 부위(nosolabial fold)에 심하게 땀이 날 때 젖산을 바른다.
- 2분경과 후 증상 파악한다.
- 세척 후 증상 파악한다.

  민감한 피부의 사람들은 건강피부보다 젖산으로 인한 자극이 훨씬 강한 자극감을 느끼는 것을 관찰 할 수 있다. 세척 후 16분간 민감한 피부를 가진 사람들이 건강 피부에 비해 강한 자극을 느꼈다.

② 클로로포름 메타놀과 소르빈산 시험 (The chloroform metanol and sorbic acid tests)

당 물질을 환자의 얼굴에 도포 후 느끼는 자극을 파악하는 시험이다.

③ 적포도주 유발 시험(The red-wine provocation test)

- 6온스의 적포도주를 마신다.

· 마신 후에 10~15분 후 머리와 목 부위부터 홍조를 파악한다.
  단, 주사(rosacea)나 알코올 디하이드로게나아제 증후군(alcohol dehydrogen-ase syndrome)에서도 발생할 수 있으므로 잘 구별 하여야 한다.

(2) 분 류

Mills와 Berger는 민감성 피부를 호소하는 환자들을 4가지 형태로 분류했다.

① 아토피성 피부염(atopic dermatitis), 지루성 피부염(seborrheic dermatitis), 주사(rosacea), 어린선(ichthyosis)과 같은 피부질환을 가지고 있는 환자.

② 무증상 또는 부정형 증상의 피부질환을 가지고 있는 환자
   피부과 의사를 찾기보다는 자극 요소를 피하기는데 더 힘쓴다. 대개 비누를 거의 안 쓰며, 이 그룹에 속하는 여성들은 어려움 없이 쓸 수 있는 한 개의 파운데이션 화장품과 보습제를 선호한다.

③ 피부손상(trauma)의 병력이 있는 환자.
   심한 일광화상의 경험이 있는 사람, 또는 중증의 접촉 자극이나 접촉 알레르기를 초래하는 물질에 노출된 적이 있는 사람들을 말한다.

④ 임상적으로 정상적으로 보이며 위의 세 가지 분류에 속하지 않지만 민감성 피부를 호소하는 그 밖의 사람

위의 증상에 기초하여 프랑스 건강피부연구센터 CERIES(Cen-tre de Recherche et d'investigations Epidermiques et Sensorielles, or Epidermal and Sensory Research and Investigation Center)는 4가지의 민감성 피부를 설명했다.

· 1형 : 음식이나 술 섭취, 스트레스, 감정 변화 혹은 급격한 기온 변화와 관련하여 홍반을 동반하는 경우이다.
· 2형 : 추위와 바람, 에어컨에 노출되어 홍반, 당김(tightness), 인설(scaling)이 나타나는 경우이다.
· 3형 : 특정한 화장품 사용이나 비누, 세수와 관련된 홍반, 당김(tightness), 따가움(stinging) 등 여드름성 발진(blemishes)이 유발되는 경우이다.
· 4형 : 월경주기와 관련되어 피부 증상들이 나타나는 경우이다.

(3) 진행과정

① 예민 초기-붉어짐(redness)

갑작스런 혈액의 증가로 피부의 충혈 상태가 유발된다.

② **홍반**(erythema, erythrosis)

붉어짐의 반복으로 모세혈관이 확장된 상태에서 다시 수축되는 능력이 더디게 되며 지속적인 붉어지게 된다.

③ **모세혈관 확장증**(telangectasis)

혈관이 탄력을 잃어서 고무줄이 끊긴 현상처럼 붉은 실핏줄이 보인다.

④ **쿠퍼로즈**(couperose)

홍반이 좀 더 광범위한 증상으로 나타나게 된다.

⑤ **주사**(rosacea)

피지가 과잉된 상태에서 2차적 문제를 동반하는 것으로 코 중심으로 심한 홍반과 농포 상태의 화농 여드름을 동반하여 예민 현상으로 딸기코처럼 된다.

5) 예민 피부관리 사용되는 화장품성분

(1) 아쥴렌(Azulen)

카모마일에서 추출한 성분으로 항염증, 진정제로 알려져 있으며 짙은 파란색을 띈다.

(2) 비사보올(Bisabol)

카모마일이나 서양 톱풀에서 얻어지는 성분으로 항염증, 진정 작용이 있다.

(3) 알로에(Aloe)

화상 치료, 자외선 제품의 진정제로 많이 사용되어져 왔으며 보습, 항염증 작용이 뛰어나다.

(4) 호스 체스넛(Horse chesnut)

모세혈관 투과를 감소시키는 효능과 항염증, 진정 작용, 순환 촉진 작용이 있다.

(5) 하마멜리스(Hamamelis)

위치하젤이라고도 하며 항염증 및 상처치료의 효능이 있다.

(6) 메리골드(Marigold)

일광 화상과 표피성 홍반에 도움이 되는 성분으로 방부, 진정, 치료 작용이 있다.

(7) 루틴(Rutin)

모세 혈관 확장을 방지할 수 있는, 모세혈관을 탄력, 강화시킬 수 있는 효능이 있다.

6) 예민 피부 관리실제

먼저 피부보호, 안정, 진정, 염증방지, 얇은 각질두께의 정상화 등 피부의 비정상적인 기능의 정상화를 목적으로 관리해야 한다. 전기적 자극을 이용하는 관리법, 적외선과 자외선을 조사하는 관리를 금한다. 고농도 성분이 함유된 성분, 향료, 유기산, 방부제, 색소가 함유된 제품의 사용을 금한다. 자극적인 마사지동작을 피하고 림프드레나쥐와 같은 부드러운 마사지법을 택한다. 피부보호, 조절, 수분공급을 위한 팩을 한다. 자극이 없는 저자극성 비누를 사용한다. 세안 시 세안제를 손에서 충분히 거품을 낸 후 미온수로 완전히 헹구어 낸다. 부드러운 마사지와 수분 팩을 이용해 피부에 안정감과 진정효과를 준다. 자외선 차단제는 SPF 지수가 15 이상이 되는 것은 자극적이므로 피하고 SPF 15 미만의 SPF 10 정도 되는 것을 택한다.

표 4-7. 예민 피부 관리방법

Step	관 리 방 법
Cleansing	- 무자극의 아쥴렌, 비사보롤 등 성분의 밀크 타입의 크렌징 제품을 사용한다.
Peeling	- 크림 타입이나 효소 타입의 필링제를 약하게 하고 짧은 시간동안 사용한다. - 예민기가 심할 경우는 생략한다.
Massage	- 예민성 크림이나 카모마일, 라벤다 등의 아로마 오일로 지압 마사지나 Lymph drainage massage를 가볍게 한다. - 예민도가 심할 경우는 마사지를 생략한다.
Mask	- 가벼운 크림 타입의 마스크를 사용한다. - 진정과 쿨링 효과가 있는 고무 마스크나 콜라겐 - 벨벳 마스크 또는 알로에 성분의 젤 마스크를 사용한다.
Protection	- oil free 제품의 토너를 사용하여 pH를 맞춘다. - 예민용 크림과 자외선 차단제를 발라준다.

균형 있는 생활, 적절한 운동과 영양섭취를 한다. 담배, 향료, 인스턴트 음식 등 자극이 강한 음식을 피한다. 화장품 선택 시 무색소, 무향, 무 자극 화장품을 선택한다. 화장품은 피부에 알맞은 예민 피부용으로 선택하고 자주 교체하는 것을 삼가며, 화장품 교체 시에는 팔 안쪽이나 목 아래 부위에 24시간 첩포 테스트를 한 후 얼굴에 적용시킨다.

7) 예민피부 관리 시 주의점 및 홈케어

(1) 관리 시간을 짧게 한다.
(2) 자극적인 마사지 동작은 피한다.
(3) alcohol free 제품 사용한다.
(4) 물리적 화학적 필링은 피한다. 즉 스크럽으로 된 필링제나 강력한 필링제의 사용을 금한다.
(5) 브러쉬나 타월로 강하게 문지르지 않는다.
(6) 기초손질을 하지 않은채 추위, 햇빛, 바람 등 환경적 악조건에 피부를 노출시키지 않는다.
(7) 혈액순환을 촉리 시키는 활성성분이나 보조성분을 금지한다(캄파, 멘톨, 니코틴산 에스텔).
(8) w/o타입의 에멀션이나 마스크, 팩을 이용한 피부 도포법으로 지나친 유분을 공급하는 것을 금한다.
(9) 열을 사용하는 것은 최소화하도록 한다. 스팀의 장시간 사용, 열 마스크, 파라핀 마스크 등의 사용은 절대로 피해야 한다. 지나치게 차가운 습포의 사용도 피하도록 해야 한다.
(10) 붉은 볼이 되지 않으려면 겨울 동안 찬 공기에 노출 시 볼을 잘 감싸고 되도록 직접 찬 공기가 닿지 않도록 해야 한다.

5. 박피(Peeling)

1) 박피(Peeling)의 정의

필링(peeling)은 "껍질을 벗기다"라는 의미로 손상된 표피와 진피의 일부를 제거하여 새로운 피부가 재생되는 효과를 나타나게 하는 것이다. 고대시대부터 인간은 신체를 장식하려는 의도에서 흉터나 켈로이드를 피부에 남기려고 연마제나 날카로운 도구를 이용하여 피부에 문지르며 상처를 내기도 했다.

역사시대의 문헌을 보면, 피부의 재생 목적 하에 필링제들에 관한 관심을 가졌다. 에드윈스미스(Edwin smith)와 에버스파피루스(Ebers papyruses)는 미용효과를 얻기 위해, 피부의 표면을 매끄럽게 할 수 있는 효능이 있는 여러 종류들의 성분 중 산성물질들과 향유, 오일을 사용했는데 그 기술이 상당한 수준으로 발달해 있었고 매우 노련했다.

그리스 로마시대의 의사들은 발효우유, 포도 쥬스, 그리고 레몬 추출물을 사용하여 피부의 재생 효과를 얻을 수 있었다. 우유 속 유지방은 묵은 각질을 없애주는 기능을 하며 이것이 알파하이드록시산 이었던 것이다. 바빌론과 인도의 내과 의사들은 각질층을 벗겨내기 위해 연마제(pumice)를 사용했고 중세시대에는 겨자 찜질, 석회석, 그리고 설파가 피부재생에 이용되기도 했다. 터어키 사람들은, 불로 피부를 그을려서 가벼운 각질탈락을 일으켰다. 집시들은 다양한 화학 약품을 이용해 제조법을 전수시켜 처음으로 페놀을 사용하였다. 필링으로 제거된 피부는 상피세포에서 재생이 시작돼 새로운 피부로 생성되게 된다. 진피 층까지 필링을 하면 이곳의 탄력섬유들이 재생되거나 재 배열돼 피부가 탄력을 되찾고 주름살이 없어지는 원리이다.

에스테틱 영역의 필링관리는 불필요한 과각질을 제거해주는 작업으로 과각질화 현상에 의해 나타나는 여드름, 주름, 칙칙한 피부를 개선시킬 뿐 아니라 또한 주기적인 필링관리는 정상적인 각질층을 유지시켜 줌으로써 항상 아름답고 건강한 피부를 지닐 수 있게 도와주어 피부노화를 지연, 억제시키기도 한다.

필링은 어떤 도구를 사용하느냐에 따라 레이저 필링, 화학적 필링, 기계적 필링, 천연필링 등으로 나누어지고 있다. 피부필링은 어느 층까지 피부를 벗겨내는가가 중요하므로 필링방법에 따라 결과가 달라지는 것을 고려하여 적절한 필링 방법을 선택, 관리하여야 한다.

2) 필링의 종류

(1) 물리적 필링(Scrub, Abrasive peeling)

물리적인 필(physical peel) 혹은 기계적인 필(mechanical peel)이라고 한다. 밀가루, 아몬드씨, 살구씨, 조개껍질의 가루, 고령토나 규석(규조토)같은 자연적 재료뿐만 아니라 미세한 알갱이 등의 연마제를 인공적으로 만들어 사용하기도 한다.

피부각질의 1~3층이 벗겨내는 효과를 볼 수 있다. 사용량을 손에 덜어 바른 다음 약 10분간 둔 다음 3~4분 스팀기와 같이 사용하면 더 효과적이다. 안면전체를 브러쉬나 클렌징 동작으로 마사지하듯이 문지른다. 필링제와 피부의 물리적인 마찰에 의해 각질이 제거되는 것이므로 약간 힘을 주어 동작을 행하고 필링제가 마르면 가끔 물을 적셔 동작을 행한다. 화장 티슈로 먼저 알갱이 등을 걷어낸 후 해면으로 닦아 낸다. 민감성 피부에 적용할 경우 사용할 때 유의하여야 하며 가급적 피하는 것이 좋다.

(2) 효소 또는 생물학적 필링(Enzyme Peeling, Bio-peeling)

생물학적인 필(biological peel)이라 하여, 물리적인 압력을 이용하지 않고 각질층과 생물학적인 반응을 통해 각질을 제거하는 방법이다. 생물학적 필링은 생물학적 원료와 액상 파우더 또는 젤과 파우더를 혼합하여 만들기도 한다. 단백질을 분해하는 특성을 지닌 효소 필링제들이 이 방법에 속하는데 단백질 분해 효소를 섞어서 만든 인공재료로 깨끗이 세안된 피부에 사용한다. 효소로는 췌장에서 얻어지는 판크레아틴, 곰팡이 균의 효소 등을 사용한다.

또한 파파야, 파파인, 바나나 효소 등이 주로 필링의 효소물질로 화장품에서 많이 사용되고 있다. 눈가에 아이패드를 덮는다. 미지근한 물에 필링가루 1~2스푼을 떠서 섞은 후에 바른다. 피부의 죽은 각질층만 제거, 또한 표피층에만 작용함으로 피부에 부작용을 유발하지 않는다. 피부의 새로운 세포층 생장을 촉진, 과각질화된 피부, 두껍고 혈액순환이 잘 안 되는 피부, 모공이 넓은 피부, 여드름 상흔이 있는 피부에 적합하다.

(3) 화학적 필링(Chemical peeling)

넓은 의미에서 생물학적 필링 방법을 제외한 모든 필링 요법을 의미하지만 그러나 좁은 의미로 화학적으로 합성된 화학성분들을 함유한 화장품을 사용할 때의 필링 요법을 말한다. 단, AHA의 경우 화학작용에 의해 필링작용이 일어나지만 성분은 화학적으로 합성해 낸 화학성분이 아니라, 천연 과일산 속에 함유되어 있는 성분이므로 넓은의미로 볼 때 화학학적 필링으로 볼 수 있으나 좁은의미로 볼땐 화학적 필링 요법으로 구분 할 수 없는 것이다.

화학적 필링요법에 사용되는 제품은 대부분이 의약품이며, 대표적 성분은 TCA (tricarboxyl acids), 벤조일 페록사이드(benzoil peroxide), phenol, 레티노이드(retinoids), 설파(sulfar) 등으로 의사의 지시 없이 사용해서는 안된다. AHA(Alpha-Hydroxy-Acids)의 경우 천연과일에서 추출한 무독성의 천연과일산으로, 글리콜릭산, 락틱산, 만델릭산, 씨트릭산, 타타릭산등이 있다.

이들 성분은 필링효과가 탁월하지만 필링 후 관리가 매우 어렵다. 예를 들어 페놀(phenol)의 경우 각질층을 일시에 벗겨 낼 수 있을 정도로 효과가 뛰어나지만 박피 후 상당기간 특별한 의학적 처치로 보호해 주어야 하는 관리의 어려운 문제가 있다. 벤조일 페록사이드나 레티노이드는 효과가 뛰어나지만 박피술 후 자외선에 노출되면 피부가 심하게 손상된다. 화학적 박피 시술을 받은 자는 8~10일간 직업적 또는 사회활동을 할 수 없다. 의학적 박피 시술 후, 전문 피부 관리실에서 반드시 재생관리를 해야 한다.

화학 박피 과정의 깊이에 따라 분류되는데 표층박피, 중층박피, 심층박피로 나뉜다. 표층박피는 표피층의 부분 또는 전층의 박피하는 경우로 피부의 색조를 호전시켜서 보다 젊은 모습을 만들어 낸다. 중층박피는 치료부위의 표피층과 유두진피층의 전층 또는 부분 박피가 이루어 진 것이고 심층박피의 경우 망상진피까지 박피가 되는 것이다.

① 표층박피 (Superficial peels)

표층박피는 얕은 박피라고도 하며 다양한 제제가 표층박피에 유효하다고 밝혀져 있다. α-hydroxy acid(AHAs), β-hydroxy acid(BHAs), Jessner's solution, modified Jessner's solution, 리졸시놀, 트리클로로아세트산 등이 가장 흔하게 진료실에서 사용되는 것이다. 이들은 표피탈락으로 세포의 재생주기를 촉진함으로써 효과를 나타낸다. 즉 각질층의 최외층을 제거함으로써 매끈한 피부의 결과 균일한 색조의 피부를 얻게 해준다. 이들 성분은 종종 혼합해서 사용하는데 TCA와 BHA를 혼합하여 표층박피제를 개발하였다. 이들 성분은 많은 경우 가정용 제품에서도 발견된다.

② 중층박피 (Medium depth peels)

중간 필링이라고 하며 진피 상부와 유두층까지 미치는 경우이다. 중층 박피를 일으킬 수 잇는 성분으로 CO_2 plus 35% TCA, Jessner's plus 35% TCA, phenol 88%, full strength을 들 수 있다. 트리클로로아세트산(Trichloroacetic Acid) 35~40%는 손과 얼굴의 박피에서 중층박피의 표준이 되는 용액이다.

TCA는 단독으로 사용하기도 하며 더 깊은 박피를 얻기 위해 제너스 용액 또는 글리콜릭산 등을 사용한 뒤에 TCA를 도포하기도 한다. TCA 단독으로 했을 때 회복시간은 대개 5~7일 정도 소요되고 TCA와 제너스 용액과 글리콜릭산을 혼합해서 사용할 경우 7~10일 정도 소요된다. 제조회사들이 TCA와 살리실산의 혼합된 형태의 화학 박피제를 개발하고 있다. 이들 박피제의 한번 도포로 표층박피가 되고 여러 번 바르면 박피가 증가하여 중층박피가 된다.

③ 심층박피 (Deep depth peel)

깊은 필링(Deep depth peeling)이라고도 하며 진피 망상층까지 박피하는 것으로 그 성분으로는 Baker's phenol, unoccluded or occluded을 들 수 있다.

3) 필링의 효과 및 증상

(1) 효 과

피부의 죽은 각질을 제거시켜 주고 피부 표면의 피부 소릉과 소구의 차이를 줄여 매끈하고 부드럽게 한다. 모공 깊숙이 있는 노폐물을 제거하고 면포를 연화시켜 주어 여드름 압출에 용이하다. 혈색이 맑고 좋아진다. 피부에 유효성분이 흡수 되는 것을 촉진시킨다.

(2) 증 상

① 필링 진행 후 각질이 들뜨거나 탈락되는 과정이 발생한다.
필링제의 함량과 성분, 피부타입 및 적용 시간에 따라 각질이 떨어져 나가는 범위 및 기간이 결정되어 개인적인 차이를 보인다. 각질탈락의 시기에 충분한 수분 공급을 통해 피부 보습력을 유지시켜서 건조해지지 않도록 해야 한다. 이때 각질을 부풀리거나 문질러서 떼어내지 않도록 해야 하며 자연적인 탈락이 되도록 유도해야 한다.

② 필링 후 필링제의 AHA 및 BHA성분의 특성으로 홍반이 수반 될 수 있다.
일시적으로 잠시 발그레해졌다가 사라지는 정도가 아니라 피부층에 마치 구리빛 색소가 침착된 것처럼 필링 부위에 자리 잡은 붉음증이 최소 2~6개월까지 지속되는 경우도 있다. 필링 직후 나타나는 심한 붉음증 1~2주 후에 색소침착(PIH)으로 대체되는 경향이 있다. 특히 필링의 적용시간을 길게 하거나 또는 자신의 피부에 비해 강한 필링 제품을 사용하여 피부가 붉게 자극되어 있을 시에는 필링 제품을 제거 후에 시원한 수딩 및 보습 특성의 제품을 적용하여 피부의 자극이 가라앉도록 유도하여 주어야 한다.

③ 필링 후에는 피부의 외각 층의 부위가 탈락되어 있는 상태이므로 자외선에 피부가 노출되면 피부에 자극이나 손상을 입게 되며, 광 손상에 의한 방어 기전으로 멜라닌 색소가 증가되며 그 부위에 색소침착이 생기게 된다.
색소 침착을 예방하기 위해서는 필링 후에는 보습, 수딩 제품의 사용과 함께 자외선 차단제를 세심하게 사용하여야 한다.

④ 필링 이후 각질이 떨어져 나가면서 피부막 또한 같이 떨어져 나가 외부 환경으로부터 수분을 빼앗기면서 수분이 부족하여 피부의 건조 현상이 나타난다.

4) 화학적 필링제의 종류

(1) 제스너스 솔루션(Jessner's solution)

제스너스 솔루션은 Dr. Max Jessner에 의해 1940년 후반에 제조되었다. 레소시놀, 살리실릭산, 락틱산을 각각 14g씩 95%의 농도의 에탄올에 혼합하여 100㎖의 용액으로 만든 것이다.

제스너스 용액은 표층 박피(superficial peel)를 위해 사용된다. 필링 시술 후 피부에 약간의 홍반과 얼룩덜룩한 하얀 프로스트가 보여 필링 솔루션의 작용을 알아볼 수 있다.

Jessner 박피는 중화할 필요가 없기 때문에 일반적으로 다른 박피제와 함께 사용된다. 이 박피는 대단히 안전하지만 검은 피부의 환자의 경우 주의해야 한다. 이유는 레조르시

표 4-8. 제너스 용액(Jessner's Solution)의 구성

성 분	함 량
레조르시놀(Resorcinol)	14g
살리실산(Salicylic acid)	14g
젖산(Lactic acid)	14g
95% Ethanol	100cc

놀 성분이 시술 후 과색소 침착이 발생할 위험이 높기 때문이다. 첫 번째 도포는 인설이 나타나면 완료된다(대개 3~5분).

환자는 대개 7일경쯤 눈에 띌만한 인설의 탈락이 보인다. 만약 깊은 박피를 원한다면 두 번 또는 세 번 바름으로써 박피의 효과를 올릴 수 있는데 물론 부작용도 증가된다. 이러한 박피제를 환자에게 바를 때 염증 후 과색소 침착과 기미 환자에게는 색소의 이상이 발생할 수 있다. 과색소 침착이 발생하는 것을 피하기 위하여 2~3주 간격으로 한 번씩 바르는 것이 좋은 방법이다. 이 박피는 여드름에 탁월한 효과가 있는데, 이유는 레조르시놀이 여드름에 잘 알려진 치료제이기 때문이다. 이것은 또한 살리실산을 함유하고 있어 주사환자에게도 효과적이다.

(2) 레소시놀 필(Resorcinol peel)

레소시놀(dihydroxy benzene)은 주로 유럽에서 단일 필링으로 사용 되었다. 1882년에 독일의 유명한 피부과 의사인 Paul Unna가 레소시놀 필 10%, 20%, 30%의 퍼뮬러를 발표하였다. Letessier 혹은 Unna's 연고 형태를 변형하여 50% 레소시놀 연고를 만들어냈다. 레소시놀은 살균효능이 있고 항소양제, 항진균제, 방부제의 특성과 각질을 탈락 시키는 작용을 한다. 15분 정도 바른 후 닦아낸 다음 4일 후에 레소시놀에 알레르기가 있는지를 페치테스트로 확인해 보기도 한다. 그러나 이런 경우는 드물기 때문에 알레르기 테스트는 생략하는 경우가 많다.

시술 며칠 후면 갈색의 두터운 각질 껍질층이 생기고 대략 10일이 지나면 다 떨어져나간다. 시술 2, 3시간 후에 피부의 조직구조를 보면 과립층에서 분리작용이 있음을 알 수 있고, 혈관이 이완되어 잇는 것을 볼 수 있으며, 외피의 기저층에서 세포분열이 증가되어 있는 것을 볼 수 있다. 일주일 후에는 섬유아세포의 증식도 관찰되고, 시술 4달 후에도 여전히 진피의 콜라겐층이 두껍게 유지되는 것을 볼 수 있다. 살리실릭산과 함께 메디컬 필링의 기본 재료 중 하나이다.

(3) 살리실 산(Salicylic acid)

BHA라고도 하는 살리실산은 미용 피부과 의사들에 의해 진료실에서 자주 사용되는 화학박피제의 또 다른 한 형태이다. 진료실에서 사용되는 것보다 낮은 농도(2%)의 제품으로 가정관리 제품으로 사용이 가능하다. 자작나무, 철쭉나무, 버드나무 껍질에서 얻어지는 살리실산은 방향성 카르복실 화합물이 β위치에 수산기를 가지고 있어서 BHA이다.

박피제로서 20% 또는 30%의 살리실산을 사용한다. AHA에서 보인 것과 비슷하게 잡티의 제거, 표면 거칠기의 감소, 잔주름의 감소를 보인다. 1990년대 초기에 Swinehart는 50% 살리실산을 손과 상박부에 있는 광노화에 의한 색소침착을 제거하는 데 사용하여 만족할만한 결과를 보고하였다. 이들 효과들은 박탈의 증가와 세포 재생주기의 가속화에 의한 것이다.

BHA의 특성은 친지성이어서 모낭 속의 피지물질로 침투하여 모공에서 박피를 가능하게 한다. AHA는 수용성이라서 이러한 면포 용해작용을 나타내지 못한다. Kligman의 연구에 8% 글리콜산을 사용한 여자환자와 2% 살리실산을 사용한 여자환자의 조직검사에서 미세면포의 수를 비교하여 면포를 개선시키는 데에 BHA의 능력이 탁월하다고 평가하였다. 글리콜산 성분은 미세면포의 밀도를 감소시키지 못한 반면, BHA를 바른 후에는 이것이 통계적으로 유의하게($p<0.05$) 감소되었다.

BHA는 AHA와 달리 중화할 필요가 없다는 것과 박피가 종결되면 인설 현상이 보인다는 점이 AHA와 다르다. 살리실산이 백색침전이 형성되기 때문에 BHA를 균일하게 바르는 것을 쉽게 관찰 할 수 있다. 그러므로 불충분하게 박피 시술된 곳을 쉽게 알아볼 수 있어서 BHA를 바르면 된다. 또한 박피의 시술 시간을 정확히 계산하지 않아도 위험도는 낮다.

(4) TCA(Trichloroacetic acid)

단백질을 응고시키는 아세틴산의 일종으로 표피와 진피 상부를 괴사시킨다. 표피가 얇은 일광 손상피부, 홍반성 낭창, 방사선 피부염이 있는 피부에는 시행 할 수 없으며 피부의 여러 색소질환과 여드름 흉터 치료에 효과적이다.

(5) 페놀산(Phenolic acid)

1903년 Mackee는 여드름 흉터 치료에 페놀을 처음 사용하였다. 1962년 Baker와 Litton은 페놀을 다른 약물과 섞어 Baker s formula를 만들어 피부질환 치료에 사용하였다.

페놀의 침투력이 TCA보다 강하기 때문에 진피 가운데층까지 침투하여 흉터가 남을 수 있다. 또한 피부를 통해 흡수되어 발암위험과 심장, 간장, 신장에 손상을 줄 수 있으므로 심전도 검사 후에 페놀 필링(phenol peeling)을 시행해야 한다.

Baker's formula를 바른 후 즉시 피부가 서리 내린 것 같이 하얀 것으로 뒤 덮인다(frosted). 1분 후에 솜으로 제품을 닦아내고 치료 부위에 탤컴 파우더(talcum powder)를 뿌려준다. 다음날 피부는 검은 갈색이 되고 8일 후에 벗겨진다.

(6) 글리콜릭산(Glycolic acid)

글리콜산은 화학박피를 할 때 가장 흔하게 사용하는 AHA이다. 환자의 점심식사 시간 동안에 시술이 완료되어 환자가 특별한 표시 없이 일터로 복귀해서 일을 계속할 수 있다는 이유로 "점심시간의 박피(Lunch Peel)"라고 붙여졌다. 이것의 효과와 사용의 간편함 때문에 인기를 얻게 되었다.

글리콜릭산은 친수성 분자로서 각질층의 케라틴 세포들의 접착력을 감소시키는 작용을 한다. 섬유아세포(fibrolast)를 글리콜릭산이 활성화시켜 콜라겐 생산을 촉진시킨다는 사실을 발견했다. 즉 글리콜릭산은 세포손상을 주지 않고도 세포의 단백질 합성에 직접적인 자극을 주어 콜라겐 생산과 성장을 촉진시키며 TCA에서처럼 필링 깊이와는 관련이 없다고 한다.

글리콜릭산을 고농도로 사용할 때 가장 주의해야 하는 것이 바로 중화(neutralization)이다. 피부 타입과 환자의 상태에 따라 시간을 정한 후 바로 중화하여 글리콜릭산이 더 이상 침투되지 않도록 해야 한다.

1996년 Ditre는 AHA의 도포로서 피부의 두께가 25% 증가되었고 진피의 점액다당류의 증가와 탄력섬유의 질의 개선, 콜라겐의 밀도증가를 보고하였다. 이들 결과들은 AHA가 노화의 일부 조직학적인 소견을 개선시키는 것을 의미하므로 바람직한 결과이다.

(7) 더마브래젼 (Dermabrasion : Abrasive resurfacing)

더마브래젼에 대한 문헌은 BC 1,500년경부터 이집트의 파피루스에서 찾아볼 수 있다. 사람들은 바위와 조개를 이용하여 피부를 문질러 벗겨내 외모를 바꿔보려고 했다. 현대에 와서 독일의 피부학자인 Kromayer에 의해 시작되었는데, 1905년경 그는 여드름으로 생긴 흉터를 치료하기 위한 연마제의 사용에 관해 이산화탄소 얼음으로 피부를 딱딱하게 하고 감각을 마비시킨 후 외과용 드릴을 재빨리 돌리는(rotating)방법을 사용했다. 더마브래젼이 망상층(reticular dermis)까지 침투하지 않는다면 흉터는 남지 않는다는 이론을 확실히 세웠다.

1980년대에 Johnson은 Lowenthal의 punch grafting 기술을 대중화·현대화시켰다. Pinski는 피부연마 후에 빠른 치유를 위해 생물학적인 드레싱의 사용을 발표했다. Mandy는 더마브래젼 후 피부재생을 촉진시키기 위해 트리티노인을 전 처치로 사용할 것을 제안했다. Harris는 화학박피나 레이저 리서페이싱(laser resurfacing) 후에 실리콘 카바이드 사포를 사용하면서 손으로 하는 더마브래젼을 대중화 시켰다.

5) 필링 관리시 주의사항

모든 피부에 적용이 가능하나, 모세혈관이 심하게 확장된 부위, 예민한 피부 또는 부위, 상처가 있는 부위, 피부염부위는 피하거나 조심스레 사용한다. 특히 눈의 점막에 필링 스크럽이 들어가지 않게 조심한다. 필링 관리 후 가급적 자외선에 직접 노출시키는 것을 삼가고, 자외선 차단제를 바르도록 한다.

MEDICAL
Skin Care

제5장

피부질환 및 예방법

제 5 장
피부질환 및 예방법

1. 열에 의한 피부질환

1) 화상(Burn)

열에 의한 피부손상을 의미하며 심할 경우에는 피부뿐만 아니라 하부조직까지 파괴된다. 온도, 노출시간, 열의 종류 및 피부의 두께에 따라 개인적 차이가 있다. 보통 44℃부터 화상을 입을 수 있다.

(1) 1도 화상

표피에만 화상을 입는 것으로 홍반, 부종 및 통증은 동반되나 흉터없이 치유된다.

(2) 2도 화상

① 표재성 화상

홍반, 부종, 수포 및 통증이 동반되고 세균 감염이 없으면 흉터없이 치유된다.

② 심부성 화상

진피 손상을 나타내며 모세혈관의 파손으로 피부가 창백해진다.

(3) 3도 화상

표피와 진피의 파괴로 인해 피부의 감각이 없어지며 세균 감염의 위험이 극대화된다.

2) 동상(Frostbite)

귀, 코, 볼, 손가락, 발가락 등의 연부 조직에 자주 발생하는데 조직이 얼게 되며 창백하고 통증도 못 느낀다. 다시 따뜻하게 해주면 조직 손상의 정도에 따라 증상이 다르게 나타난다. 가벼운 증상으로는 홍반과 불쾌감을 느끼지만 심하게 되면 조직의 괴사와 수포가 동반된다.

2. 물리적 인자에 의한 피부질환

1) 굳은 살(Callus)

굳은 살은 딱딱하거나 발에 잘 맞지 않는 신발, 뼈의 구조적 이상, 걷는 습관 등으로 인한 만성적인 자극에 의하여 피부의 각질층이 비정상적으로 두꺼워져서 딱딱하게 되는 것으로 압력에 의하여 발생되는 국소적인 과각화증이다. 원인이 되는 압력을 제거하면 소실된다. 이와같은 각질층이 두꺼워지는 현상은 피부에 통증이 없고 압박을 제거하면 저절로 없어지는 것이 대부분이다.

손바닥이나 발바닥 그리고 특히 관절의 돌출부위에 잘 생기며 압박을 완화시키기 위하여 구두에 부드러운 패드를 대거나 혹은 굳은 살 제거기를 이용하여 피부로부터 굳은살을 깍아낸다. 예방을 위해서는 발에 맞는 신발을 착용해야 하고, 뼈의 돌출이 심한 외골증이 있는 경우 정형외과적 수술을 받아야 한다.

2) 티눈(Corn)

발가락이나 발바닥에 신발의 계속적인 압박 등에 의하여 생기는 각질층의 증식 현상이다. 즉 기저부가 피부표면이고 첨단부가 피부 양쪽으로 향한 원추형의 국한성 비후증이다.

증상으로는 연성과 경성의 두가지 형태가 있는데 경성 티눈은 발가락의 위나 발바닥에 생기는데 표면에 윤이 흐른다. 상층부를 깎아내면 중심이 나타나는데 이것이 유두진피의 지각신경을 자극하여 통증을 주는 것이다. 연성 티눈은 발가락 사이에 생기는데 땀의 습윤작용으로 희게 보이며 압박을 없애 주면 자연적으로 소실되기도 하나 살리신산이나 디클로초산의 사용으로 효과를 보는 것이 좋다.

기형성의 발모양이나 작은 신발 혹은 높은굽의 신발로부터도 원인을 찾을 수 있다. 특히 발바닥의 티눈은 사마귀와 혼돈되기 쉽다. 티눈을 제거하기 위해서는 약국에서 구입하는 티눈 반창고를 이용하거나, 병원에서 시행하는 전기 소작기 또는 레이저로 제거를 할 수는 있지만, 티눈이 생기게 하는 자극요인을 제거하지 못하면 자꾸 반복해서 생길 수 있다.

3) 욕창(Decubital)

지속적으로 일정하게 압박을 받는 부위에 발생하는 궤양으로 와상환자와 같이 움직이지 못하는 사람에게 생긴다.

3. 이물질 반응에 의한 피부 장애

1) 문 신

영구적으로 불용성 색소를 진피층에 유입시켜 글이나 그림을 그려 넣는 것을 일컬으며 증상으로 광과민성 질환이나 여러가지 결절, 악성 림프종, 켈로이드 등이 보고되고 있는데 색소를 없애는 것은 쉽지 않지만 최근 레이저를 통하여 색소를 태우는 것이 좋은 효과를 보이고 있다.

2) 파라핀 종

파라핀의 주입은 주름살을 없애거나 유방확대에 쓰이기는 했지만 부작용이 크다. 결절과 궤양을 동반한다.

3) 실리콘 육아종

액체 실리콘은 생물학적으로 불활성이므로 주름살을 펴거나 반흔을 교정할 때 그리고 위축되거나 패인 피부의 재건에 사용되는데 액체 실리콘의 막이 손상되면 섬유화 결절이 생길 수 있다.

4. 습진(Eczema)

습진성 피부염은 가장 흔한 피부 질환 중의 하나로 다양한 요인에 의해 발생하는 피부염증 반응을 모두 포함하며, 원인이 불확실하고 재발하는 경향이 있고 그 형태의 양상은 매우 다양하다.

습진은 초기에 흔히 소양증을 동반하여 홍반, 수포, 구진, 부종 등의 원발성 발진으로 시작되며, 만성으로 진행되면 인설(scale), 태선화(lichenifica-tion) 등이 나타난다.

이중에 그 원인이 확실한 경우나 그 임상 양상이 아주 독특한 것은 개별적인 병명을 지니나, 그렇지 않은 경우에는 발생 부위에 따라 단순히 주부습진, 사타구니습진, 기저귀습진이라고도 부른다. 여러가지 습진을 통틀어서 말할 때는 습진성 피부질환균이라고 부르는 것이 보통이고, 습진이라는 말보다는 피부염이라는 말을 주로 사용한다.

1) 접촉성 피부염(Contact dermatitis)

접촉성 피부염이란 어떤 물질이 피부에 직접 묻거나 닿아서 생기는 피부의 모든 이상을 말하는 것으로 발생기전에 따라 자극성 접촉 피부염과 알레르기성 접촉 피부염이 있으며 한 가지 물질이 두가지 반응을 동시에 일으킬 수도 있다.

자극성 접촉 피부염은 일정한 농도의 자극을 주면 거의 모든 사람에게 피부염을 일으킬 수 있는 피부염을 말한다. 자극의 강도가 강할 경우에는 급성 피부염의 형태로 오고 반복적인 자극에 의해서는 아급성 내지는 만성의 피부염 형태를 취한다. 원발성 자극 피부염을 일으키는데는 물질의 종류가 가장 중요하지만 피부에 침투하기 위해서는 각질층의 상태, 피부 부위, 나이, 온도, 습도 등이 중요한 요소가 된다.

원발성 자극 피부염은 강산이나 강알칼리에 의해서 생길 수 있고, 직업적으로 특히 공장에서 기름이나 타르, 피치 등에 의해 피부염이 생길 수 있다. 치료는 일반 습진의 치료에 준하나 원인 물질을 제거하거나 피하도록 하는 것이 제일 중요하다. 외부물질 접촉에 의해 발생하는 피부염으로 습진의 일종이다. 발병 기전에 따라 일차자극성 피부염과 알레르기성 피부염으로 분류된다.

일차자극성은 중독성으로 부르기도 하는데 원인물질 그 자체가 피부에 반응을 일으키는 성질이 있고 농도가 짙어지면 습진 반응을 일으키는 것과 같은 것이다. 접촉성 피부염은 피부가 건조해지면서 거칠어지고 피부의 각질이 부풀어서 껍질이 벗겨지는 피부질환이다. 선천적으로 예민한 피부에 발생할 확률이 높다.

즉 일차 자극성 피부염은 일정한 농도와 자극을 주면 거의 모든 사람에게 피부염을 일으킬 수 있는 피부염으로 강산이나 강알칼리, 물이나 주방세제, 공장에서 사용하는 절삭유(cutting oil) 등이 원인이 될 수 있다.

2) 습진성 피부질환(Dermatitis and eczema)

습진은 급성기에는 소양증(itching)을 동반한 수포성 구진(vesiculo-papular eruption) 홍반(erythema), 부종(eduma) 등이 나타나고 만성기에는 부종과 수포는 감소되며 대신 태선화(lichenification), 인설(scale) 등이 형성되는 피부 병변을 습진이라 한다.

습진의 분류는 내부 요인이 주로 관여하는 것과 외부 요인이 관여하는 것으로 나눌 수 있고, 경우에 따라서 내부 및 외부 두 요인이 복합적으로 작용하기도 한다.

(1) 화폐상 습진(Nummular eczema, Discold eczema)

원형 혹은 화폐 모양의 습진이 특징이며 대개 만성 내지 아급성 습진 병변을 보인다.

원인은 불분명하지만 아토피적인 요소와 관련이 깊고, 금속 알레르기, 유전요인, 세균과의 관련도 높다. 건조한 피부에서 발생이 잘되는 경향을 보인다.

① 증 상

원형의 습진 부위에 구진성 소수포(papulovesicle)가 특징적으로 생기며 손등에 호발한다. 증상이 오랫동안 지속되며 자주 재발하는 경향을 보인다. 심한 소양감을 나타내며 진물이 나기도 한다.

② 관 리

습진의 일반적인 관리에 따른다.

(2) 한포진(Dyshidrotic eczema)

소양증(itching)이나 작열감(burning sensation)을 가진 수포가 손바닥이나 발바닥 깊이 발생되는 습진성 병변이다.

한포진은 발생기전은 불확실하지만 다한증(hyperhidrosis)을 지니고 있는 사람에게서 발생하는 경우가 있고, 심리적인 stress가 영향을 미치고 있다. 또한 어떤 특정한 약물을 사용시 발생되기도 하고 니켈이나 크롬과 같은 금속에 의한 알레르기 때문에 한포진이 발생되기도 한다는 보고가 있다.

(3) 주부 습진(Housewife's eczema)

주부 습진은 물이나 합성 세제 같은 강한 알칼리성 물질에 의한 자극으로 생성되며 대부분 손에 나타난다. 피부는 표면이 얇은 지방막으로 덮여 있는데 피부를 보호해 주고 있는 pH가 약산성이기 때문에 세균에 대한 저항력이 강하다. 그러나 합성세제와 같은 비누 성분은 손을 덮고 있는 피부의 얇은 지방막을 파괴하게 되고 차가운 날씨로 인해 손이 건조하게 되면 손가락 끝, 손톱 주변의 피부가 얇아지면서 갈라지며 심하면 피가 나온다. 가능한 한 물이나 합성세제를 피하고 물의 사용시 고무 장갑을 끼고 장기간 사용시에는 면장갑을 덧껴야 한다. 또한 땀을 흡수해야 하므로 자주 빨아서 갈아 끼고 물 사용 후에는 유분이 많은 크림으로 손을 보호한다.

가정 주부가 물이나 세제, 양념 등에 장기적으로 접촉을 할 경우 이에 의한 만성 자극으로 발생하며, 특히 결혼하여 아이를 낳은 후 많이 발생한다. 주부습진의 발생에는 개인적인 소인도 대단히 중요하며 특히 아토피의 병력이 있는 사람에게서 잘 나타난다.

주부습진의 증상은 피부가 건조해지고 거칠어져서 손이 갈라지고 피부가 얇아져서 허물이 벗겨지는 것이다. 주부습진의 예방은 가능한 물이나 세제에 피부가 직접 닿지 않도록 하는 것이며, 고무장갑, 향료, 금속 등에 알레르기가 있는가의 여부를 확인하여 이들을 피하도록 한다. 그러나 불가피하게 고무장갑을 끼어야 하는 상황이면 반드시 면장갑을 낀 후 고무장갑을 끼며, 면장갑을 여러개 준비하여 습기가 차지 않도록 하며, 가능한 일을 모아서 한꺼번에 하고 발병초기에 치료를 하여 악화를 방지하여야 한다.

습진은 일단 심해지면 치료가 잘 되지 않는다. 일을 마친 후에는 순한 비누로 가볍게 씻은 후 손에 수분과 핸드크림을 발라주는 것이 좋다. 치료는 물집이 잡히고, 진물이 흐르는 급성기에는 냉습포를 하는 것이 병변을 말리는데 도움이 된다. 가정에서는 생리 식염수 등을 적셔 거즈를 3~4겹 포개어 환부에 덮고 약간 흐를 정도로 적시고, 그 후 마르지 않도록 약 20분 동안 계속 적셔준다. 냉 습포를 시행하면 보통 수일 후 진물이나 부종이 감소하게 된다.

증상이 심한 경우는 스테로이드 크림이나 연고를 바르도록 하고 만성기에는 피부가 매우 두꺼워져 있으므로 이의 침투를 돕기 위해서 밀봉 요법, 병변 내 주사 등을 이용한다.

(4) 유아 습진

기저귀로 인하여 생기는 습진으로서 일어나는 과정은 주부 습진과 비슷하다.

3) 알레르기성 접촉 피부염 (Allergic dontact dermatitis)

알레르기성 접촉 피부염은 알레르기를 일으키는 어떤 원인 물질에 접촉한 후 24~48시간 사이에 습진 반응이 가장 심하게 나타난다.

알레르기 접촉 피부염을 잘 일으키는 흔한 항원으로는 옻나무, 은행나무, 고무제품(팬티, 거들, 신발 등), 머리 염색약, 금속(Ni, Cr), 연고나 화장품의 기본 성분이 되는 기제(base) 등이 있다.

특정 성분에 의하여 비정상적인 민감 반응을 일으키는 피부질환으로서 접촉하면 그 물질에 대해 방어하기 위하여 항체를 만들어 낸다. 개체의 감수성 전도에 따라 개인차가 있으며 과민반응을 보이는데 이것을 알레르기 반응이라 한다.

음식, 특정 식물과 동물, 고무종류, 머리 염색제와 퍼머약 같은 일상 생활에서 쓰이는 화학제, 방부제, 농약, 향료, 화장품 등에 의하여 유발된다.

알레르기성 접촉성 피부염의 특징은 초기에는 접촉된 부위에 가려움과 홍반이 발생하고 증상이 심해지면 부종과 작은 물집이 생기며 진물이 스며 나와 급성 습진성 병변을 보이게 된다. 특정 물질에 대해 알레르기 체질을 가진 사람이 그 원인 물질과 접촉했을 때 나타나는 증상이다.

원인 물질은 대부분 화학물질로 니켈, 크롬 같은 단순 원소도 있으나 유기화학물이 대부분이다. 알레르기성 접촉 피부염의 진단에 있어서 가장 중요한 것은 병력으로 나이, 직업, 성별, 본인이 접촉되었으리라고 믿는 모든 물질에 대해 알아볼 필요가 있다. 그후 첩포시험을 할 항원을 결정하여야 하는데, 피부 병변의 발생부위와 발진의 모양도 원인 물질의 발견에 대단히 중요하다. 첩포시험(patches test)이란 의심되는 물질을 직경 8mm 정도의 알루미늄판에 담아 피부에 붙인 후 48시간 지나서 땐 후 30분 뒤에 양성 반응 유무를 판독하고, 그 후 48시간 이상 경과한 후 지연성 과민반응 유무를 확인하는 검사로 알레르기성 접촉 피부염에서 원인되는 알레르겐을 찾아내는 검사이다.

알레르기성 접촉성 피부염을 일으키는 중요한 원인 물질은 다음과 같은 것들이다.

(1) 식 물

옻나무(원인 성분 : pentadacylcatechol)와 은행나무(ginkgolic, 산)가 대표적이며 기타 야생초와 알로에 등이 원인이 될 수 있다.

(2) 화장품

10대 후반에서 20대 초반의 여성이라면 거의 누구나 화장품을 사용하게 되는데, 민감한 피부를 가진 사람은 종종 화장품에 의한 알레르기성 접촉 피부염을 경험하게 된다. 화장품 알레르기 접촉 피부염이란 화장품이나 연고제 등이 피부 단백질과 결합하여 피부를 민감하게 만들고, 일정기간이 지난 후에 피부염이 나타나는 것을 말한다.

화장품의 구성 성분 중 방부제, 색소, 향료, 산화방지제, 고분자 화합물, 계면활성제 등이 피부염을 일으킬 수 있는데 화장품에 성분 표시가 안되어 있는 현시점에서는 정확한 알레르기의 원인규명에 어려움이 있다. 증상으로는 화장품을 바른 부위에 가려움증과 홍반이 발생하지만 계속 사용할 경우 얼굴 전체에 부종과 가려움증이 확산될 수 있다.

최근에는 저 알레르기 성분을 골라 화장품을 생산하므로 민감화가 줄어들기도 했다. 카카오 버터, 라놀린, 메칠살리신산, 올레오산, 구아닌, 금분, 콜라겐 등이 많이 함유되어 있는 화장품은 알레르기를 많이 유발한다. 피부염의 증상으로는 가렵고 따끔거리며 붉어지면서 좁쌀 같은 물질이 돋아나며 점차 부위가 딱딱해지고, 각질이 하얗게 일어나게 된다. 최근에는 화장품의 품질이 좋아지고 순도도 높아져서, 화장품에 의한 알레르기성 피부염이 급성으로 나타나는 일은 매우 드물지만, 어떤 성분은 피부에 흡수되고 축적되어 알레르기 반응을 일으키는 경우도 있다. 화장품에 의한 피부염이 생겼을 때 주의할 점은 피부에 자극을 주거나 때를 밀 듯이 문지르지 말아야 하며, 일단 증상이 심하면 사용했던 화장품으로 첩포검사를 받아 그 원인을 규명해야 한다. 알레르기 반응이 일어나면 3일 정도 화장을 하지 않은 후에 한 가지 제품씩 4~5일간 사용하여 피부에 이상을 주는 화장품을 가려내는 노력도 필요하다. 치료는 비교적 쉽게 되지만 치료 후에 예방 및 재발 방지가 더욱 중요하다. 이 경우에는 일단 화장품 사용을 당분간 중지하고 때를 밀 듯 얼굴을 문지르는 습관을 버려야 한다. 때를 밀듯이 씻으면 피부 방어막인 각질층이 파괴되어 자극이 더 심해지므로 깨끗이 씻어서 피부를 차게 한 후 약한 부신피질 호르몬 연고(스테로이드 연고)를 발라 증상을 가라앉혀야 한다.

그러나 가장 중요한 것은 얼굴이 정상 피부로 돌아온 후 자기가 사용했던 화장품으로 첩포 시험을 하여 알레르기의 원인을 규명해야 하며, 이때 화장품에서 알레르기나 자극이 나타나면 성분이 비슷한 화장품은 사용하지 않아야 재발을 막을 수 있다.

(3) 머리 염색약

기존 머리 염색약의 주성분은 paraphenlenediamine으로 염색작용이 우수하지만 그만큼 강력한 알레르기 유발물질 중의 하나이다.

(4) 금 속

니켈, 수은, 크롬 등이 대표적인 것으로 이 중 니켈은 시계, 안경테, 귀걸이, 목걸이, 여성 내의의 걸쇠, 반지 등의 장식품과 주방 기구 등 여러 금속에 합금으로 함유되어 있다. 니켈 피부염은 금속이 닿는 부위, 즉 손목과 귓불 및 목주위와 얼굴 등의 접촉 부위에 발생한다.

(5) 고무제품

생고무에는 우리가 일상에서 사용하는 고무제품으로 만들기 위해 촉진제 및 항산화제 등의 여러 화합물이 첨가되어 있다. 대표적인 알레르기 유발물질은 thiuram군이며 특히 가정용 고무 제품, 장갑, 브레지어, 팬티, 거들, 신발 등에 포함되어 있다.

4) 접촉 두드러기 증후군

(1) 아토피성 피부염(Atopic dermatitis)

일반인들에게 어릴 때 얼굴에 생기는 태열로 잘 아려져 있는 아토피 피부염은 아토피성 체질을 타고난 경우에 발생하며, 천식과 알레르기성 비염을 동반하는 경우가 많고 많은 피부병 중에서도 몹시 가렵고 만성으로 시간을 끌며 유전의 성향이 높다. 만성 습진의 일종으로 어린아이에게서 흔히 발생하는데 원인으로는 유전적 경향이 높은 것으로 알려지고 있어서 부모 중 한쪽이 아토피성 피부이면 자식이 50%, 양부모 모두가 아토피성 피부이면 자식이 70% 유전된다고 한다. 관련 학설로는 알레르기설, 면역학설, 환경요인설 등 여러 가지가 있으나 정확한 원인은 아직 밝혀지지 않고 있다.

아토피성 피부염은 천식이나 알레르기성 비염(100명 중 80명에게 나타남)과 동반되어 나타나는 경우가 많고 계절적으로 피부가 건조하기 쉬운 가을, 겨울에 발생빈도가 높다.

주요증상은 피부가 건조해지면서 가려움증이 동반되며 가려움증이 심하고 오래되면 태선화된 병변이 있게 되는데 이렇게 되면 피부의 정상적인 주름이 매우 두꺼워진다.

아토피성 피부염이 있을때 자꾸 긁으면 상처가 나면서 2차적인 세균감염이 발생하고 신경질이 늘어나고 습진, 종기, 사마귀 등이 생기기도 한다. 성장하면서 80%가 호전되고 20% 정도는 계속적인 증상을 지니게 된다. 자라면서 피부가 깨끗해지는 경우도 많지만 피부가 건조해지는 것을 최대한 막기 위해서는 온도와 습도를 적절히 유지하고 목욕의 횟수와 비누 사용을 줄인다. 목욕 후 유분이 많은 로션이나 오일을 바른다.

증상은 피부가 몹시 건조하면서 가려움증이 심해진다. 특히 살과 살이 잘 접히는 부분인 팔꿈치의 안쪽 부위, 무릎의 안쪽 부위, 목 둘레, 눈 주위, 입 주위 등의 피부가 심하게 가려워서 매우 긁게 되고, 긁어서 피부가 벌겋게 되면서 우들 두들해진 후 피부는 검고 두껍게 변하게 된다.

습진의 양상을 띠는 아토피 피부염은 나이에 따라 나타나는 부위, 증상 등에 차이가 있으며 3가지 유형으로 구분된다. 즉, 생후 2개월에서 2년에 이르는 시기에 습진이 나타나는 유아기, 2세부터 10세 까지는 소아기, 10세 이후는 사춘기 및 성인 아토피 피부염으로 나눈다. 이중 특히 성인형은 여성의 얼굴에 주로 발생하여 미용상 큰 고민거리가 되곤 한다. 온도의 변화, 물리적, 화학적인 자극에도 매우 민감하며, 여러 다른 질환에도 남보다 더 잘 감염이 되는 경향이 있다. 또 어른에게 있어서는 정신적 긴장이 피부염을 악화시키는 원인이 되기도 한다.

이 질환을 앓는 사람은 알레르기 증상이 나타나는 것이 문제이므로 우유, 달걀 등 알레르기를 유발 할 수 있는 음식물을 피하고, 집 먼지 진드기, 화분, 동물의 털에 의한 알레르기 반응으로 병이 악화되는 경우도 있으므로 원인이 되는 요인을 가능한 피한다. 아토피 피부염 환자는 춥거나 더운 환경을 피하고, 겨울철에는 피부가 건조해지므로 비누 사용을 줄이고 실내 가습기를 사용하여 건조한 환경에 습기를 주고 피부 자극을 주는 모직 옷은 입지 않도록 한다.

정신적 치료는 스트레스를 줄이고 커피, 홍차, 콜라, 초콜렛과 기타 자극제는 피하는 것이 좋고, 항히스타민제는 심한 가려움증을 가라앉히는데 도움이 된다. 부신피질 호르몬제는 성인 아토피 피부염의 중요한 치료제가 된다.

(2) 지루성 피부염(Seborrheic dermatitis)

피지선의 기능이 정상보다 활발한 부위인 지루 부위에 만성 염증성 문제를 내포한 습진 반응을 뜻하며 피부의 만성 염증성 질환으로서, 두피, 얼굴, 특히 눈썹, 눈꺼풀, 귀, 입주위, 앞가슴, 겨드랑이 등에 주로 나타난다. 발생 원인은 확실하지 않으나 피지의 과다분비, 지방을 좋아하는 진균의 과대증식, 정신적 긴장 등을 들 수 있다.

증상은 머리에 비듬이 많거나 가렵게 되고, 머리 외에도 피지가 많이 분비되는 부위인 얼굴이나 귀에도 생길 수 있으며 더 심한 경우 가슴이나 등까지 번질 수도 있다. 연황색의 쌀겨 같은 각질도 심하게 일어난다. 가장 흔히 생기는 부위는 머리인데 가벼운 경우에는 비듬이 많이 생기는 정도이지만 기름기가 많은 경우는 두터운 기름딱지가 비듬으로 덮이게 된다. 이 경우 머리카락이 잘 빠져서 탈모의 원인이 되기도 한다.

지루성 피부염의 치료법으로 머리에는 일주일에 2~3회씩 항진균제가 포함된 약제와 샴푸를 사용함으로써 효과를 볼 수 있다. 전신요법으로는 비타민 복합제와 비타민 B_{12}를 복용하는 것이 좋고, 음식은 저지방 식품을 섭취해야 하며 정신적인 스트레스나 음주를 피하도록 한다. 치료 시 주의할 점은 지루성 피부염 증상이 나타났을 때 강한 스테로이드 연고제를 함부로 바르면, 모세혈관 확장, 붉은 얼굴 등의 현상이 겹치게 되어 더 치료하기 어렵게 된다.

① 증 상

이 질환은 건성 혹은 습기가 있거나 기름기가 있는 인설(비듬, scale)이 특징이다. 또한 다양한 모양과 크기의 황색반을 형성하며 호전과 악화를 되풀이하고 약간의 가려움증을 동반한다.

호전과 악화를 되풀이하는 만성적인 문제를 가지며 가장 흔하게 침범되는 두피에서는 건성의 쌀겨 모양의 표피 탈락이 생겨 두피 전체로 퍼지면서 환부의 모발이 빠지는 조기 남성형 대머리(premature male type baldness)의 가장 흔한 원인이 된다.

지루성 피부염은 내부 질환과 관련되어 발현되거나 내부 질환에 의해 약화될 수 있으며 Parkinson병, 당뇨병, 간질 등에서도 지루성 피부염이 나타날 수 있다. 유전, 호르몬의 영향, 영양실조 및 정신적 긴장에서 오는 피지 분비의 과다 현상이 원인이 된다. 가려움증이 동반되는 기름기 있는 인설로서 주로 두피, 안면의 눈썹, 눈꺼풀, 입술, 귀와 목, 유방하부, 배꼽, 겨드랑이와 생식기 주변에 생기는 피부질환이다.

지루성 피부염은 전인류의 1~3%, 성인의 3~5% 정도에 발생한다고 한다.

② 관 리

두피에 지루성 피부염이 발생될 때 탈모의 문제가 가장 심각하게 발생되므로 두피는 일주일에 2~3회 selenium sulfide, ter, resorcin을 함유한 세척제로 씻으면 효과적이다.

B_{12}가 포함된 비타민 복합체를 복용하면 도움이 되고 급성이면서 증상이 심한 경우 스테로이드 제제를 경구 투여할 수 있으나 장기간 스테로이드를 복용하면 부작용이 있으므로 주의를 요한다.

(3) 건성 습진(피부 건조증)

연령이 많아지면서 피부의 수분과 유분이 적어지며 피부는 건조하게 된다. 진피층은 수분의 양이 줄어들면서 피부의 각질이 일어나고 홍반이 생겨 피부가 트는 현상이다. 난방이 너무 잘되어 있거나 온풍기 바람을 오래 쐬면 이 질환이 발생하며 겨울에 잘 생긴다.

가려움증이 동반되기 때문에 피부 건조를 막는데 초점을 맞추며 목욕을 자주 하지 말고 비누 사용을 줄인다. 목욕시 물에 오일을 타서 목욕하고 후에 유분기가 많은 로션이나 오일을 바른다.

(4) 건 선

구진과 은백색의 인설을 가진 피부 질환으로 아직까지 원인을 파악하고 있지 않으나 개인에 따라 다양하게 발생하는 만성질환이다. 20대에 잘 발생하며 피부과 환자의 3% 정도를 차지한다. 유전, 자외선 노출, 피부 외상, 건조한 기후, 과도한 피부자극, 내분비적 요인을 원인으로 추정되고 있다.

5. 세균 감염성 질환(Bacterial infections disease)

피부의 세균감염은 1차 감염과 2차 감염으로 나눌 수 있다. 1차 감염은 단독의 병원체, 즉 포도상구균이나 연쇄상구균 등이 원인으로 정상 피부에 발생하고, 2차 감염은 기존의 피부질환에 세균감염이 되는 것을 말한다. 일반적으로 피부의 세균 감염에는 세균 배양 검사로 균을 찾고, 그 균에 대해 감수성 높은 항생제를 사용한다.

또한 완전히 화농된 후에 절개하여 고름을 배출해야 하며, 초기에 무리하게 짜거나 항생제를 투여하면 화농이 지연되어 치료기간이 길어질 수 있다. 세균성 피부질환에는 모낭염, 전염성 농가진, 다발성 절종, 봉소염 등이 있는데, 가장 대표적인 것은 전염성 농가진이다.

1) 심상성 모창(Sycosis vulgaris)

모공 주변과 그 주위 조직이 비강내에 상재하는 포도상구균(*Staphylococcus*)에 의해 화농성염증을 나타낸 상태이다.

면도를 하는 남성에게 주로 나타나며 초기에는 콧구멍 주변 윗입술에서 작열감과 소양증을 동반한 홍반이 나타나고 진행되면 적색구진이나 농포로 발전한다. 면도에 의해 더욱 악화될 수 있다. 수염 난 부위 이외에 눈썹, 속눈썹, 겨드랑이, 치골부에도 나타날 수 있다. 면도에 의하여 병이 확산될 수 있으므로 소독된 가위나 전기 면도기를 사용하는 것이 바람직하고 항생제나 외용 연고로 치료한다.

2) 농가진(Impetigo)

어린 아이에게 자주 발생되는 질환으로 두피, 안면, 팔과 다리에 수포가 생기고 만지면 진물이 흘러 가피가 생긴다. 화농성 연쇄상 구균이 주원인균으로 쉽게 전염된다. 황색포도구균에 의한 접촉 전염성 질환으로 영아나 소아에게 많이 발생하는 전염성이 매우 강한 질환이다. 주로 얼굴이나 손, 발에 주로 수포를 형성하고 장액성 삼출물을 함유하며 수포가 터지면 쭈그러지나 가장자리는 농액이 테를 두른 듯이 수일간 남아 있다. 대부분의 경우 자연 치유되지만 치료시 빨리 회복될 수 있다. 과망간산칼륨 용액으로 습포를 하거나 항균제가 함유된 비누 등으로 깨끗이 씻어주고 항생제를 투여한다. 여름철에는 벌레에 잘 물리게 되고, 가려워서 긁다보면 세균에 감염되기 쉽다.

전염성 농가진은 주로 어린이의 머리와 팔다리에 발생하며, 화농성 연쇄상구균이 주 원인균이다. 전염력이 매우 강해서 주위로 쉽게 퍼지며, 진물이 묻은 손에 의해 자기 몸의 다른 부위는 물론 다른 사람에게도 전염이 된다. 어른들은 보통 농가진이 잘 안생기지만 위생 상태가 불결하거나 과다한 신체활동 등으로 저항력이 떨어질 때 쉽게 발생할 수 있다.

증상은 일단 소양감이 있으며 처음에는 작은 붉은반점이 나타나며, 이 반점은 곧 수포로 변하고, 수포가 터져서 황색의 진물이 흐르고 그 자리에 누런 딱지가 앉게된다. 흉터없이 치료되는 것이 보통이다.

전염성 농가진의 치료시 주의사항은 전염력이 강하므로 수건이나 베개 등을 환자와 따로 써야 하며, 환자는 수영을 삼가야 되고, 손톱을 짧게 깎고 손을 자주 씻어야 한다. 가벼운 습진으로 알고 스테로이드제만을 바르면 더욱 악화될 수 있고, 전신적인 항생제 요법이 필요하다. 드물게 신장염이 동반될 수 있으므로 주의해야 한다.

3) 농양, 절종, 옹종(Abscess, Furuncle, Carbuncle)

주로 황색 포도균에 의해 급 만성의 국소 감염에 의해 생긴 고름이 국소적으로 고인 상태를 말하며, 절종은 모낭 주위 조직 깊숙이 발생한 급성 화농성 염증으로 단단하고 통증이 심하며 만지면 화끈거리는 열감이 있다.

옹종은 두개 이상의 절종이 융합되어, 보다 크고 깊게 발생한 심한 형태의 농양을 말한다. 인체 어느 부위에도 생길 수 있으며 알콜 중독, 빈혈, 면역 결핍, 당뇨병 등의 전신 질환시 많이 발생한다. 치료는 절개 후 배농과 전신 항생제를 사용한다. 보조치료 방법으로 온열 요법을 통하여 초기의 자연 배농을 돕는다.

농양, 절종, 옹정은 국부적인 피부 감염성 질환으로서 조직 깊이 침투하여 압박과 통증을 느끼게 하며 피부가 붉어지고 열도 동반한다.

모낭에 세균 감염이 되어 노랗게 고름이 모낭염이라고 하고, 이것이 점차 심해져서 커지면 종기라고 한다. 종기가 한꺼번에 많이 발생하는 경우를 다발성절종이라고 하며, 종기에는 절종과 옹종이 있다. 처음에는 털을 중심으로 단단하고 압통이 있는 붉은색의 결절로 시작해서 수일에 걸쳐 점차 화농되어 결절이 부드러워지면서, 완전히 화농되면 고름과 썩은 조직이 배출된다.

초기에는 소염진통제를 내복하면서 더운 찜질을 하여 화농을 촉진시켜 단단한 결절이 부드러워지면 그후 절개하여 농을 배출하고 항생제를 투여한다. 화농 되기 전에 절개하거나 무리하게 짜면, 염증이 확산되어 악화되기 쉽고 조기에 항생제를 투여하면 화농이 지연되어 치료기간이 길어지는 수가 있으므로 주의를 요한다.

6. 바이러스성 피부질환 (Viral infection, Viral dermatoses)

바이러스(virus)는 광학 현미경으로는 거의 볼 수 없는 작은 미생물로 살아 있는 세포내에서만 증식하는 특징이 있다. 바이러스는 핵산을 함유하고 있으며 복제에 의해 증식하고, 영양분 생합성에 필요한 효소는 없다. 대부분의 바이러스 감염은 피부병변이 생기며, 감염은 사마귀나 전염성 연속종처럼 피부에 국한되기도 한다. 전신감염으로 수두처럼 피부 병변이 거의 항상 나타나는 경우와 잘 나타나지 않는 경우가 있다.

바이러스의 분류는 핵산의 주 구성 성분에 따라 DNA 혹은 RNA 바이러스로 나누며, DNA 바이러스에 의한 질환은 피부증상이 주가 되나 RNA 바이러스에 의한 질환은 대개 전신 증상을 주로 나타내며 피부 증상은 부수적이다.

toxin 또는 poison이라는 의미로 일반 현미경으로는 볼 수 없는 극히 작은 균으로서 살아 있는 세포 내에서만 증식하는 것이 특징이다.

또한 미생물은 RNA와 DNA를 모두 함유하지만 바이러스는 RNA와 DNA 중 한가지 종류의 핵산만을 함유하고 있으며 광학 현미경으로는 볼 수 없는 극히 작은 미생물로써 단백질의 껍질을 갖고 있다.

단백질 외피는 숙주 세포를 침범하는데 있어 필수적이며 중요한 virus 항원을 갖는다.

virus로 인한 피부병의 종류로는 두창(smallpox, variola major), kaposi 수두양 발진, 전염성 연속종(molluscum contagiosum), 단순포진(herpes simplex, cold sore), 수두(chicken pox), 대상포진(herpes zoster), 심상성 사마귀(verruca vulgaris), 편평 사마귀(flat wart), 포진성 구협염(herpagina), 수족구염(hand-foot-mouth disease) 등이 있다.

1) 전염성 연속종(Molluscum contagiosum)

*Molluscum virus*는 인간에 질병을 일으키는 바이러스 중 가장 큰 바이러스로 벽돌 모양을 하고 있는 형태이다. 일반적으로 "물사마귀"라고 불리워지고 있으며 아토피 피부염을 가진 소아에게 많으며 여자보다 남자에게 더 많이 발생한다. 보통 얼굴, 몸통, 손 등에 피부색의 둥근 구진이 생기고 중심부는 배꼽처럼 움푹 들어가 있으며 전염성이 있고 재발가능성이 있다.

치료 방법에 소파술이나 핀셋 등으로 연속종을 짜내게 되므로 통증이 있고, 잠복기에 있던 새로운 병변을 치료하기 위해 재진을 필요로 한다. 한편 긁은 것을 방지하기 위한 내복약의 복용도 중요하며, 자연 소실도 가능하므로 상황에 따라 대처한다.

① 증 상

직경 2~5mm되는 둥근 반구형의 견고한 구진이 피부색 또는 분홍색으로 나타난다. 얼핏 보면 사마귀와 비슷한 형태를 보이지만 손으로 눌렀을 때 동그란 결절모양의 내용물이 밖으로 나오게 되어 사마귀와는 구별된다. 호발부위는 얼굴 부위, 몸체간 부위, 항문, 성기 주위이며 손바닥, 발바닥 부위에는 잘 발생되지 않는 편이다.

병소의 숫자는 20개 정도가 보통이나 드물게는 수백 개에 이르는 임상 보고도 있다. 병변의 지속 시간은 일정치 않다. 6개월이나 3년 이상 지속되는 경우도 있다. 각각의 병변은 일반적으로 증상이 없으나 소양감이 있을 수 있으며 병변 주위에 2차 세균 감염이 올 수 있다.

② 관 리

배출시켜 없애는 방법(currettage)이다. 피부 접촉에 의해 타인에게 감염을 주고 받을 수 있으므로 병변을 만질 때 감염에 주의하도록 한다. 또한 자가접종(autoinoculation)의해 다른 부위로 퍼지며 흔히 운동장이나 유아원, 공중목욕탕, 수영장 증 주위 환경으로부터 전염되지 않도록 주의해야 한다.

2) 대상포진(Herpes zoster)

바이러스성의 피부질환으로서 연령이 많은 노화된 피부에 발생하는 빈도가 높다. 대상포진은 신경 분포에 따라 몸의 일정 부위에 지각 이상, 가려움, 피부가 타는 듯한 느낌과 통증을 동반한다.

이 증상이 심해지면 구진성 발진이나 작은 물집이 벌겋게 모인 듯한 수포 그리고 부종의 증상으로까지 발전된다. 겉보기와 달리 심한 통증으로 고생한다. 수두의 초감염 후 신경절에 잠복해 있던 바이러스가 재활성화되어 피부에 편측성으로 수포성 발진과 심한 동통을 수반하므로 국소 림프절의 종창이 흔하고 쇠약감과 경미한 발열이 동반되기도 한다. 건강한 사람에게서 발병되는 비교적 흔한 피부질환이기는 하나 특히 악성 종양 및 백혈병 환자에서 높은 발병율을 보인다. 지각신경의 분포에 따라 편측성으로 홍반상의 군집성 수포성 발진을 일으키며 피부 발진이 발생되기 약 4~5일 전부터 심한 통증을 일으키는 피부질환이다.

대상 포진은 수두를 앓은 후 몸 속에 잠복해 있던 바이러스가 심한 과로와 피로가 겹쳐서 몸의 상태가 나빠지면서 재활성화 되며 대상포진이 잘 나타나는 부위는 허리, 목의 지각 신경절, 얼굴의 삼차 신경절이며, 신체의 한쪽으로만 물집이 돋는 피부발진이 생긴다. 피부 발진이 생기기 전에 심한 통증이 선행되며, 특히 60세 이상의 노인에게는 통증이 매우 심하다. 상처가 치유된 후에도 수

개월간 신경통 증상이 계속되기도 한다. 최근 개발된 항바이러스 제제가 유용하며, 초기에 사용할 수록 효과가 좋다.

통증은 바늘로 찌르는 듯 하거나 결리는 등 다양한 형태로 나타나는데 오랫동안 방치하여 치료가 어려워지지 않도록 신속한 전문 진료를 받아야 한다. *Varicella-zoster virus*가 원인균으로서 수두를 앓은 후에 잠복해 있던 virus의 재활성화에 의해 발생한다. 피부 발진은 침범한 신경을 따라 띠 모양으로 분포되며 수포의 일부는 출혈성 혹은 괴사성으로 악화되기도 한다. 젊은 연령층에서보다 60세 이상의 환자에서는 발진 소실 후에도 수개월간 통증이 지속되기도 한다.

치료 방법은 우선 휴식 및 안정을 취하는 것이 중요하며 국소 열찜질이나 통증이 심한 경우는 아스피린이나 코데인 등의 진통제가 필요하다. acyclovir의 혈관 주사나 경구투여가 효과적이다.

① 증 상

침범 받은 신경을 따라 띠 모양으로 피부 발진이 발생된다. 처음에는 홍반이 생겼다가 수포가 군락을 지어 나타나고 2~3일 후에는 수포액이 화농으로 변화된다. 2~4 주 내에 치유가 되는데 심한 경우는 반흔이 남게 될 수도 있다. 특징적으로 피부 발진은 대부분이 편측에 나타난다. 호발 부위는 흉부(53%), 경부(20%), 삼차신경부위(15%) 순서로 증상이 발현된다.

② 관 리

휴식을 취하고 안정하는 것이 가장 기본적인 것이다. 국소적으로 따뜻한 찜질을 해주면 통증이 감소하고 질병 기간을 최소화시키는데 도움을 줄 수 있다. 심한 통증이 있을 때 진통제 투여도 가능하다. 임상 경험적으로 수포가 생긴 부위를 건조(dry)하게 유지시킬 경우 효과적인 관리가 된다. 세균에 의한 2차 감염이 있을 때는 항생제를 사용한다. 스테로이드를 사용하면 병의 경과도 단축되고 동통도 감소되지만 호르몬성 약물인 만큼 신중을 기해서 사용해야 한다.

3) 단순포진(Herpes simplex, Cold sore)

바이러스성 질환으로서 발열을 동반하며 연약한 점막성 피부인 입술이나 코 등에 급성적으로 수포가 잘 생기며 흉터없이 치유된다.

이 포진은 군집되어 나타나며 일주일 정도 치유하면 없어진다. 점막이나 피부를 침범하는 급성 수포성 질환으로 국소 부위의 가려움증, 작열감, 또는 홍반이 선행될 수 있다. herpes simplex 바이러스 I 형 및 II 형의 감염으로서 점막이나 피부를 침범하는 수포성 병변이다.

I형 virus는 입 주위에 단순포진을 유발시키며 II 형 virus는 생식기 부위에 감염을 일으킨다. 2~3mm 정도의 소수포가 며칠의 경과를 지낸 후 터져 가피를 형성하고 상처가 자연 치유되는 경우가 대부분이다. 그러나 아토피 피부염 환자에서 단순포진이 발생한 경우 습진 부위에 군집성의 소수포가 광범위하게 확산될 수 있다. 이때는 발열, 쇠약감 등의 전신 증상도 동반될 수 있다.

단순포진은 '헤르페스' 라고도 말하는데, 바이러스가 신경을 따라 물집을 만들 뿐 아니라 전염된다. 힘들고 피곤할 때 입술 주위에 물집이 생기는 병을 말한다. 단순포진은 입술 외에도 코, 눈, 성기나 항문 주위 등에 잘 나타난다. 피곤하거나 스트레스를 받을 때마다 재발하는 경향이 있지만, 증상이 가벼워서 며칠 쉬기만 하면 좋아진다.

단순포진은 2종류가 있는데, 1형 바이러스는 주로 입 주위 및 코, 뺨, 턱 등의 얼굴에 수포성의 증상을 나타내는 것으로서, 피곤하고 과로하여 몸 컨디션이 좋지 않을때 주로 발생한다. 2형 바이러스는 주로 허리 이하(둔부, 성기)에 감염되며, 성적 접촉에 의해서 생길 수 있다.

이런 바이러스들은 몸이 건강할 때는 국소 감각 신경절에 숨어 있다가, 과로하거나 인체 기능이 약화되었을 때 피부로 옮겨 나와 피부에 수포성의 증상을 일으키게 된다. 이로 인해 피부, 피부와 점막의 경계부에 물집이 생기고 터져서 쓰리고 아프게 된다. 한곳에 계속 재발할 경우 흉터를 남길 수도 있다.

최근에는 acyclorvir라는 항바이러스 제제가 개발되어 사용 중이며, 초기 감염인 경우에는 현저한 치료 효과를 볼 수도 있다. 안구에 감염을 일으킬 경우 치료되지 않으면 영구히 시력을 회복하지 못하는 경우도 있고, 습진에 걸려 있는 환자에게서는 증상이 보다 심하게 나타난다.

단순포진 바이러스 감염은 직접접촉에 의하여 전파된다. 단순포진 바이러스는 주로 입 주위에 발생하는 1형과 성기를 주로 침범하는 2형(음부포진)이 있다. 전형적인 입술 주변의 소수포로 나타난 단순포진은 크게 문제가 되지 않으나 광범위하게 만성적인 궤양과 조직 파괴를 초래하는 단순포진의 경우 악성종양과 관계가 있다.

음부포진(genital herpes)은 성기 부위의 궤양으로 임질보다 더 흔하게 나타난다. 단독 혹은 군집된 수포가 남녀 성기주위에 나타나며 수일 내 수포가 터져 미란을 형성하기도 한다. 월경, 정서적 불안, 성교 혹은 외상으로 동일 부위에 다시 재발하는 경향이 강하다.

치료는 항바이러스제인 acyclovir 연고를 사용하고 감염예방을 위하여 가능한 한 피부접촉을 피하도록 한다. 특히 음부포진의 증상이 있는 동안은 성 접촉을 피하며 콘돔을 사용하도록 권장한다.

① 증 상

입술, 혀, 잇몸, 구강 점막 등에 수포를 형성하며 나중에는 미란(erosion)을 일으킨다. 때로는 고열, 권태감 및 국소 림프선증이 유발된다. 생식기 부위에 발생하는 수포는 단독으로 또는 군집으로 모여서 발생하는데 수일이 지나면 파열되어 궤양을 형성한다. 약 일주일 이상 지속되다가 반흔 없이 치유되는 것이 보통이다.

② 관 리

여러 가지 방법이 있지만 뚜렷한 방법은 아직 소개되지 않고 있다. 재발성 단순포진의 치료는 원인인자를 제거해 주는 것이 효과적이다.

Steroid 외용제가 효과적이지만 부작용 및 내성 때문에 과용하는 것은 신중히 고려해야 한다. Idoxuridine 제재가 눈 부위(각막, 결막) 외용제로서 효과가 있으나 피부의 전신적 바이러스 감염에 대한 효과는 확실치 않다.

ARA-A(andenosine-arabinoside) 제재 중 acyclovir 약제의 효과에 대한 보고가 긍정적이다. 요즘 aromatherapy 사용이 일반화 되면서 강력한 살균 소독력이 있어서 감염증에 효과가 좋은 티트리(titree)가 효과적이라는 임상 보고가 높아지고 있다. 즉 titree를 사용시 백혈구를 활성화 시켜 체내에 침입한 균에 대한 저항력을 높인다.

4) 태아 및 신생아 단순포진 (Intrauterine & Neonatal herpes simplex)

임신동안 모체의 성기 부위에 단순포진이 있는 경우 태아에게 감염되어 수포성 피부와 함께 소두증, 소안구증, 맥락망막염 등의 기형을 초래할 수 있으며 유산이나 사산의 원인이 된다.

신생아 단순포진은 주로 분만시 감염된 산모의 산도를 통해 감염되는데 음부 포진으로 신생아 감염의 위험이 있는 산모는 양막 파열전 혹은 파열 후 24시간 이내에 제왕절개 수술에 의한 분만을 시도해야 한다.

5) 전염성 연속종(Molluscum contagiosum)

pox 바이러스에 의해 발생하는 전염성 질환으로 보통 물사마귀로 불리운다. 주로 성인보다 소아에 많으며 안면, 손, 피부점막 부위에 발생한다. 아토피 피부염이나 면역 결핍증 환자에서 병변이 더욱 악화 될 수 있다. 소파수술(curettage)이 가장 좋은 치료법이며 안검 부위는 전기 소작 하는 것이 효과적이다. 자연 치유되는 경우가 많다.

6) 카포시 수두양 발진 (Kaposi's varicelliform eruption)

Vaccinia virus 또는 herpes simplex virus가 원인으로 기존 피부질환이 있는 환자가 바이러스에 접촉한 후 1~2주가 되었을 때 갑자기 두제성 수포(umbilicated vesicle)가 처음에는 선행하고 있던 피부 질환이 있는 부위에 나타나고 그 뒤에는 정상적인 피부에도 수포성 증상이 발현된다.

① 증 상

피부 부종, 고열, 전신적 림프선병증 등 전신적 증상이 1~2주일간 지속되며 중증에서는 3~4일간 지속되고 반흔(scar)을 남기기도 한다.

② 관 리

관리로는 VIG(vaccina immune globulin)을 주사할 수 있고 고열시 해열제를 사용하고 피부 부종이 있을 때 대증요법을 실시한다. 종두성 습진으로 악화되면 여러가지 어려움이 발생하므로 적합한 대증 요법을 잘 시행하도록 한다.

7) 수두(Varicella)

수두(varicella)는 피부 및 점막의 전염성 수포성 질환으로 어린이들에게서 자주 발생하는 비교적 흔한 바이러스 질환이다. 대상포진과 같이 varicella zoster virus(VZV)에 의하여 발생하며 환자의 약 90% 이상이 10세 이하인 소아로 비교적 흔한 질환으로 겨울철에 빈발한다. 전염력이 매우 강하여 발진 1일 전부터 수포성 병변에 가피가 생길 때까지(평균 7일) 전염력이 있다. 발열, 오한, 근육통, 권태감 등의 전구 증상 후에 피부 발진이 나타나는데 이 발진은 수 시간 후 수포 및 농포로 변화하여 가피를 형성한다.

가피는 1~3주 후에 떨어져 나가며 반흔을 남기는 경우는 드물다. 현재 예방접종이 가능하며 초기에 칼라민 로션 등을 발라 소양감을 완화시키고 건조해진 후에는 항생제 외용연고를 바른다.

인체에 발생되는 사마귀에는 여러 종류가 있다. 흔히 외상을 잘 받는 어린이의 손등이나 손가락에 발생하는 tal상성 사마귀와 발바닥에 발생하는 족저사마귀, 성기나 항문 주위에 첨규사마귀 그리고 얼굴에 주로 발생하는 편평 사마귀 등 그 종류가 다양하다.

① 증 상

발진이 생기기 하루 전부터 피부 발진이 생긴 6일째까지 호흡 계통을 통하여 전염력이 강하게 발현된다. 잠복기는 14~20일이며 발열, 권태감, 두통 등 가벼운 전구 증상이 24시간 지속된 다음 비로소 피부에 문제점이 나타난다.

피부발진은 진피의 모세혈관의 확장에 의해 홍반(erythema)에서부터 시작되며 수 시간 후에는 구진이 발생되며 3~4일 지나면 가피를 형성하여 가피가 떨어지고 난 뒤 치유된다.

발진은 체간에서 시작하여 안면, 사지, 결막이나 구강 점막 등으로 퍼지는데 가려움증을 동반하기가 쉽다. 성인에게서 수두가 발생된다면 어린이보다 중증으로 발현되며 합병증도 더 많다. 가장 흔한 합병증은 2차 세균 감염으로 뇌염, 폐렴, 신장염 등이 있다.

② 관 리

각각의 증상에 따른 대증 요법을 신속히 행한다. 즉 해열시키거나 calamine 로션을 바르고 항생제나 2차 감염이 오면 항생제를 올바른 방법으로 집중 사용한다.

8) 사마귀(Wart)

파필로마(papilloma) 바이러스에 의해 발생하는 양성 종양으로 생긴 모양, 발생 부위 등에 따라 여러 종류로 분류되며, 대체로 딱딱하고 거칠게 튀어나는 구진의 형태로 나타난다. 피부와 피부의 직접 접촉에 의해 전파되며 작은 손상에 의해 피부 각질층이 손상되었을 경우 표피감염이 더욱 쉽다.

신체 어느 부위건 생길 수 있으나, 만지면서 옮기기가 쉽기에 손, 발에 나타나는 경우가 많다. 조갑 주위에 생긴 경우, 조갑 주위 사마귀라 하며 치료가 어려운 경향이 있다. 발바닥에 생긴 경우에도 치료가 어렵고 특히 굳은 살, 티눈과 혼동되기 쉬우므로 유의한다. 소구진으로 표면이 매끈한 편평 사마귀는 일반적인 사마귀와 모습이 다르고 안면에도 호발하여 여드름과의 구별을 요한다. 성기 사마귀는 성기 또는 항문 주위의 피부나 점막에 발생하는 사마귀의 일종으로 흔히 곤지름으로 불리운다. 이는 성교에 의해 전염될 수 있으므로 광범위한 의미의 성병이라 할 수 있다.

사마귀는 간단한 치료에 잘 반응을 하거나 자연히 좋아지는 경우도 많다. 또 치료 방법도 매우 다양하여, 전기 소작술, 냉동 치료, 레이저 치료, 면역 요법 등이 있고, 때에 따라서는 항암제나 정신요법을 사용할 수도 있다. 사마귀는 남에게 옮기는 전염성이 있을 뿐 아니라, 자기 신체 내의 다른 부위로도 전염될 수 있으므로 주의해야 한다.

(1) 편평 사마귀

피부 갈색 또는 갈색의 표면이 편평하며 둥근 형태의 융기된 직경 1~3mm 정도의 작은 구진(papule)으로 나타나며 뚜렷한 자각증상은 없다.

호발부위에는 안면(이마, 양쪽 볼, 입 주변부), 손등, 무릎, 손목 등이다. 특이하게 소아에서는 긁은 자국을 따라서 편평 사마귀가 확산 배열되어 선상으로 나타나는 수가 있다. 또한 면역력이 저하된 소아에서 편평 사마귀가 전신으로 광범위하게 확산되는 경우가 있다. 이런 경우 기저 세포암, 극세포암, 또는 Paget병, 전신성 홍반성 루푸스 등이 흔히 함께 올 수 있다. 치료는 잘 안되는 편이고 병소가 평생 지속될 수도 있다.

편평 사마귀는 10대와 20대의 청소년기에 흔히 발생하며 그 수도 100개 이상으로 증가하는 경우가 많기 때문에 특히 여성들에게는 심각한 문제를 일으킬 수 있다. 이 질환의 원인은 피부를 통한 바이러스균의 감염 때문이며 세포면역이 결핍된 환자에게는 사마귀의 발생률이 더 높아진다. 바이러스균에 의해 피부에 과각질화 현상이 생긴다. 드물게 외상을 받거나 긁힌 자국을 따라 선상으로 길게 퍼져나가 배열되기도 한다.

치료는 전기 소각법, 냉동요법, 이산화탄소 레이저를 이용한 치료법을 쓰고 있지만 피부에서 자연적으로 사라지기도 한다.

(2) 심상성 사마귀

심상성 사마귀는 표면이 거칠고 오돌토돌하며 어느 부위에나 있는 가장 흔한 형으로 어린이일 때 주로 잘 생기며 성인이 되면 빈도가 낮아진다.

수장 족저 사마귀는 발바닥이나 손바닥에 생긴 경우로 걸어다닐 때 심한 통증이 따르기도 하며 티눈이나 굳은 살과 유사한 양상으로 보이기도 한다.

9) 홍역(Rubeola, Measles)

홍역 바이러스에 의해 주로 어린이에게 발생하는 전신홍반과 구진성 발진, 고열, 기침, 콧물, 결막염이 주 증상으로 나타나는 질환이다.

10일 정도의 잠복기를 거쳐 구강 점막에 특징적인 Koplik's 반점이 나타나고 발진은 이마에서 시작하여 2~3일 후에는 전신에 확산된 후 5일 정도 지나면 피부와 전신 증상이 사라진다.

치료는 예방 접종을 시행하고 안정을 취하게 한 후 진통, 해열 등 대증 요법으로 치료하고 이차 세균 감염시 적절한 항생제 투여가 필요하다. Measles 바이러스가 원인균으로서 피부에 붉은 반점상 구진이 심하게 나타나며 상기도 호흡기계 감염, 결막염 등이 나타나는 주로 소아성 질환이다. 홍역은 전염성이 매우 높아 96% 전염율을 보인다.

① 증 상

약 10~14일간의 잠복기후 고열, 전신권태, 두통, 그리고 근육의 통증이 나타나며 2~3일 후에는 갑작스런 결막염으로 햇빛을 보기가 어려워지는 일광 혐오증(photophobia)이 동반된다. 동시에 코감기, 인두염증, 기침, 쉰소리 등 감기 증상 비슷한 문제들이 나타날 수 있다. 어금니 근처 구강 점막에 백색 구진이 홍역의 특유한 증상으로 진단에 결정적인 증상이다.

열이 나면서 처음에 전두부위에서 발생된 피부 발진은 얼굴로 퍼지고 몸통 및 사지로 퍼져 나간다. 약 5일 후 고열이 감소되고 발진도 소실된다. 피부에는 쌀겨 모양의 낙설이 생긴다. 환자는 특징적인 코감기가 심하게 오는 듯한 증상을 호소함으로서 홍역 진단에 도움을 준다.

② 관 리

고열시 해열제를 사용하고 눈에 관련된 문제를 상황에 맞추어 대증요법을 실시한다. 홍역 예방 접종을 받지 않은 상태에서 홍역 환자에 노출 되었을 때에는 Gamma globulin을 사용한다. 또는 홍역 환자에 노출된 후 6일 이내에는 Immune globulin을 투여하여 예방이 가능하다고 한다.

10) 풍진(Rubella)

어린이에게서 흔히 발생하는 감염성 질환으로 피부 발진과 림프선 종대가 특징이다. 풍진 바이러스에 의해 감염되며 호흡기를 통한 비말감염의 형태를 취한다.

발진은 얼굴에서 처음 시작하여 24시간 이내에 체간과 사지 등으로 급속히 퍼져 나간다.

임신 중에 감염되면 기형을 동반하는 심각한 장애가 초래될 수 있으므로 풍진 바이러스에 대한 항체가 없다면 반드시 백신을 하도록 한다.

11) 수족구염(Hand-Foot-Mouth disease)

수족구염은 주로 소아에서 발생되며 특징은 손, 발 그리고 입에 수포와 구진의 명확한 피부 발진을 일으키는 전염성 피부질환이다. 늦여름부터 가을에 흔히 발생되며 대개 10세 이하의 소아에게서 잘 걸리는 질환으로 어린이의 손과 발, 입의 수포성 병변을 특징으로 한다. 4~5일간의 잠복기를 거쳐 발열과 함께 혀, 손, 발바닥 등에 수포나 구진이 드문드문 나타났다 일주일 정도 지나면 자연히 치유된다.

① 증 상

잠복기는 4~6일로서 발열과 함께 시작되며 구강내 병변으로 동그란 홍반에 둘러싸여 있는 작은 수포가 볼점막, 혀, 연두개, 잇몸에 나타난다. 그 뒤 수포가 터져서 헐게 된다. 이 헐은 자국은 대개 통증을 느끼게 되므로 음식을 먹는데 지장을 주게 되지만 5~10일 후에는 아물게 된다. 붉은 반점상 구진이 손과 발에 나타나다가 작은 수포로 변화한다. 손가락이나 발바닥에도 붉은 테를 두른 수포들이 생긴다.

② 관 리

증상에 따른 관리를 실시한다. 열이 심하면 해열을 시킨다. 작은 수포가 피부외부로 발현되면 잘 건조시켜 준다. 수족구병이 유행시에는 그 전염 경로나 매개물질을 차단시키기 위해 사람들이 많이 모이는 곳에 어린이들의 출입을 절제하고 입과 입으로 전염되고 오염물을 통해서 감염되므로 음식물의 섭취를 위생적으로 하도록 노력해야 한다.

7. 피부진균증(Dermatomycosis)

진균이란 보통 곰팡이라고도 불리우며, 지구상에 분포하고 있는 진균은 약 10만 종에 달한다. 이 중 약 200여종만이 병원성이 있는 것으로 알려져 있다.

피부진균증은 진균에 의해서 발생하는 피부질환을 총칭하며 전신감염으로 생명에 지장을 줄 만큼 심각한 심재성 진균증과 피부 표피에만 국한되어 문제를 일으키는 표재성 진균증이 있다.

1) 족부백선(Tinea pedis)

무좀으로 불리우며 감염의 원인은 환자로부터 떨어져 나온 병균이 공중 목욕탕이나 수영장 등 사람이 많이 모이는 곳의 바닥이나 신발에 전염된다. 특히 발은 땀이 많이나며 신발로 밀폐되어 걷거나 뛸 때 기계적 자극이 가해지는 부위이므로 진균 번식이 쉽게 일어난다. 또한 발톱으로까지 균이 퍼지는 경우가 많다. 곰팡이균에 의하여 발생하는데 더운 온도에서 발생 빈도가 높다.

무좀균은 주로 발과 손에서 번식하는데 피부의 색이 밝게 변하며 살이 연해져서 수포와 피부의 균열을 만드므로 피부의 껍질이 벗겨진다. 주 증상은 가려움증이 동반하고 발열이 있으며 통증이 따르기도 한다.

무좀은 증상에 따라 수포형, 지간형, 각화형이 있는데 진물이 나오는 경우는 가능하면 마른 상태를 유지시켜 주고 세균 감염이 있을 때는 항생제를 사용하여 염증을 가라앉힌 후 무좀 치료를 해야 한다. 각질층의 비후가 심하면 살리실산이나 요소 연고를 사용하여 각질을 제거하는 것이 중요하며, 치료 후에는 항상 발을 깨끗하고 건조하게 유지하도록 하고, 통풍이 잘 되는 구두와 면양말을 신는 것이 예방책이라고 할 수 있다. 목욕탕, 수영장 등 사람이 많이 모이는 곳에서 환자로부터 떨어져 나온 인설을 통해 감염된다.

지간형은 공기가 잘 통하지 않는 발가락 사이 피부가 희게 짓무르고 소양감이 심하며 균열이 나타나는 형이다. 소수포형은 발바닥이나 발 옆에 점액성의 장액으로 차있는 소수포가 다양한 형태로 나타나 소양감이 심한 경우이고, 발바닥 전체에 걸쳐 정상 피부색의 각질만 두꺼워져 긁으면 인설이 떨어지는 증상의 각화형도 족부 백선에 해당된다.

우리나라에서 가장 흔한 백선으로 세가지 유형이 복합되어 나타나는 경우가 많다. 치료는 급성 염증이나 이차 감염시 항생제와 부신피질 호르몬제를 먼저 사용하여 염증이 치료된 후에도 항상 발을 건조하고 청결하게 유지하여 재발을 예방한다. 백선중의 33~40% 가량을 차지하며 20~40대에 많이 발생하고 환자에게서 떨어진 인설을 통하여 감염된다. 주 증상은 다음과 같다.

- 발가락 사이의 습기가 많은 곳에 피부가 짓무르고 균열이 생기며 마르면 인설이 보인다.
- 발가락과 발옆에 소수포가 생기며 긁으면 가피와 미란으로 된다.
- 발바닥 전체에 걸쳐 각질이 두꺼워져 긁으면 고운가루가 생긴다.

2) 조갑백선(Tinea ungium)

조갑백선은 손톱이나 발톱에 곰팡이가 침입하여 생기는 병이다. 발톱의 무좀은 성인 남자 특히 신발을 오래 신거나 신체가 뚱뚱한 사람에게서 흔하다. 발톱 무좀이 있는 한 발의 무좀은 좀처럼 낫지 않으며, 증상은 발톱 밑에 각질 증상이 일어나므로 발톱은 광택을 잃고 누렇게 혼탁되고, 두꺼워진 발톱 끝은 부스러지기도 한다. 손톱 무좀은 물일을 많이 하는 사람에게 흔히 나타난다.

손·발톱 무좀의 치료는 항진균제의 내복이 필요하며, 보통 6~8개월의 치료기간이 걸린다. 외과적으로 이산화탄소 레이저로 무좀이 침범된 손·발톱을 제거하여 좋은 결과를 얻고 있다. 국소 치료만으로는 효과가 적고 반드시 경구용 항진균제를 내복하여야 한다.

3) 체부백선(Tinea coporis)

체부백선은 손, 발, 안면, 서혜부를 제외한 체간에 발생하는 백선으로 일명 도장버짐이라고도 한다. 족부백선이나 수부백선에 의해 자가 감염되는 경우가 흔하고 증상은 경미한 소양증이 수반된 경계가 뚜렷한 인설성 판이나 수포가 나타난다. 치료는 항진균제를 국소 도포하거나 전신 투여한다.

4) 수부백선(Tinea manus)

족부백선과 유사한 증상으로 나타나나 대부분 각화형이고 지간형은 드물다. 치료방법은 족부 백선과 같다.

5) 두부백선(Tinea capitis)

두부백선은 두피의 피부 사상균성 진균증으로 급성기에는 배농과 탈모를 일으키는 모낭성 염증이 특징이나 아급성 및 만성 감염시는 인설이 특징적으로 나타나는 질환이다. 주로 학동기 소아에서 호발하며 학교를 다니는 아동에게 잘 발생하며 피부의 각질층을 침범하여 균이 증식하는 각질층 감염기, 모낭을 향해 균이 번식하는 모낭 감염기, 모소피 속으로 침범하는 모발 감염기, 모발이 빠지면서 치유되는 치유기로 나눈다.

염증을 동반할 수도 있으며 비듬이 발생하고 농포성으로 발전할 수 있다. 방치하면 영구 탈모가 될 수도 있다. 사람에서 사람으로, 이발기구 모자 극장의자 등을 통해 전파된다. 심한 경우 탈모나 동통 악취가 나며 방치하면 두피의 위축 반흔을 형성하게 된다.

치료는 항진균제를 내복하고 염증이 심한 경우는 탈모를 방지하기 위해 스테로이드를 투여하고 국소적으로 과망간산칼륨습포를 해준다.

6) 완선(변연형 습진, Tinea cruris)

온도 및 습도가 높은 여름에 통풍이 안되는 부위에 피부곰팡이가 감염되는 것을 말한다. 완선은 대개 사타구니에 심한 가려움증을 동반한 붉은반점으로 이 붉은반점은 경계가 선명하고 가장자리가 융기된 특이한 병소를 형성한다. 여자에게도 생길 수 있지만, 특히 성인 남자에게서 서혜부에 경계가 뚜렷한 윤상 내지 반월형의 병변이 특징적이며 회음부와 둔부까지 퍼지는 경우도 있다.

수족부 백선 및 조갑 백선으로부터 전파되는 경우가 많고 땀이 많이 나는 여름에 더욱 악화된다. 너무 밀착된 의복착용을 금하고 건조하고 시원하게 유지하며 체부 백선과 같은 방법으로 치료한다. 사타구니의 높은 온도와 눅눅한 습기 때문에 균이 살기 적합한 환경이 되므로 곰팡이 균이 많이 번식한다. 살이 많이 쪄서 살이 겹치는 부위 등에 잘 생기며 적색에서 밤색을 띄고 가렵다. 더욱이 몸에 꼭 끼는 내의를 입어 통기성이 좋지 않거나 땀의 증발을 방해하여 자극을 주는 경우나, 뚱뚱한 사람은 피부와 피부가 맞붙어 그 마찰로 피부가 손상되어 곰팡이 서식에 좋은 환경을 제공하게 되는 것이다.

치료는 항진균제를 복용하거나 바르면 된다. 여름에 심해지고 겨울이면 완화되며 예방법으로는 통풍을 잘 시키고 자주 씻으며 면내의를 입어서 땀의 흡수를 돕는다.

7) 칸디다증(Candidiasis)

곰팡이의 일종인 진균감염으로 어린이의 입안 목이나 사타구니 등의 접히는 부위에 가려움증과 붉은 색의 작은 구진이나 농포가 생긴다. 구강이나 질 등에 정상균총으로 존재하나 때에 따라 발병하기도 한다.

어린이들의 기저귀 차는 부위나 목 부위 여성의 질 등 습기가 차기 쉬운 부위는 칸디다증이 많이 생기는 부위이며 그 외 손가락 사이나 겨드랑이 등에도 발생한다. 또한 당뇨 환자에게도 많이 발생한다.

칸디다속 균은 건강한 사람의 구강, 질, 장 등에 서식하는 정상 상재균으로 숙주의 면역력이 저하되었을 때 감염성 질환을 유발 할 수 있다. 치료는 병이 난 부위를 청결하고 건조하게 하고 항진균제를 복용하거나 바르고 질염이 있을 때는 질정을 사용하도록 한다.

(1) 구강 칸디다증(Oral candidiasis)

구강칸디다증은 아구창이라고도 하며 구강 점막에 유백색의 백태가 생기고 이를 분리하면 붉은 바닥이 노출된다. 당뇨병, 노인, 면역 결핍 질환이 있는 사람에게 많이 발생한다. 항진균제로 치료한다.

(2) 질칸디다증(Candidal vaginitis)

음부의 심한 소양증과 함께 홍반이나 부종이 수반되며 우유나 치즈 같은 분비물이 관찰된다. 임산부나 당뇨병을 앓고 있는 부인에게서 흔히 발생한다.

(3) 칸디다조갑주위염(Candidal paronychia)

당뇨환자나 물일을 많이 하는 사람들에게서 많이 호발하며 손톱에 굴곡이 생기고 광택이 없어진다. 조갑벽이 붉게 종창되고 이를 누르면 소량의 고름이 배출된다. 손톱을 다듬을 때 기계적, 화학적 자극이 이차 감염을 유발할 수 있으므로 주의한다.

8) 전풍(Tiner versicolor)

어루러기라고도 하며 효모 상태의 원인균에 의한 증상 없는 만성 인설성 피부질환으로 다양한 색소 침착을 나타내는 경계가 뚜렷한 인설반이 특징이다.

피지분비가 왕성한 15세 이상의 젊은 성인에서 많이 발생하며 특별한 증상이 없이 탈색반이 주로 나타나기 때문에 피부 착색으로 미용상의 문제가 제기된다.

8. 곤충 교상 및 피부 기생충 감염 질환

1) 이증(Pediculosis)

이가 기생하는 부위에 따라 머릿이증, 몸이증, 사면발이증으로 나눌 수 있다.

머릿이는 모발에 기생하는 이증으로 모자나 빗 등을 통하거나 머리의 직접 접촉으로 전파된다. 소양증이 주증상으로 긁어서 이차 세균 감염이 유발될 수 있다. 감염자가 사용한 빗과 브러쉬 등은 75% 알콜이나 2% 리졸액에 1시간 담궈둔다. 몸이나 피부에서 흡혈을 하고 물린 자국은 출혈성 점을 가진 반점이나 구진으로 나타날 수 있다.

사면발이는 성교 후 전파되는데 대부분 음모에 기생하고 심한 소양감을 나타낸다. 환자의 팬티에는 이들의 배설물에 의해 붉은 색이나 갈색의 착색반이 묻어 있는 경우도 있다. 몸이의 경우 목욕을 자주하고 내의와 침구는 삶아서 세탁하고 다림질하며 1% malathion이나 10% Indane 분말을 의복에 뿌려준다. 사면발이의 치료는 환자의 침구나 내의를 자주 소독하고 성관계를 가진 파트너도 함께 치료한다.

2) 옴(Scabies)

옴 진드기의 피부 기생에 의해 발생되며 피부 접촉에 의해 전파되는 질환으로 개선증이라고도 한다. 심한 소양증이 주 증상으로 아토피 체질인 경우 긁은 부위에 습진성 피부염을 유발 할 수 있다. 옴 진드기가 수도(burrow)라고 하는 터널을 형성하며 수도 발생부위는 손가락 사이, 손목, 음경, 팔꿈치, 둔부, 액와부 등이다.

9. 색소성 질환(Hyperpigmentation)

1) 작란반(참새 알반점)

수 mm 전후의 점상 색소반이 안면(특히 안검 주위), 앞쪽 팔, 손등에 다수 생긴다. 개개의 색소반의 형태는 불규칙하고 색조는 담갈색으로부터 암갈색까지 다양하다.

자외선이 강한 시기에는 짙어지고 약한 시기에는 다소 퇴색한다. 가족력이 있고 유전적 소인이 있다. 완치 방법은 없고 악성 인자인 자외선을 피하거나 일광 차단제를 사용한다.

2) 에디슨병(Addison's disease)

부신피질 기능 저하에 의하여 전신증상과 함께 전신의 피부 및 점막의 색소침착을 동반한다. 색조는 갈색조를 주로 하고 특히 노출 부위나 원래 멜라닌이 풍부한 부위(외음부, 액와, 유륜 등)에 있어서는 현저하다. 조갑(손톱)에도 선상 색소침착이 나타나고 점막에서는 구강점막의 교구선을 중심으로 갈색반이 생기며 혀나 잇몸에도 나타난다. 원인 질환에 따른 치료 및 부신피질 호르몬제의 투여로 치료한다.

3) Rhiel 흑피증(Rhiel's melanosis)

주로 중년 여성의 안면(특히 볼이나 목 부위에 현저하다)에 색소 침착이 서서히 나타나는데 색소 침착이 선행 된 후 편평 태선 같은 증상이 동반되기도 한다. 만성적으로 진행시 그물상 색소침착과 함께 피부가 가볍게 함몰되고 위축되기도 한다.

유발원인은 크림이나 향수 등화장품에 함유된 광감각제로 인한 광과민성 질환으로 추정된다. 치료방법은 원인으로 의심되는 물질의 패취 테스트와 광패취 테스트를 하고 원인물질을 제거한다. 외용약으로 부신피질 호르몬제를 사용하고 비타민 C를 치료적으로 내복한다.

(1) 청색 모반

피부 진피 깊은 층에 있는 청색 모반은 조직을 떼내어 보면 표피 바로 밑부터 진피 깊은 곳까지 까맣게 색소가 있는 깊은 반점이다. 피부 표면의 정상 피부색 때문에 빛의 산란 현상으로 겉에서 볼 때는 푸르스름하게 보여 청색 모반이라고 한다.

(2) 오타씨 모반

오타씨점은 동양인 중에서 특히 한국인에게 매우 흔한 질환이다.

흔히 악성 기미로 불리며 대개 사춘기 이후 광대뼈 부위에 기미가 낀 듯이 조금씩 나타나서 점점 눈밑과 콧등에까지 퍼지는 색소성 질환 중의 하나이다. 흔히 기미로 알고 기미약제를 바르면 한동안은 엷어지는 것 같지만 완전히 없어지지는 않는다. 바르는 것을 중단하면 곧 더욱 까맣게 변색되므로 흔히 악성 기미로 오해하기 쉽다.

오타씨점은 피부 깊은 층에 모반세포가 존재하므로 얼마 전까지도 피부 깊은 층까지 흉터없이 도달 할 수 있는 레이저가 없어 피부질환 중에 치료가 불가능 했던 질환이다.

10. 안검 주위의 질환

1) 비립종

표피의 유핵층에 자리잡고 형성되는 동그란 모래알 크기의 각질 세포로서 직경 1~4mm의 백색 구진의 형태로 얼굴 중에 눈아래 부분에 잘 발생하며 구멍이 없다. 중년의 여성에게 잘 생기며 한관종과 비슷하게 보이므로 잘 감별해야 한다.

신진대사의 저조가 원인으로서 확대되어 가는 안면 상반부에 위치한 피지선의 개출구인 모공과 땀구멍에 주로 생성되며 양파처럼 층층을 이루는 단면을 지니고 있다.

필링이나 후리마돌의 사용 시 피부손상 후에 2차적으로 생기므로 모낭 주위의 염증 유발에 신경을 써야 한다. 비립종의 발생부위는 피부 상피층에 국한하므로 제거가 용이한데 탄산가스 레이저로 쉽게 제거가 가능하며 흉터가 남지 않는다.

2) 안검 황색종(한관종, Syringorma)

한관종이란 주로 사춘기 이후의 여성에게 발생하여 주로 30~40대 여성들의 눈 가장자리 부위에 우선적으로 잘 생기는 보기 흉한 대표적인 피부질환으로서 심하면 광대뼈 부위까지 확산되어 퍼진다. 나이가 들수록 점점 많아지는 일종의 피부 양성종양으로 작은 땀샘의 기형으로 생기는 것이다. 좁쌀 크기로부터 콩알만한 크기의 살색이나 약간 황색을 띠는 다소 딱딱한 구진의 형태로 나타나며 주로 눈 밑 피부에 돋아나는데, 사춘기 이후부터 중년 여성에 이르기까지 폭넓게 나타나므로 미용상의 문제가 심각하다.

한관종은 자연적으로 치유되는 경우가 극히 드물며, 어떤 약이나 연고에 의해서도 쉽게 낫지 않는다. 오랫동안 방치할 경우 종양이 서로 합쳐져서 큰 덩어리를 이루기도 한다.

치료는 이산화탄소 레이저 사용이 가장 좋은 결과를 보인다. 나이가 많아질수록 수가 많아지기도 하고 형태가 커진다.

일종의 피부 양성 종양으로 한선관의 개출구에 이상이 생겨 피지 분비가 막혀서 생성되어 일반적으로 물사마귀라고도 명명한다. 죽은 각질과 지방분으로 만들어졌으며 노란 회색의 색깔을 지녔다. 단단한 것에서 아주 연한 것까지 있으며 모래알의 크기로부터 작은 콩의 크기까지 있다. 자연적인 치유가 극히 드물며 어떤 약이나 연고에 의해서도 쉽게 낫지 않는다. 가려움증이나 통증 등의 증상이 없으므로 치료에 소홀하기 쉽다. 그러나 오랫동안 방치하여 둘 경우 분리된 각각의 병변이 서로 융합하여 큰 덩어리를 이루기도 한다.

치료방법으로 전기 분해법이나 액체 질소를 이용한 냉동 요법으로 제거하면 결과는 좋으나 흉터가 남을 수 있다. 최근에는 탄산가스 레이저를 이용하여 제거하는데 예후가 좋은 것으로 알려져 있다.

11. 결합 조직, 피하지방조직의 질환

1) 피부연성 섬유종(Skin tag)

흔히 쥐젖이라고 부르는 피부 연성 섬유종은 마치 목에 때가 낀 것 같이 보이는 갈색의 다발성 양성 종양이다. 만져보았을 때 딱딱하지 않고, 부드러우며 피부에 돋아난 작은 돌기 같이 느껴진다.

주로 목의 중앙부에 많이 발생하며, 미용상 보기 흉하고 색소 침착을 동반하기도 한다. 특히 비만 중년 여성의 목에서 앞가슴에 걸쳐 주로 생긴다. 종류로는 연한 섬유종과 단단한 섬유종으로 구분된다. 연한 섬유종은 진피의 유두층에 자리잡고 있으며 색소의 침착으로 인하여 피부색보다 진한 색을 갖고 있고 주름이 있는 것도 있다.

혈관이나 신경관이 없으므로 제거가 간단하다. 단단한 섬유종은 세포가 적은 진피내 망상층의 결합 조직 안에 생기며 외관상 단단하고 매끄러울 뿐만 아니라 점차 커지기도 한다.

원인은 호르몬 변화나 노인성 변화로 간주된다. 미용목적의 피부 치료는 흔적을 남기지 않아야 하므로 섬세한 주의가 필요하나 이산화탄소 레이저로 없앨 수 있다.

2) 지방종

피하조직의 지방 조직에 형성되는 양성 종양이다.

유전이 원인으로 목과 겨드랑이에 잘 형성된다.

3) 해족증(켈로이드, Keloid)

유전이나 결합조직의 증대 및 경직 혹은 상처의 후유증에 의하여 생긴다. 소인에 의해 발생하며 호발부위가 한정되어 있다. 손상 받은 부위보다 시간이 지남에 따라 더 넓어지며 갈색으로 변하고 단단해지고 소양감, 압통이 따른다.

가장 많이 발생하는 부위는 흉부, 경부, 귀이며 안면에도 간혹 발생한다.

12. 혈관 장애 질환에 의한 문제성 피부

1) 화염상 모반(Nerus hammeus)

선천성 혈관 확장성 질환의 일종인 화염상 모반은 핑크색에서 붉은 포도주색의 반점을 띄며 유아의 후경부, 안검 등에 자주 발생한다. 진피의 유두층에 놓여 있는 혈관의 확장으로 인하여 생성되는 것으로 대개의 경우 출생 때부터 갖고 태어나며 적색의 색깔을 띠고 피부의 작은 부위에서 큰 부위까지 다양하게 자리 잡을 수 있다. 색이 진할수록 혈관종의 두께가 두꺼운 것을 나타내며 화염성 모반의 치료는 병의 정도에 따라 치료기간이 다양하다. 성별로는 남성보다 여성에게서 2~3배 정도 많이 발생한다.

치료에 있어서는 색소레이저의 개발로 수술시에 열 발생이나 흉터의 위험을 줄이고 마취가 필요 없게 되었다. 특히 조기에 치료하면 결과가 좋다는 사실이 입증되었다. 시술 시간은 5~20분 정도이고, 열흘 가량은 회색이나 푸른빛을 띠게 된다. 자외선 자단제로 피부를 보호하고 하루에 한번 미지근한 물에 비누로 잠깐 세수하는 정도 외에 뜨거운 물이나 햇볕 등의 지나친 자극을 피해 주고 푸른 색조가 사라질 때까지 화장도 하지 않는 것이 좋다. 치료는 보통 한달 간격으로 1~6회 정도가 필요하다.

2) 매상 혈관종(Hemangioma)

결합 조직의 약화로 인하여 피부조직이 늘어나는 것을 말한다. 모세혈관 확장 피부가 변형된 것으로서 코와 뺨 부위에 붉은 혈색이 나타났다 사라지는 양상이 몇 번 반복되어 모세혈관의 흐름이 막히고 붉은 혈색이 자리잡게 됨으로 나타난다.

차 종류와 커피, 알코올, 자극적인 음식 및 여성 호르몬의 장애, 냉온의 극심한 온도 차이가 원인이 된다. 피부의 혈액 순환을 자극하는 것을 가능한 피해야 한다.

3) 섬망성 혈관종

진피의 유두층에 자리 잡는 혈관종으로 간 기능 질환에 의하여 생성되는데 아무런 이유 없이 젊은 여성에게 생기는 경우도 흔하다.

거미줄 모양의 피부 위로 약간 돌출된 작은 빨간 점이다. 부분적인 혈관의 확장에 의해서도 생긴다. 얼굴은 물론 가슴, 손 등에도 생길 수 있다.

4) 홍반(Erythema)

홍반(erythema)이란 진피 내에 있는 작은 혈관 및 유두하 혈관총의 확장으로 인하여 피부가 발적(redness) 및 충혈(hyperemia)을 일으키는 것이다.

여러 가지 내부 자극이나 외부 자극에 의해 야기되는 가장 흔한 피부 반응으로 원인이 확실히 규명되지는 않았다. 그러나 이상 소견에 의존해 홍반을 주요 증상으로 나타내는 질환을 분류한다.

(1) 다형 홍반(Erythema multiform)

디프테리아, 폐렴 같은 세균 감염이나 가장 흔한 원인이 되고 있는 바이러스성 폐렴 즉 바이러스에 의한 상기도 감염이 다형 홍반을 일으키는 큰 원인이 되고 있다. 그 외 원인적 요소로 진균 감염 말라리아, 홍반성 낭창, 두창이나 소아마비 예방접종, 임신, 생리, 부패한 고기류, 생선류, 어패류가 있다.

이상과 같은 원인적 요소가 병인으로 작용하여 표피에 들어와 면역 자극을 주어 결국 세포 괴사와 표피 손상이 일어나 다형 홍반이 일어나게 된다.

① 증 상

많은 변형이 있는 다형 홍반은 반(macule), 구진, 결절, 수포 등으로 나타나고 이러한 증상들의 모양이 환상, 윤상, 홍채 모양으로 다양하게 나타난다. 진행이 매우 빨라서 12~24시간에 발진이 발생한다. 일정한 간격을 두고 재발하는 경우도 있다. 반상 구진형 type의 다형 홍반은 밝은 적청색의 경계가 뚜렷하고 둥그런 부종성의 반이나, 끝이 평편한 구진들이 발생하여 가장자리 쪽으로 퍼져 나가는 모양을 이룬다.

홍채상 홍반 타입의 다형 홍반은 특이한 병변으로 여러 색깔의 동심원들로 이루어졌으며 중앙에 소수포가 나타나기도 한다. 홍채상 홍반형은 손과 발에 호발한다.

수포형 타입의 다형 홍반은 홍반의 중앙 부위에 수포성 병변이 나타나거나 홍반이 생긴 피부 밑부분에 큰 출혈성 수포가 나타난다. 주로 손바닥, 발바닥, 구강 점막 등에 잘 발생하고 손톱 밑에 출혈이 나타날 수도 있다.

홍반의 심각한 경우는 표피 괴사로서 부분적 또는 전체적인 표피 변화가 온다. 즉 진피 상층부 혈관 주위에 림프구 및 조직구의 침윤과 혈관 내피세포의 종창, 진피 유두부의 부종 등 진피변화가 동시에 나타난다.

② 관 리

다형 홍반을 일으키는 원인을 찾는 것이 가장 중요하며 의심되는 원인을 제거하는 것이 필요하다. 약제가 원인일 경우 사용을 중단하고 감염증이 있으면 이에 대한 치료를 시행한다. 심하지 않으면 증상에 따른 대증 요법을 실시하고 심한 수포성 다형 홍반의 경우에는 수액 및 전해질 균형을 맞추어 수분 손실로 인한 체액의 분제를 관리해 주어야 한다. 또한 steroid를 일시적으로 사용하여 심각한 상황을 피하도록 한다.

(2) 결절 홍반(Erythema nodosum)

문제 부위를 누를 때 통증이 있는 다수의 염증성 결절이 주로 하지에 발생하는 반응성 홍반을 결절 홍반이라 한다. 각종 감염증과 약물이 주요 원인으로 작용한다. 예를 들면 세균 감염으로 연쇄상 구균에 의한 편도선염, 인두염, 상기도 호흡기 감염이나 약물로서는 피임약, 설파제가 흔한 원인이 된다.

① 증 상

1~5cm 크기의 홍반성 결절이 하지 부분에 여러 개 나타나며 손으로 누르면 통증을 느낀다. 오랫동안 서있거나 걷게 되면 병변이 악화되고 부종이 발생할 수 있다. 병변의 모양은 마치 타박상 모양으로 진행하는 것이 특징이다. 그러나 화농이나 궤양(ulcer)으로 진행하지는 않는다. 3~6주 후 큰 후유증 없이 홍반이 사라지는 경우도 있다. 변형된 유주성 결절 홍반의 경우 만성으로 되어서 수년씩 질환이 지속되고 주위로 확산되는 경향이 있다. 결절 홍반은 결국 콜라겐의 부종과 변성을 초래하며 오게 된다.

② 관 리

기본적인 관리는 원인을 발견하여 피해 주는 것이다. 각각의 증상에 알맞은 대증 요법을 시행한다. 절대 안정을 취하고 문제되는 부위를 높여 주는 것이 좋다. 살리실산염이나 스테로이드 성분이 함유되지 않은 소염제를 투여하는 것이 도움이 된다.

(3) 독성 표피 괴사 융해증(Toxic epidermal necrolysis)

주로 약물에 의해서 종이 모양으로 표피가 벗겨지는 홍반 증상이 나타나는 것으로 알고 있으나 원인을 밝혀내지는 못하고 있다.

① 증 상

홍역에서 나타나는 발진 모양이 나타나면서 서로 융합하여 전형적인 홍반으로 발전된다. 심하면 수포가 형성되고 표피가 종이 모양으로 벗겨지게 된다. 피부 발진은 안면과 체간의 상부에서 시작해서 전신으로 급속히 확대되는데 나무껍질처럼 떨어져 나가는 형태가 된다. 전신적인 증상으로는 열이 높게 발생하고 백혈구가 증가하며 단백뇨 등의 검사 소견과 수액 및 전해질 균형에 장애가 나타나서 폐 부종, 신장 문제를 야기할 수 있다. 손톱, 발톱이 소실 될 수 있고 모발 역시 탈락될 수 있다.

② 관 리

전신의 표피가 벗겨진다면 결국 화상에 준하는 관리가 필요하다. 전해질 및 단백질 균형을 유지하며 2차 세균 감염의 예방에 노력하고 각각의 증상에 적합한 대증 요법을 실시한다. 전신적으로 항생제를 투여함도 필요하고 일시적으로 스테로이드 사용도 요구된다. 사망률이 상당히 높은 피부 질환이다.

(4) 기타 홍반

① 독성 홍반(toxic erythema)

어패류, 초코렛, 딸기 등 음식물이 원인이 되는 경우가 많고 그 외 신경안정제인 barbiturate나 sulfonamide 등 약물에 의해서도 홍반이 발생된다. 장티프스, 폐렴, 인두염, 류마티스 관절염 등 질환의 경과 중에도 증상이 발현된다. 관리는 근본 원인을 알아내서 대처하는 것이 기본이다.

② 홍역상 홍반(morbiliform erythema)

maculo-papular eruption 형태로 시작하여 홍반이 발생된다. 즉 처음에는 전신 여러 부분에 흩어져 있는 붉은 반이 나타나고 나중에 서로 융합되어 미만성의 홍반으로 발전된다.

③ 전신성 홍반(generalized erythema)

주로 가슴, 대퇴부, 얼굴에 뚜렷하고 붉은 색깔을 띤 반점들이 주위의 반점들과 융합하여 전신에 미만성으로 나타난다. 주로 약물, 바이러스, 암(cancer) 등에 의해서 발현된다.

④ 홍조(flushing)

정서적 변화와 온도 변화 특히 갑작스런 따뜻한 환경일 경우 얼굴과 목에 발생하는 일과성이고 국한성인 홍반이다. 얼굴에 나타나는 경우가 대표적이다. 음주가 홍조를 악화시킬 수 있고 당뇨병에서도 발생할 수 있다. 반면, 홍조가 계속적이고 강도가 심해지면 주사(rosacea)로 진행될 수 있다.

(5) 주사양 피부염(구강 주위염, perioal dermatits)

부신피질 호르몬제를 장기간(수개월 내지 수년간) 사용한 후 주로 입주위에 홍반, 구진, 농포, 낙설, 모세혈관 확장이 나타난다.

① 증 상

입 주위 안면 전반에 홍반, 구진, 모세혈관 확장, 피부위축, 농포, 낙설 등이 생긴다.

스테로이드 중에서도 특히 불소를 함유한 강력한 화합물의 외용이 원인이 된다고 하며 불소가 함유되지 않은 약한 스테로이드에 의해서도 발생될 수 있다. 가려움증은 거의 없으나 화끈거리는 느낌이 있다.

② 예 후

스테로이드 사용을 중지하면 수일 후는 일시적으로 발적이나 부종이 증가한다. 그 때문에 환자는 다시 스테로이드를 사용하게 되는데 그 시기를 극복하지 못하면 치료가 어렵다.

③ 치 료

스테로이드 사용을 중지해야 한다. 비스테로이드계 소염제의 사용도 치료에 도움이 된다.

(6) 지루(Seborrhea)

피지가 지나치게 분비되는 상태로 염증 증상은 나타나지 않는다.

① 유성지루

털과 안면이 유성이고 광택이 있다. 코와 입술의 패인 부위, 눈썹 부위, 앞이마 부위에 현저하게 나타난다.

사춘기와 청년기에 잘 생기며 동시에 지루성 피부염, 심상성 좌창이 동반될 때도 있다. 또한 파킨슨병에서도 나타난다.

② 결가형지루

젖먹이 아이의 머리나 얼굴에 유성 또는 비교적 건조한 딱지가 나타난다(가피증).

(7) 건피증(피지결핍증, Xerosis)

지루성 피부에 생기는 피부 질환의 형태로서 원인은 불분명하다. 그러나 유전적 내분비 장애, 소화기능의 이상, 비타민류의 결핍, 정신적 스트레스와 모낭에 생기는 진드기(demodex folliculorum) 등이 원인으로 추측된다.

40~50대의 연령층에 생기며 면포의 형성없이 곧바로 구진과 농포가 형성되므로 여드름성 피부에 속하지는 않는다.

혈액의 흐름이 원만하지 않아 충혈이 오며 피부의 조직이 확장되고 모세혈관이 파손된 상태이다. 구진과 농포가 코를 중심으로 양 볼에 나비 모양으로 나타나는 것이 명확한 주사의 증상이다. 또한 눈꺼풀에 생기는 염증이나(결막염, 각막염) 남성에게서만 볼 수 있는 코 옆의 혹 등이 동반 현상으로 나타날 수 있다.

더운 음료, 알코올은 혈관을 팽창시키며 지나칠 경우 모세혈관이 파열되기도 한다. 또한 한냉이나 과도한 햇빛에 노출하는 것은 피해야 한다. 모세혈관이 심하게 확장된 경우에는 전기 응고법이나 이산화탄소 레이저를 이용한 치료법이 있다.

발한 및 피지분비의 감소나 수분보유능력의 저하로 건조해진 상태를 말하며 아토피 피부염을 가진 소아나 60세 이상의 고령자에게서 주로 나타난다.

① 증 상

체간, 사지 특히 하퇴신측의 피부가 건조해지고 소량의 인설을 부착한다. 흡사 생선비늘 같은 양상으로 나타나고 겨울철에 악화된다. 가려움증을 동반하고 너무 긁기 때문에 이차적으로 습진화 될 수도 있다.

② 원 인

일반적인 고령자를 대상으로 한 검사에 의하면 수분보유능력에는 그다지 영향을 받지 않으나 노화에 따른 표피의 세대교체가 지연되고 기능적으로 불완전한 각층세포가 남겨지기 때문으로 추정되고 있다.

③ 치 료

지나친 난방을 피하고 목욕 시 비누의 사용을 제한한다. 목욕 직후 바셀린이나 오일 등의 도포가 효과적이다.

MEDICAL
Skin Care

제6장

기기를 이용한 메디컬 스킨케어

제 6 장
기기를 이용한 메디컬 스킨케어

1. 레이저기기 개요 및 기초

레이저는 "Light Amplification by Stimulated Emission of Radiation"의 약자로써 복사선의 유도방출에 의한 광선 Radiation(LASER)의 증폭을 말한다. 레이저 발진기는 크게 레이저 매질 여기 장치, 레이저 공진기로, 구성되며 레이저를 발생시키는 매질은 기체, 액체, 고체 상태 모두가 가능하다.

1) 레이저기기의 기초

(1) 광자의 방출과 흡수

물질을 이루고 있는 원자는 가운데 원자핵이 있고 주위에 전자가 돌고 있다. 원자에 빛이나 전류 등 어떠한 형태의 에너지를 가하게 되면 외부에서 가해진 에너지는 전자를 에너지 준위가 높은 궤도로 올리게 된다. 이 상태는 불안정한 상태이기 때문에 원래 궤도인 안정한 상태로 돌아오면서 궤도의 차이에 해당하는 만큼의 에너지를 발산하게 된다. 이 경우 대부분은 열이나 형광등의 형태로 나타나게 된다.

레이저의 경우에는 레이저 매질에 광자가 입사하면 그 광자를 흡수하고 다시 방출하는 과정이 일어나는데, 외부에서 입사된 광자의 에너지의 방향, 위상이 같은 빛이 방출하게 된다. 이런 빛의 방출을 유도방출(stimulated emission)이라 하며, 유도방출에 의한 빛을 증폭시키는 것이 레이저이다. 모든 빛은 원자나 분자에서 발생한다. 빛은 전기계의 일종이며 그 전기계가 물질 속의 전자나 이온을 진동시켜 그 결과, 빛이 매질에 흡수되거나 방출되는데 빛의 방출에는 자연방출과 유도방출이 있다.

① 자연방출(Spontaneous emission)

일상에서 방출되는 발광현상으로써, 물질을 이루는 원자내의 전자가 높은 에너지 상태로부터 낮은 에너지 상태로 자연적 천이(transition)할 때 일어나는 방출을 나타낸다.

② 유도방출(Stimulated emission)

흥분된 여기상태에 있는 레이저 매질이 입사광자와 상호 작용하여 그 광자와 동일한 진행 방향, 동일한 주파수, 동일한 위상, 동일한 편광특성의 광자를 입사광의 강도에 비례하여 일으키는 방출을 나타낸다.

(2) 반전분포

레이저의 동작은 광자의 흡수보다 방출이 클 때 이루어지는 유도방출에 의하여 이루어지며 레이저 매질의 에너지 분포는 다음과 같이 나누어진다.

① 정상분포(Normal population)

에너지가 높은 상태의 E1 보다 낮은 상태의 E2 에너지를 갖는 레이저 매질의 수가 많은 분포로 보통 열평형상태(thermal equilibrium)에서 존재한다.

② 반전분포(Population inversion)

E1 상태에 있는 매질의 수보다 E2 상태에 있는 원자나 분자의 수가 많은 분포로 유도방출을 위해서 반드시 요구되는 분포이다.

(3) 펌핑(Pumping)

반전분포를 실현하기 위해서는 외부로부터 레이저 매질에 에너지를 공급해 주어야 한다. 이와 같이 반전분포를 실현하기 위해서 외부로부터 에너지를 공급하는 것을 펌핑 혹은 여기(excitation)라 한다.

(4) 유도증폭(Stimulated amplification)

반전분포에 있는 레이저 매질에 유도방출이 일어나면 동일한 방향, 동일한 주파수, 동일한 위상, 동일한 편광특성을 갖는 광파가 연쇄반응을 일으켜 질서정연한 광파만이 증폭된다. 이것이 바로 레이저이다.

(5) 레이저의 출력

레이저의 출력은 와트(Watt, W)로 표시한다. 의료용 레이저는 대부분 100W이내가 많으며 파장에 대한 생체의 흡수도가 높은 레이저의 경우에는 대략 30~40W 정도가 최대출력으로 쓰이고 있으며, 레이저의 종류에 따라 최대출력의 차이가 있다. 레이저 치료 시 중요한 변수로 에너지와 전력밀도가 있는데 다음과 같이 정의한다.

· 출력(W) = 에너지(Joule) × 시간(sec)
· 전력밀도(power density) = 출력(W) / 빔면적 optic size(㎠)

2) 레이저 광선의 특징

레이저 빛은 보통의 빛과는 다른 다음 세 가지의 특성을 지니고 있다. 레이저 빛의 단색성(monochromatic), 직진성(collimated), 간섭성(coherent)이다.

(1) 단색성(Monochromatic)

레이저 빛은 매우 깨끗한 컬러의 단색광이다. 레이저 에너지는 같은 색깔, 같은 파장을 가진 광자로 구성된다. 이것은 일정한 파장의 광만이 증폭될 뿐만 아니라 공진기의 간격에 의해 결정되는 정재파만이 증폭되기 때문이다.

예를 들어, 순 적색 광은 그 파장이 모두 630nm로 구성된다. 이에 반해 램프로부터 나오는 백색광은 많은 색깔과 파장에 의해 구성된 것이다. 레이저 빔의 색깔은 때때로 그것이 여러가지 조직과 어떻게 상호작용하는지를 결정한다.

(2) 직진성(Collimated)

레이저 빛은 파가 평행하게 진행하며 다른 방향으로는 분기되지 않는 직진성 성질이 있다. 이는 레이저 파가 공진기 내부를 왕복할 때, 축 방향으로 진행하는 광만이 유도방출에 의해 증폭되기 때문에 방향성이 극히 뛰어난 광속이 얻어진다. 레이저 빛은 240,000 마일이나 떨어진 달을 향해 비추어 보더라도 직진성 패턴을 유지한다. 따라서 레이저의 직진성을 이용한 각종 기하 광학적 실험이 레이저를 이용하여 간단하게 해결 될 수 있으며, 레이저 빔의 직진성질은 파워의 손실을 최소화할 수 있게 되므로 외과적 시술에 적용할 수 있는 중요한 성질이 된다.

(3) 간섭성(Coherent)

레이저 빛은 같은 방향에 있으면서 같은 형태의 파동 성질을 갖는 것과는 서로 간섭성을 갖는다. 이는 반사경 사이에 정재파가 구성되어 유도방출에 의한 광파만이 증폭되기 때문에 출력 광이 코헤런트(coherent) 광이된다. 파들은 모든 최고점과 골이 시간과 우주 공간에서 서로와 같은 양상으로 움직일 때 파동은 서로 동조하여 간섭성을 갖는다. 모든 파들이 같은 양상일 때, 이 간섭성은 주파수 혹은 파워에 더하여 첨가효과로 나타난다.

전구로부터 나오는 보통의 빛은 근원으로부터 발생된 후 여러 방향으로 퍼져 나감에 따라 비 간섭성을 갖는다고 한다. 이러한 패턴은 물이 꽉찬 호수 위에서 스키어에 의해 만들어지는 작은 물결이 거친 파동을 만들어 내는 것과 유사하다. 해변에서 정돈된 듯한 체계적인 방식으로 부서지는 바다의 파동패턴은 간섭성에 유사하다.

3) 레이저의 응용분야

1980년대부터 본격적으로 산업에 이용되기 시작한 레이저는 1990년대에 이르면서, 산업 전 분야에 파급되기 시작하였는데 전자, 반도체, 자동차, 의료 산업을 비롯하여 주요 산업의 핵심 기술로 인식되면서 각광을 받기 시작하였다.

4) 레이저 치료의 역사

레이저의 초창기인 1960년대에는 필요한 출력을 얻기 위한 레이저 발진장치의 크기가 너무 커서 설치와 취급이 곤란하였고, 사용 가능한 레이저의 종류가 적어 널리 보급되지 못하였다. 당시에는 주로 루비 레이저를 이용한 피부의 반점 제거, 암 치료 가능성에 대한 기초적인 연구 및 망막의 혈관을 응고시키는 광 응고기술 연구에 이용되었다. 1964년 탄산가스 레이저가 개발된 이후부터는 이를 메스(Mess)로 이용하는 외과수술 연구가 실시되었으며 1970년대 중반 이후, 저 손실 광파이버가 실용화됨으로써 이를 도광로로 이용한 레이저에 의해 신체 내부기관의 수술방법이 새롭게 개발되기 시작하였다.

5) 레이저기기의 종류

1960년 마이만의 루비레이저 개발 이후 이산화탄소(CO_2), Nd:YAG 등을 포함한 많은 종류의 레이저가 만들어 졌으며 개개의 특성도 다양하다. 레이저의 종류는 기체, 액체, 고체, 반도체 등 매질의 형태에 의해 분류된다.

표 6-1. 레이저기기 응용분야

구 분	응 용 분 야
전자, 반도체산업	· 레이저 산란 토모그래피에 의한 결함 검사 · 레이저 화학증착에 의한 박막 형성 및 마이크로 렌즈 제작 · 플라즈마 엑스선 및 엑시머 레이저에 의한 리소그래피(Lithography) · 레이저 클리닝, 자외선 펄스 레이저에 의한 반도체 표면 에칭 계측 · 고밀도 다층 프린트기판의 비아홀 형성 및 응용에 의한 부품의 박막 형성
정보통신	· 광통신용 반도체 레이저 및 광파 검출용 반도체 레이저 · 광파장 다중 및 시간다중 기술에 의한 Fiber to thehome 네트워크 시스템 · 반도체 레이저 증폭기 및 광섬유 증폭기를 이용한 글로벌 네트워크 시스템 · DVD/CD겸용 광픽업 및 DVD 시스템
자동차산업	· 차체의 3차원 레이저 용접 · 엔진의 레이저 표면 처리 및 강화, 실린더 헤드의 레이저 담금질 · 레이저 응용계측 및 엔진의 연소 해석에 의한 성능 향상 등
토목,건축	· 레이저 용접, 절단 및 표면처리, 건축자재의 조형 및 신 재료의 제조
생활환경	· 레이저 프린터, 레이저 포인터, 인쇄, 열 기록, 조형 등
농업	· 식물 재배 및 품질 관리, 과일의 당도 및 불량품 판정
의료	· 근적외선 레이저 흡수분광법과 내시경과 혈류검사 · 세포와 생체분자의 광 조작 · 암 진단 및 치료를 위한 레이저 여기 형광분광법 · 성형외과의 활용 : 피부색소 및 문신 제거, 탈모증 치유 · 안과의 활용 : 망막탈리수술, 라식 수술, 안저응고 · 치과의 활용 : 치석제거, 치주치료, 치아 선택적 부분 절개 · 생체용 OCT(Optical Coherence Tomography) · 생체조직 접합 레이저 칼 및 레이저 침
우주항공	· 우주선 레이저 통신 · 항공기 탑재 레이더 및 우주 레이더 · 우주 쓰레기 검출 및 레이저 광학계를 이용한 우주 중력파 검출
에너지	· 우라늄 농축 · 핵연료 재처리 · 레이저 핵융합 · 동위원소 분리

(1) 기체레이저

기체레이저는 고체레이저와 함께 레이저의 발명초기부터 많은 연구 개발이 이루어져 왔으며 동작파장도 원적외선에서부터 X-선 영역까지 다양하다. 고도로 안정된 동작이 가능한 레이저가 있는가 하면 재료의 가공 또는 병기로 이용되는 고출력 레이저도 개발되어 있다.

(2) 고체레이저

루비레이저와 같은 고체 레이저는 결정이나 비 결정 물질을 모체로 하여 미량의 활성이온을 혼합한 매질을 이용한다. 따라서 레이저 발진은 매질을 구성하는 중성원자가 아닌 이온의 천이에 의해 일어난다.

고체 레이저는 다른 종류의 레이저에 비해서 기계적으로 견고하고 취급하기 쉬운 장점이 있다. 그러나 안정된 연속동작의 면에서는 기체레이저에 미치지 못하며 여기방법도 광펌핑으로 한정되어 있다.

(3) 액체레이저

액체레이저의 대표적인 것으로 색소레이저(Dye laser)가 있다 이것은 화학염료인 유기색소를 활성매질로 하는 레이저 인데, 고체레이저와 마찬가지로 광펌핑 방법이 이용된다. 색소레이저의 가장 큰 장점은 동작파장영역이 지극히 넓다는 점을 들 수 있다. 현재 실용화 되어 있는 레이저는 근자외선 영역에서부터 적외선 영역까지 가능하여 연구용 광원으로 이용되고 있다.

(4) 반도체레이저

반도체레이저는 다른 종류의 레이저가 기본 적으로 원자, 분자 또는 이온의 비교적 좁은 에너지 상태의 천이에 의해 발진하는데 비해, 결정 중의 자유전자(free electron)나 정공(free hole)과 같은 캐리어(carrier)를 이용한 레이저로 폭이 넓은 에너지 밴드(energy band)간의 천이에 의해 동작한다. 반도체 레이저는 다른 레이저로는 불가능한 응용이 가능해져 광전자기기(opto-electronics) 기기의 중요한 소자로써 폭 넓게 이용된다. 대표적인 반도체 레이저로는 갈륨비소(GaAs), 인듐인(InP), 인듐비소(InAs) 등이 있다.

6) 레이저 빔의 생체반응

레이저 빛에 의한 열적 응고, 파괴, 기화증발, 절단 등의 현상을 수술에 이용한다. 빛은 혈액을 응고나 기화시키기 때문에 지혈효과가 있고 비접촉식이어서 감염에 문제가 없다 하지만 빛의 투과정도는 파장과 생체조직에 따라 다르다.

레이저 빔이 생체조직에 조사되었을 때 표면에서 일부 반사되며 생체조직으로 들어온 빛은 흡수와 다중산란을 겪게되며 일부는 투과하게 된다. 흡수가 높을수록 레이저 빔의 분포는 표면에 국한된다.

(1) 반사(Reflection)

레이저 빔은 정반사성과 확산성 반사에 의해 반사작용을 가질 수 있게 되는데 정반사작용에 의한 반사각은 빛이 도달하는 입사각과 동일한 각을 이루기 때문에 빔의 질은 그대로 유지된다.

이 반사는 난소의 아래쪽과 같이 도달하기 어려운 지점의 조직에 레이저 거울로 정반사를 일으켜 치료할 때 사용할 수 있다. 정반사는 또한 빛에 반사되는 기구에 의해 부적절한 반사작용을 일으켜 예기치 않은 위치를 치게 되므로 화재와 같은 안전사고를 유발하기도 한다. 확산반사는 빛이 반사될 때 발생하는 것으로 빔이 산란되는 것이다.

(2) 산란(Scattering)

조직 내에서 분산되는 레이저 빛 에너지는 조직을 통과하면서 산란될 때 변성을 일으킬 수 있다. 산란된 에너지가 최종적으로 흡수될 때 마침내 열로써 전환되는 것이다. 레이저 빔은 또한 후방산란을 일으켜 잠재적으로 위험성을 갖는다. 예를 들어 내시경을 사용할 때, Nd:YAG 레이저 빔은 내시경에서 후방 산란 될 수 있으며 눈과 내시경의 끝부분에 위험을 일으킨다.

(3) 흡수(Absorption)

열손상은 레이저 에너지가 조직에 흡수되어 발생하는 것인데, 이것은 레이저 빔의 파장과 빔의 영향 그리고 조직의 색깔, 밀도, 수분함량에 따라 영향을 받는다. 레이저 에너지가 조직에 흡수됨에 따라 열에너지는 조직의 손상을 일으키게 된다.

(4) 투과(Transmission)

일부 레이저 파장은 어떤 조직에 투과될 수 있지만 열 효과가 적거나 일으키지 않는다. 예를 들어 아르곤 레이저 빔은 눈의 전방에 있는 투명한 부분을 투과하여 망막의 혈관을 응고시킨다.

7) 의료분야에 사용되는 레이저

의료용 레이저로는 대부분의 레이저가 이용되고 있으며, 산업용 레이저에 비해 출력이 낮고 적용 대상이 인체의 조직과 같이 수분을 많이 포함하는 불 균질한 물질이기 때문에 종류가 다양하다.

표 6-2. 의료용 레이저의 응용분야

파장역	종류	파장(㎚)	출력(연속)	출력(펄스)	용 도
자외선	ArF	193.351		0.6J	조직파괴, 동맥내수술, 동맥내 기름갭슘플라크제거, 안과 및 심장수술
	XeCl	308		250mJ 까지	
	N_2	337.1		9mJ	생체자극, 생물학적 연구
	Ne-Cd	325.0 441.6	1~15㎽ 10~50㎽		생체 자극, 형광법, 유속계,현미경 혈관종,세포미소외과, 치과, 망막,
가시광선	Ar+	488 514.5	0.5~20W		광응고, 조직특성결정, 홀로그래피
	Gold Vapor	628	~4.5W 첨두50KW		광화학 요법
	Dye	504~620		2J까지	광화학 요법, 안과, 피부반점, 모반, 주근깨, 담석제거
	He-Ne	632.8	1~75㎽		생체 자극, 창상치료, 유속계, 침술, 투과조명, 사진, 세포미소외과
	Kr+	647.1	10~20W		망막 광응고, 홀로그래피
	Ruby	694.3 373(고조)		(첨두수 10MW) 2J까지	피부종양, 뇌에조사, 용광응고, 안과, 홀로그래피, 분광분석, 피부반점치료
적외선	반도체	830(GaAs) 910(AlGaAs)	10~20㎽	(첨두수 10MW)	통증치료, 레이저 지팡이
	Nd:YAG	1064	1~100W	(첨두수 MW)	내시경, 광응고, 비뇨기과, 신경과, 피부과, 레이저메스, 심장내과, 일반외과
	Ho:YAG	2010	60W까지	4J까지	심장내과, 안과, 정형외과
	Nd: Glass	1064,532		0.5J까지	안과, 피부과, 치과
	Er:YAG	2940		1J까지	안과, 치과
	CO	5300	~40W		동맥내 수술
	CO_2	1060	~100W 까지		레이저 메스, 일반수술, 일반외과, 치과용 치료, 피부
	$Ti:Al_2O_3$	700 ~1000mm		1J까지	비뇨기과, 피부반점

아르곤 레이저는 레이저의 특성상 인체 조직을 소각시키는 성질이 있다. 안과에서는 눈안에 있는 혈액이 혈관으로부터 새어 나와 질병을 일으키는 망막 박리증, 당뇨병성 망막증 망막 변성증 등에서 혈관을 소각시켜 병변을 줄이는데 이용한다.

피부과에서는 모반이나 문신 제거 등에 일부와 흉터제거 및 피부조직 재구성에 적용하고, 이비인후과에서는 기관지 계통의 치료 연골절개 및 구멍을 내는데 이용한다. 헬륨-네온 레이저는 가시광선과 같이 눈으로 식별이 가능하므로 레이저 침술이나 내과에서 혈류속도 측정에 사용한다. 레이저는 조직의 제거 즉 칼로 조직을 떼어내는 것과 같은 성질을 이용하여 가장 널리 사용 되고 있다. 성형외과에서는 색소성 모반, 피부암, 안면 성형, 종양 제거 등에 이용하고 이비인후과에서는 기관지 계통, 기관지 협착 제거, 고막 성형술에 이용하며, 구강외과에서는 혀 절개 구강 암 제거, 구강 점막증 등에 이용되고 있다.

치과에서는 충치 치료 및 치석 제거에 이용하고, 비뇨기과에서는 종양제거 직장암 제거 등에 이용하며, 일반 외과에서는 유두 암 제거, 피부 이식, 소화기 계통의 절개에 활용 되고 있다. YAG 레이저는 절개하는 성질을 이용하여 치료에 이용하고 있다.

내과에서는 소화기관 출혈의 비 절개 응고치료 등 각종 응고치료에 이용하고, 비뇨기과에서는 방광암, 요도협착, 수정관 접합에 이용하며 안과에서는 녹내장 및 후발성 백내장 치료에 사용하고 있다.

안과에서는 각막 혼탁과 시력 교정술에 이용하고, 정형외과에서는 관절 내의 이상 골조직을 연마하는데 이용하며, 내과에서는 혈관 내의 프라그를 제거하는 섬세한 수술 등에 사용하고 있다.

8) 레이저 광이 피부에 미치는 영향

파장범위(㎚)	피부에 미치는 영향	비고
200~280	피부노화, 피부암	
280~310	피부반점 증가	
310~400	피부반점 증가, 감광 반응	
400~700	감광 반응	
700~1000	피부 탐, 과다한 건조피부효과	

2. 메디컬 레이저기기

1) 기체 레이저기기

기체 레이저의 동작 파장은 원적외선으로부터 X-선 영역까지 다양하다. 고도로 안정된 동작이 가능한 레이저가 있는가 하면 재료의 가공 또는 병기로 이용되는 고출력 레이저도 개발되어 있다.

(1) 헬륨-네온 레이저기기(He-Ne Therapy Laser)

레이저는 단색성이 뛰어나고, 위상이 고르고 간섭을 받기 쉬우며, 퍼지지 않고 곧바로 나아가며 집광성이 좋고, 에너지 밀도가 커서 레이저 광을 의료분야에도 이용하게 되었다. 레이저 광선이 피부에 접촉되면 열에너지로 변하여 접촉한 피부에 온도가 상승하게 된다. 이 체온의 상승으로 피부조직에는 열 손상이 일어난다.

피부조직의 열 손상은 섭씨 100℃ 이상에서는 조직이 분해되며, 500~100℃사이에서는 흉터를 만들 수 있다. 50℃ 이하에서는 가역적 변성이 유발되어 정상상태로 환원이 가능하게 된다. 이 가역적인 반응을 이용하여 신체의 활성화를 이루어 치료를 한다. 열 손상의 정도는 레이저의 파장, 빛의 세기, 조사시간, 흡수물질의 성질 등에 의해 결정되며 이런 성질을 이용하여 외과적인 수술에 사용할 수 있으며 피부질환들을 부작용으로 초래하지 않고 치료할 수가 있다.

기체 레이저의 대표적인 종류는 헬륨-네온 레이저, 아르곤이온 레이저, 크립톤 이온 레이저, 이산화탄소 레이저, 엑시머 레이저, 금이나 구리 증기 레이저, 옥소 레이저 등이 있다.

① He-Ne 레이저의 적용

- 미용성형 수술 후 종창제거, 혈행개선 및 치유촉진
- 알레르기성 피부염, 이식피부생장촉진, 피부기양
- 3차 신경통, 관절염, 염좌, 타박상, 동통완화, 기타 세포활성화
- 탈모증, 대상포진, 상처, 레이저치료 후 피부재생, 화상, 피부궤양
- 염증이 있는 여드름 치료에 많이 이용

② 특 징

- 헬륨, 네온 레이저는 쪼여주기만 하므로 치료할 때 통증이 없고, 치료 후에도 흉터가 남지 않는다.

· 헬륨, 네온 레이저로 치료하면 염증이 빨리 가라앉고, 치료 후 새로운 피부의 생성을 촉진시킴으로써 치료 기간을 단축할 수 있는 장점이 있다.
· 다른 치료술보다 피부의 손상이 적다.
· 정밀성과 안정성이 뛰어나다.
· 적용하고 있는 분야로는 피부과, 이비인후과, 성형외과, 가정의학과, 정형외과, 통증클리닉 등에서 적용하고 있다.

③ 시술방법

· 스케일링이나 각종 치료 후 10분 정도 조사하게 된다.
· 일주일에 1~2번쯤 쪼여준다.
· 주름살이나 여드름 흉터 치료를 한 후, 기타 레이저로 치료하고 난 후 보조적인 치료방법으로 사용한다.

(2) 아르곤(Ar) 레이저

아르곤 레이저는 청색(488.0nm)과 녹색(514.5nm)에서 가장 강력한 레이저 빛이 발생되므로 조명 효과가 뛰어나 특수조명에 많이 쓰이고 있는데, 벽면에 보여주는 레이저 쇼, TV 쇼 등 무대조명도 아르곤 레이저가 이용되고 있으며 연구실에서도 아르곤 레이저는 색소 레이저의 여기용으로도 많이 쓰이고 있다.

아르곤 레이저는 빛의 산란과 열의 전도도가 높아 주위조직에 손상을 일으켜 비후성 반흔, 영구적인 저색소증, 피부가 위축되는 변화 등의 후유증이 생길 수 있어서 현재는 잘 사용되지 않고 있다. 아르곤 레이저 빛은 조직 침투력이 1~3mm로 이산화탄소 레이저보다 크나 엔디-야그 레이저보다는 작다. 흉터가 발생할 확률은 약 6% 정도이며 특히 어린이에서는 흉터의 위험성이 더 높아지므로 사춘기 이전에는 사용하지 않는다. 따라서 현재는 혈관성 병변에서의 아르곤 레이저 치료는 색소 레이저로 대치되고 있는 추세이다.

· 아르곤(Ar)레이저의 적용
· 혈관성 병변 : 화염상 모반, 혈관 섬유종, 혈관 각화증, 화농성 육아종, 모세혈관 확장증, 정맥류 등
· 색소성 병변 : 밀크 커피색 반점이나 기미, 주근깨, 오타모반, 염증 후 색소 침착 등이 있다.

(3) 이산화탄소 레이저(CO_2 Laser)

이산화탄소 레이저는 파장이 10,600nm이며 조직의 수분에 친화성을 갖고 있다.

피부의 표피층을 기화시키며 진피층 및 피하조직에 여러 광 생화학적, 광 물리학적 효

과가 작용하여 피부의 콜라겐 층의 재합성, 피부결체 조직의 합성 및 강화 등 피부재생을 촉진시키며 다양한 제품을 이용한 메디컬 스킨케어로 피부의 감염을 방지하고 보습, 영양, 각질보호, 피부재생의 효과가 있다.

① 적응증

점, 검버섯, 여드름, 주근깨, 일광 흑자, 비립종, 한관종, 사마귀, 쥐젖, 황색종, 티눈, 미용성형으로는 박피술, 피부착상법 등에 적용하고 있다.

② 치료 후 관리

3일 정도 물 접촉을 피해 주도록 하며, 시술 후 가피가 형성되고 약 1주일 정도 지속되는데 이때 가피가 저절로 떨어질 때까지 관리를 잘 하여야하며, 피부 재생연고를 바르고 딱지가 떨어진 후에는 자외선 차단에 유의하도록 한다.

③ 치료간격 및 횟수

기본적으로 재시술시 피부가 재생될 수 있는 시간이 필요하다. 피시술자에 따라서 달라질 수는 있지만 기본적으로 4~6주 후에 재시술이 가능하다.

④ 이산화탄소 레이저 치료의 장점

수술방법이 간단하고 수술시간이 짧으며, 미세한 병변이나 정교한 시술을 할 수 있고, 주위조직의 손상이 적고 통증이 기존 수술보다 매우 적다. 무혈수술이 가능하며, 부종의 위험이 적고 시술 후 회복기간이 빠르다. 적용병과로는 피부과, 비뇨기과, 성형외과, 가정의학과, 산부인과, 이비인후과, 안과 등 다양하게 적용 및 응용되고 있다.

(4) 엑시머 레이저(Excimer laser)

엑시머 레이저는 고출력의 자외선 레이저이며 화학반응 프로세스나 의료분야에 사용되고 있다. 엑시머(excimer)는 excited dimer, 즉 "들뜸 이합체"의 준말이다.

전기적으로 들뜨게 되면, 두 성분의 원자는 서로 안정한 분자를 이루기 위해 서로 끌어당긴다. 그러나 바닥상태에서 두 원 자는 서로 척력을 미친다. 엑시머가 여기상태에서 바닥상태로 떨어질 때 두 원자사이의 힘은 인력에서 척력으로 바뀌며 분자는 깨어진다. 이러한 특이한 에너지 준위 구조는 엑시머를 매우 좋은 레이저 물질로 만든다.

① 적응증

백반증 , 건선, 튼살

표 6-3. 광학치료와의 차이점

구 분	광학치료	엑시머레이저
복용이나 바르는 약	필요	불필요
시간	일정시간 후 치료	불필요
병변부위 선택치료	불가능(주변부위노출)	가능
치료간격	주2~3회	주2~3회
치료효과	수개월~1년 후	1~2개월
병변부위가 넓은 경우	동시치료가능	시간 및 많은 치료 횟수가 필요

② 엑시머 레이저의 장, 단점

- 정상피부에는 영향을 주지 않으며, 부작용(홍반, 화상, 먹는 약으로 인한 불편)을 최소화할 수 있다.
- 전신치료기에 비해 치료 기간이 단축되며, 간편하게 빠른 시간 내에 시술 받을 수 있다.
- 통증이 없으며, 일상생활에 지장이 없다.
- 병변이 전신적으로 넓게 퍼져있는 경우는 효율성이 떨어진다.

③ 치료 간격 및 횟수

일반적으로 주 2~3회 간격으로 1~2달 정도 치료를 한다.

④ 특 징

기존 광학 치료법에 비해 빠르게 멜라닌의 생성을 유도하므로 효과적이고 색소 침착을 빨리 유도할 뿐만 아니라 정상 피부에는 레이저 빔을 노출시키지 않으므로 정상 피부에는 전혀 영향을 주지 않으면서 치료가 가능하다. 또한 치료 기간을 2~3배 이상 줄일 수 있다. 얼굴의 경우 엑시머레이저로 4~5개월 정도 치료하면 75% 이상 호전을 보이는 것으로 알려져 있다.

2) 고체 레이저기기

고체 레이저는 다른 종류의 레이저에 비해서 기계적으로 견고하고 취급하기 쉬운 장점이 있다. 그러나 안정된 연속동작의 측면에서 보면 기체 레이저보다 못하며 여기 방법도 광펌핑으로 한정되어 있다. 효율이 낮으며, 발진 파장 영역이 제한적이다. 고체 레이저는 대부분 가시광선에 근적외선 영역에 걸쳐 동작한다.

표 6-4. 레이저의 종류 및 특징

종류	Nd : YAG 레이저	Nd : Glass 레이저	루비 레이저
파장	1.064㎛(근적외선)	1.061㎛(근적외선)	0.6943㎛(적색)
선폭	0.67nm	~20nm	0.53nm
특징	연속발진, 연속펄스, 발진에 적합하다. 평균출력이 크다.	광학적으로 균질해서 큰 형상을 얻을 수 있다. 대출력 펄스발진에적합하다.	상온동작의 고체 레이저로 유일한 가시광 Q-switch 발진에 적합하다.

표 6-5. 고체 레이저의 발진파장

종 류	파 장(nm)
루비	694.3
니오디뮴:야그(Nd:YAG)	1064
니오디뮴:글라스	1054
인산염	1061
규산염	1047
니오디뮴:일프(Nd:YLF)	1053
	1061
니오디뮴:GSGG	2940
Er:야그	1540
Er:글라스	850
Er:일프	1230
	1730
	2800
Ho:야그	2127
Ho:YSGG	2088
HO:YALO	2850
	2920

(1) Nd:YAG 레이저

전 세계적으로 가장 널리 쓰이는 레이저기기로서 흉터 없이 문신과 색소 침착된 피부를 제거하는 레이저기기이다. YAG(Yttrium Aluminum Garnet)의 활성매질로 Nd(Neodyminum)가 가장 흔하게 사용되는데 YAG결정에 Nd를 용해시킨 것으로 1.064㎛의 발진선(發振線)을 방출한다.

엔디-야그 레이저는 시술부위에 고출력의 에너지가 짧은 시간 내 조직에 전달되어, 열로 변해 멜라닌이나 문신 색소가 순간적으로 파괴하여 치료하는 형태이다. 스위치

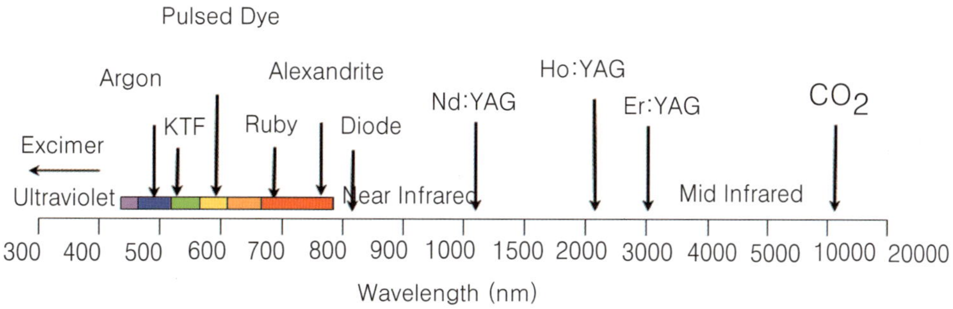

그림 6-1. 각종 레이저기기의 파장영역

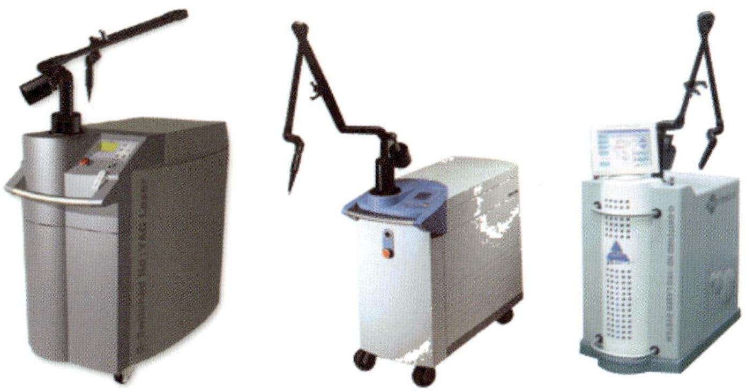

그림 6-2. Nd:YAG 레이저의 종류

(Switch) 방식을 사용하여 강한 빔을 순간적으로 시술부위에 조사하여 주변조직의 손상을 최소화 하고 있다. 냉동요법과 달리 수술 후 얼굴이 붓거나 통증이 심하지 않으며, 이산화탄소 레이저보다 피부 깊숙이 침투하여 주위 피부의 손상 없이 선택적으로 치료가 가능하다. 색소의 깊이나 진하기에 따라 파장을 달리하여 반복 치료할 수 있는 장점이 있다.

일반적인 관리와 약, 연고만으로는 주근깨와 기미 등 색소성 질환은 완치가 거의 불가능 하지만 레이저는 표피의 멜라닌 색소만을 선택적으로 파괴하고 광선이 1억분의 1초 동안만 나와 주위의 정상 조직에는 거의 손상을 입히지 않기 때문에 흉터, 색소침착 등 부작용의 염려가 적다. 보통 1회 치료로 80% 이상 제거되지만 유전성 질환이므로 일부 재발할 수도 있다. 일반적으로 주근깨의 치료로는 화학 약품을 이용한 박피술, 전기소작술, 레이저 치료 등이 있으며, 최근에는 주위 정상 조직은 파괴하지 않고, 주근깨와 잡티만을 선택 치료하는 큐-스위치 엔디-야그 레이저 치료술이 각광 받고 있다.

① 적응증

문신(검정, 파랑, 갈색) 검버섯, 오타모반, 기미, 주근깨, 혈관종 질환 등

② 치료 간격 및 횟수

2개월 간격으로 시술부위의 진하기에 따라 2~3회 정도 반복하여 치료한다.

일반적으로 치료시간은 연고마취 시간을 포함하여 1시간 정도 소요된다. 오타씨모반 등은 3~7회 정도가 필요하고, 얕은 점이나 주근깨 등은 1~3회 정도 치료한다.

③ 치료 후 주의사항

치료 후에는 간혹 경미한 출혈이 있거나 물집이 생길 수 있다. 치료 후 하루나 이틀 뒤에는 딱지가 생기기 시작하여 일주일 내지 10일이 지나면 딱지가 떨어진다. 딱지가 떨어진 부위는 초기에는 붉은 빛을 띠다가 시간이 지나면서 열어진다. 보통 레이저 시술 당일에는 세안을 하지 않는 것이 좋으며 그 후에도 딱지가 생길 때까지는 세안을 하지 않는 것이 좋다. 가능한 딱지가 오래 남아 있을수록 치료효과가 좋으며 흉도 덜 남게 된다.

딱지가 떨어진 후에는 자외선 차단제를 발라야 시술 후에 발생할 수 있는 과색소 침착을 막을 수 있다. 자외선차단제는 차단지수(SPF)가 15~25이상인 것을 사용하고 작용시간이 3~4시간이므로 장시간 햇빛에 노출될 때는 3~4시간 간격으로 자외선 차단제를 다시 발라주는 것이 중요하다. 자외선 A와 B를 동시에 차단하는 것으로 선택하여 하루에 두 번 이상 실내에 있을 때도 발라주어야 한다. 치료 후 2주까지는 음주, 아스피린, 그 외에 혈액 응고에 장애를 주는 약은 피해야 하며, 심한 운동 또한 삼가는 것이 좋다.

(2) 루비레이저(Rube laser : Cr : Al_2O_3)

초기에 망막치료에 사용되었으나, 큐 스위치방식이 개발되어 피부과 용도로 사용되고 있다. 루비 레이저는 피부의 다른 조직 성분에는 전혀 작용하지 않고, 오직 멜라닌 세포만을 분해한 후 그 부스러기를 탐식 세포가 제거하는 기전을 이용하므로 전혀 흉터가 남지 않는 장점이 있다. 청색 및 흑색 색소와 멜라닌, 체모와 반응한다.

① 적응증

오타모반, 문신, 주근깨, 검버섯, 피부반점, 피부 종양, 뇌에 조사, 안과용 광응고, 홀로그래피, 분광분석, 신체 모든 부위의 털 제거 등에 사용한다.

② 치료 간격 및 횟수

모반이나 문신치료는 약1~1.5개월 간격, 통계적으로 한 번의 치료로 색의 강도가 30~40% 정도 없어지기 때문에 3~4번의 치료를 받아야 한다. 제모는 1달 내지 1달 반

간격으로 최소한 3회 이상, 부위에 따라 5회 이상 반복 치료가 필요하다. 개인 차이가 있기 때문에 치료 횟수나 치료 결과도 약간씩 차이가 있다. 부작용은 거의 없으며 치료 후 특별한 관리의 필요가 없다.

③ 치료 후 주의사항

모반이나 문신치료를 받은 직후 약간의 물집이 생기는데, 약 5~7일 후에 딱지가 벗겨지게 된다. 제모의 경우 레이저를 쪼이고 난 후에는 모낭 주위의 피부가 발그레 해 지며 약간의 부기가 있는데 이러한 현상은 바로 효과적으로 모낭이 레이저에 의해 파괴되었다는 증거이며 하루 정도 지나면 없어진다. 또한 자외선에 오래 노출이 되어 피부가 검게 그을게 되면 다음 번 레이저치료 시 장애가 되기 때문에 자외선 차단크림을 사용하는 것이 좋다.

3) 색소 레이저기기(액체 레이저기기)

용매에 유기 색소를 녹여서 이득 매질로 사용하는 색소 레이저이다. 색소 레이저의 특징은 넓은 영역에서 파장을 가변 할 수 있다는 데 있다. 알코올 등의 액체에 활성분자(색소 등)을 요해시켜 레이저 매질로 이용한 것으로 주로 광으로 여기를 한다. 다양한 종류의 색소 레이저가 개발되어 있으며, 색소 레이저에 사용되는 색소를 교환함으로써 전 가시광선 영역을 포함하는 색상에서 레이저의 발진을 얻을 수 있다.

(1) 적응증

① 피부재생(Facial Rejuvenation)
② 여드름(Acne)
③ 사마귀(Warts)
④ 흉터치료(Scar prevention & revision)
⑤ 튼살(Stretch marks)
⑥ 건선(Psoriasis)
⑦ 안면홍조(flushing)
⑧ 혈관종(Hemangioma)
⑨ 혈관종(Angiomas)
⑩ 모세혈관확장증(Telangiectasia)
⑪ 딸기코(Rosacea)
⑫ 포도주색 반점 (PWS)
⑬ 그 외 혈관에 관련된 병변

(2) 색소레이저의 장, 단점

① 장 점

넓은 부분의 파장영역을 가지고 있으며 이것을 쉽게 선택하여 바꿀 수 있다.

② 단 점

유기염료(유독성 폐기물)로 인하여 환경에 악영향을 줄 수 있으므로 안전에 주의를 요한다.

(3) 색소 레이저의 특징

① 옥시헤모글로빈(oxyhemoglobin)

옥시헤모글로빈(oxyhemoglobin)의 붉은 색과 멜라닌(melanin)색소의 검정색을 주로 목표로 하여 이에 잘 흡수되는 파장을 이용, 선택적으로 대상을 파괴한다. 파장 577nm, 585nm의 레이저는 주로 붉은색을 지니는 혈관종이나 혈관확장증, 주사 등의 치료에 쓰이기도 한다.

② 색소성 피부병변의 치료

주로 멜라닌을 지니는 주근깨 흑자, 검버섯, 문신, 오타모반, 모세혈관확장증, 화염상 모반, 멜라닌 색소성 반점 등의 치료에 사용되며 파장은 511, 514, 532, 1,064nm 등의 파장을 사용한다.

표 6-6. 혈관 병변에 대한 레이저의 종류

레이저종류	혈관병변에 대한 레이저		
	파장(nm)	색상	타입
Argon	488~514	Blue-green	CW
Argon dye	577~630	Yellow-red	CW
KTP	532	Green	Pulse train
Krypton	568	Yellow	CW
Copper vapor	578	Yellow	Pulse train
Pulsed dye	577, 585	Yellow	450㎲ pulse
Q-switched Nd:YAG	595, 600	Yellow	1.50ns
(frequency doubled)	532	Green	20ns pulse

표 6-7. 색소성 피부 병변에 대한 레이저의 종류

레이저종류	색소성 피부 병변에 대한 레이저		
	파장(nm)	색상	타입
Alexandrite	755	Red	100ns pulse
Argon	488	Green	CW
Argon dye	577~585	Yellow	CW
Copper vapor	511	Green	Pulse train
Pulsed dye	510	Green	300㎲ pulse
Krypton	520	Green	CW
Q-switched ruby	694	Red	25~40ns pulse
Q-switched Nd:YAG	1,064	Infrared	20ns pulse

표 6-8. 대표적인 광열분해를 이용한 레이저 장비 및 파장

목표	레이저	파장	펄스폭	에너지(J/㎠)
미세혈관	Pulsed dye	585nm(Yellow)	400 sec	6~8
	Micro spot Ar	585nm(Yellow)	30 sec	10~15
멜라노솜	Pulsed dye	510(Green)	300 nsec	3~5
(Melanosomes)	Q-s/w Nd:YAG	532nm(Green)	10 nsec	3~5
& 문신	Q-s/w Ruby	694nm(Red)	30 nsec	6~8
	Alexandrite	755nm	100 nsec	6~8
	Q-s/w Nd:YAG	1064nm(NIR)	10 nsec	10~15

③ 피부미용 분야의 치료

특정한 색을 지니는 목표를 파괴하기 위하여 특정한 파장을 쪼이게 되면 주변 조직은 손상을 입지 않고 목표만을 선택적으로 파괴한다(Selective Photothermolysis).

4) 반도체 레이저기기

반도체 레이저는 다이오드레이저라고도 하며 지금까지 개발된 레이저기기 종류 중에서 가장 초소형이며 경량이다.

일반적으로 갈륨, 알루미늄, 비소(GaALAS) 3가지(재료의 비율과 원자변화)를 합성시킨 반도체를 이용하여 다양한 파장을 발생시켜 가시광선에서 근적외선까지의 범위에서 실용화되고 있는데 발진 효율이 뛰어나고 소형, 경량화가 가능하다.

표 6-9. 색소레이저의 펌핑 광원에 따른 파장범위

종류	파장범위(nm)	펌핑광원*
Polyphenyl2	~383	단파장 자외선 아르곤
Stilbene1	~415	자외선 아르곤
Stilbene3	408~453	질소
(Stilbene420)	410~454	XeCl(308nm)
	412~444	Nd:YAG(335nm)
	414~465	자외선 아르곤
쿠마린 102	~477	크립톤(407~415nm)
(쿠마린480)	454~510	자외선 아르곤
	457~520	섬광등
	457~517	XeCl(308nm)
	459~508	Nd:YAG(335nm)
	453~495	질소
쿠마린30	~518	크립톤(407~415nm)
로다민110	529~585	아르곤(455~514nm)
(로다민560)	529~570	구리증기(511nm)
	530~580	섬광등
	541~583	Nd:YAG(532nm)
	542~578	XeCl(308nm)
로다민6G	546~592	(532nm)
(로다민590)	563~625	섬광등
	563~607	구리증기(511nm)
	566~610	XeCl(308nm)
	568~605	질소
	573~640	아르곤(455~514nm)
DMC	598~677	구리증기(511nm)
	600~677	섬광등
	600~695	질소
	607~676	Nd:YAG(532nm)
	610~709	아르곤(455~514nm)
Styry9	775~865	Nd:YAG(532nm)
	784~900	아르곤
	810~860	섬광등
적외선색소140	866~882	Nd:YAG(532nm)
	875~1015	크립톤(753~799nm)
	876~912	XeCl
	900~995	XeCl
	906~1018	질소

* 섬광 등 이외의 펌핑 광원은 레이저임

출력이 1~400㎽까지 변환시킬 수 있는 장치로서 낮은 출력이 필요한 저 반응레벨 레이저 치료의 응용이 용이하다. 물이나 헤모글로빈에 흡수되지 않으므로 조직의 깊은 곳(20~30㎛)까지 침투할 수 있는데 세포파괴를 일으키지 않으면서도 생체 구성 물질의 활성화 및 면역계를 자극, 신진대사를 촉진시키는 효과가 있다. 또한 기미, 주근깨, 모반 등의 치료와 동통제거에 많이 이용되고 있다.

① 레이저 에너지가 피부조직에 전달, 흡수 될 때의 효과

- 진통 효과 : 엔도르핀 상승, 근육휴식, 진통제
- 항염증 효과 : 저항력, 항체 증진, 미세순환 증가, T-림프구 증가
- 재생 효과 : APT 생성, DNA/RNA 합성비율 증진(speed 증진), 효소활성 및 섬유모세포, 콜라겐 증가, 혈액순환 증진

② 단, 피부조직에 미치는 영향은 다음 3가지의 변수에 따라 달라진다.

- 파장(nm) : DNA/RNA, 물, 멜라닌, 헤모글로빈 흡수율 차이
- 방사강도(㎽) : 높은 방사력, 깊은 침투율
- 치료시간(sec)

파장(nm), 방사강도(㎽), 치료(관리) 시간(sec)은 매우 밀접한 관계를 가지고 있으며, 파장의 선택은 무엇보다 중요하며, 효과의 유무가 판명되는 중요한 요인이 된다. 또한 같

표 6-10. 방사강도와 치료시간의 에너지 상관관계

sec \ ㎽	30	70	140	300	400
5	0.15 J	0.35 J	0.70 J	1.50 J	2.00 J
10	0.30 J	0.70 J	1.40 J	3.00 J	4.00 J
15	0.45 J	1.05 J	2.10 J	4.50 J	6.00 J
25	0.75 J	1.75 J	3.50 J	7.50 J	10.00
35	1.05 J	2.45 J	4.90 J	10.50 J	14.00 J
50	1.50 J	3.50 J	7.00 J	15.00 J	20.00 J
65	1.95 J	4.55 J	9.00 J	19.50 J	26.00 J
90	2.70 J	6.30 J	12.60 J	27.00 J	
120	3.60 J	8.40 J	16.80 J		
180	5.40 J				

* 생물학적 효과를 얻기 위해서 최소한 1.0 Joule의 에너지가 필요.

표 6-11. 레이저의 종류별 파장, 동작방식

레이저 물질	구성물질	발진파장	동작방식
Cr^{3+}	Al_2O_3(ruby)	694nm	pulsed, Q switched
Nd^{3+}	glass	1.06um	pulsed, Q switched
Nd^{3+}	YAG	·	mode locked
Ne	He	633nm; 1.15, 3.39um	cw
CO_2	-	325nm, 4.22nm	cw
Ar^+	-	10.0um	cw, Q switched, repetitively pulsed
Kr^+	-	488nm	cw,pulsed, mode
GaAs	GaAs substrate	515nm	locked
GaAlAs	GaAs	647nm	cw, pulsed
GaP	GaAs	840nm	pulsed, cw
GaInAsP	InP	850nm	pulsed, cw
Rhodamine 6G	ethano,water methanol	550~560nm 0.9~1.7um	pulsed, cw, short pulse
Sodium fluorescin	ethanol,water	570~610 nm	cw, mode locked
Watervapor	-	·	short pulse, cw
HCN	-	530~560nm	pulsed, cw
HF, DF	-	119um	pulsed, cw
N_2	-	337um, 2.6~4um	pulsed
Excimer (KrCl KrF,XeCl,XeF)	-	337nm, 1.05um	pulsed
Cu vapor	-	222, 248, 308, 351nm	pulsed

은 파장(nm)이라고 할 때 방사강도(㎽)와 치료시간(sec), 프로브(Probe)의 압력은 치료효과의 차별을 가져온다. 즉 피부 침투 깊이와 강도와 시간이 달라지기 때문에 치료효과도 차이가 있다는 의미이다.

③ 저 출력 레이저(LLLT : Low Level Laser Therapy)

레이저는 출력에 따라 고출력(High-power) 레이저와 저출력(Low-power) 레이저로 나눌 수 있는데, 의학적인 분야에 있어서의 이용은 표 6-12와 같다.

표 6-12. 고, 저출력 레이저의 비교

구 분	고 출력 레이저저	출력 레이저
출력범위	3000~10000mW	1~500mW
용 도	외과적 수술, 조직 절개	생체 활성 조절 및 촉진 효과
원 리	고출력의 레이저는 대부분 세포에 있는 물에 흡수되어 열을 발생시켜 수분을 증발시킴으로써 세포나 조직을 태우는 효과를 가져온다	저출력 레이저는 열을 발생하지 않으며 다른 조직에 손상 없이 피부의 표면을 투과하여광 에너지만을 신체 내부로 전달하게 되고 이를 흡수한 세포들은광에너지를 세포 손상을 치유할 수 있는 화학적인 에너지로 전환시켜 이를 손상된 부위의 치유 및 통증 완화에 이용하게 된다.

④ 저출력 레이저의 효과 : 생체촉진효과(Bio-stimulation effect)

- 진통효과 : 엔도르핀 생성, 상승, 근육휴식, 통증제거
- 항염증 작용 : 저항력 및 항체증진, 미세순환 증가, 임파계 작용 촉진
- 재생작용 : ATP생성, DNA/RNA합성 속도 증가, 효소활동 및 콜라겐(Collagen)증가, 모세혈관 생성 증가(혈관 회복), 혈액순환 개선, 섬유모세포 작용 촉진(조직 회복 증진)
- 파장 : 635nm(LLLT)

상기의 작용 및 효과를 이용하여 심장병, 이비인후과, 위장, 폐, 부인과, 비뇨기과, 항문, 관절, 구강분야 등에 다양하게 이용되고 있다.

(1) 반도체 레이저의 적응증

① 연조직 손상 : 피막염, 염좌 및 좌상, 혈종 건염 및 건초염, 근막자극 포인트
② 순환기계 질환 : 동맥경화, 고지혈증, 혈전성혈관염, 두통
③ 말초순환장애 질환 : 당뇨성 말초 신경염, 손발 저림
④ 급, 만성 관절질환 : 골관절염, 류마티스성 관절염, 인대 및 건 상해
⑤ 통증질환 : 신경통, 삼차신경통, 상완통, 좌골신경통, 수술 후 통증
⑥ 피부질환 : 안면홍조, 기미, 주근깨, 모반 등의 치료와 동통제거

(2) 반도체 레이저 치료기 응용

① 650nm 파장을 이용한 반도체레이저의 예

650nm 파장의 반도체 레이저를 이용하여 비강 혈액에 쏘이게 하는 방법으로 쏘이는 부위에 여러 가지 생물학적 작용과 활동에 영향을 준다. 우선 모세혈관 혈액작용에 영향을

주며 혈액세포와 세포내 ATP를 증가시키고 적혈구의 생성을 개선하고 이의 순환을 활성화하여 폐 기능을 증진시키고 혈액속의 산소함량을 높인다. 아울러 반도체 레이저를 비강 점막과 임파선이나 분비계통 신경계통 그리고 경락계통에 작용하여 원활한 기능을 도와주어, 각종 통증 치료 및 혈액 순환 개선, 손·발 저림, 어지럼증, 알레르기성 비염, 중이염 치료 등에 이용하고 있다.

② 632.8nm파장을 이용한 반도체 레이저의 예

반도체 레이저(Laser therapy system)는 632.8nm-15mW의 레이저를 스캐닝시스템으로 치료부위에 조사하며 여러가지 스캐닝패턴 laser massage scanning(circle massage scanning, square massage scanning 등)과 치료부위에 맞추어 사이즈를 조절할 수 있다.

레이저 치료는 동통 치료를 중심으로, 신경증, 관절통, 관절증, 관절염, 류마티즘, 궤양, 화상, 조직재생촉진, 여드름, 비염 등 동통 클리닉, 물리치료, 재활의학, 피부과, 이비인후과, 등에서 적용되고 있다.

(3) 반도체 레이저의 특징

① 비침습 반도체 레이저로 소모품이 필요가 없다.
② 무혈, 무통 치료 레이저로 혈관을 찾기 어려운 환자에 적용이 용이하다.
③ 디지털반도체 레이저로서 반영구적이다.
④ 소모품이 전혀 필요 없다.
⑤ 부피를 최소화하여 좁은 공간에서도 활용가능, 이동이 편리하다.
⑥ 일일 치료시간 대폭단축(디지털 펄스방식으로 강력한 침투효과 및 치료시간 단축)
⑦ 적응증에 대한 최적의 프로그램 내장 : 치료시간, 강도, 주파수 조절기능.

5) IPL(Intense Pulsed Light)

IPL은 Intense Pulsed Light의 약자로 기존 레이저는 특정한 파장을 이용하는 단파장으로 단일 병변에만 적용되는데 반하여 IPL은 플래시램프에서 나오는 전체 파장 중에서 필요한 부분만을 선택적으로 필터링하여 목표 병변에 사용하는 방식의 장비이다. 일반적으로 광선은 파장 대역에 따라서 잘 반응하는 색깔과, 침투 깊이 등이 변화하는 특성을 지니고 있다 .

IPL은 다양한 파장을 동시에 선택하여 조사할 수 있어서 모세혈관 확장, 색소침착, 모공확대 등의 전혀 별개의 질환을 부작용 없이 동시에 치료할 수도 있으며, 일반적으로는 주근깨, 기미, 여드름, 색소질환 치료와 모공, 잔주름이 줄어들게 하고 피부에 탄력을 주어

표 6-13. 일반 레이저와 차이점

구 분	일반레이저	IPL
파장(Wave Length)	단일 파장	다 파장(선택적 사용)
적용병변 (application)	Single or dual : 한 가지 혹은 두 가지 정도의 병변 치료 목적	Multi : 여러 가지 병변에 치료가 가능 할 뿐 아니라 동시 치료가능
시술 후 회복기간 (down time)	최소 일주일에서 1년	거의 없음
통증(pain)	부분 마취 혹은 전신 마취 필요	마취가 필요 없거나 크림 마취
부작용(side effect)	화상, 색소침착, 흉터 등	딱지나 멍 등이 거의 없음
출혈(bleeding)	있음	없음

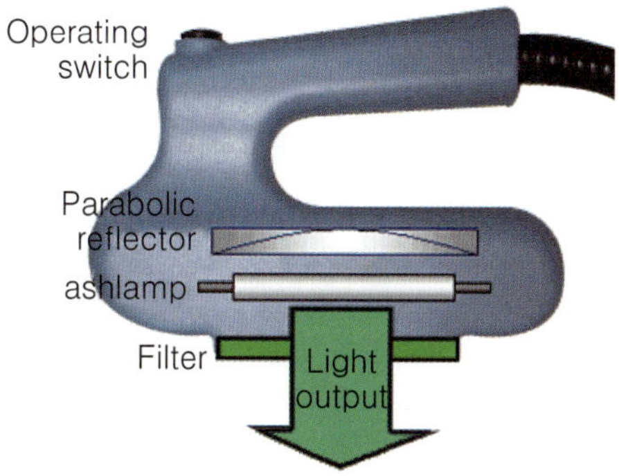

그림 6-3. 피부 치료 기기 구조

얼굴전체 피부를 젊게 유지하는 효과가 있으며, 특히 영구제모에도 효과가 있는 것으로 알려져 있다.

보통 1주 간격으로 3~5회를 치료하게 되며 화장이나 세안에 아무런 지장을 주지 않는 장점도 지니고 있다.

(1) 피부 치료 원리

① 치료 전

혈관질환(Melanin), 색소질환(Oxyhemoglobin)이 각각 존재하고 있으며 이들은 별개의 파장의 빛으로 치료된다.

② 치료 중

각 치료하고자 하는 부위(melanin, hemoglobin)에 IPL 빛 에너지가 동시에 흡수되며 이때 주변조직에 손상은 없다.

③ 치료 후

IPL 빛이 흡수된 치료하고자하는 부위는 소입자로 파괴되어 인체 내로 흡수되어 소멸한다. 이때 주변 조직의 손상은 없으며 진피 내로 흡수된 1,200nm대에 이르는 IPL의 긴 파장의 영향으로 치료 후 시술 부위가 부드러워지며 탄력이 증대된다.

(1) 치 료

IPL 치료는 3~4주 간격으로 5회 정도 치료하는 것을 기준으로 하고 있다. 치료를 하기 전에 얼굴 전체에 국소 마취연고를 바른 다음 약 30~40분 정도 지난 후에 치료를 한다. 치료 시간은 약 30분~50분 정도 걸리는데, 마취 연고를 바르고 시행하기 때문에 통증은 거의 문제가 되지 않는다.

(2) IPL을 이용한 특수치료

① 다크써클(Dark circle)

다크써클이 생기는 원인이 크게 세 가지이다. 첫째로 눈 밑 지방이 튀어나와서 그늘져 보이는 경우이다. 이때는 눈 밑 지방을 제거하는 수술을 받으면 좋아질 수 있다. 둘째 피부염이 오래되어서 색소침착이 되거나 아니면 기미 등의 원인에 의해서 색소침착이 된 경우이다. 셋째로 눈 밑 피부에 있는 정맥혈관이 늘어나서 검푸른 빛을 띠는 정맥의 피가 겉으로 비춰 보이기 때문에 검게 보이는 경우이다.

IPL은 1,064nm의 파장을 방출할 수 있는데 지금까지의 혈관치료 레이저들이 대개 532nm 혹은 585nm의 파장을 내는데 비하면 거의 두 배 정도 긴 것이다. 그런데 모든 빛은 파장이 길수록 피부 깊이 침투할 수 있다. 그래서 긴 파장의 레이저를 낼 수 있는 IPL로 깊이 있는 혈관을 치료하는 것이 가능해졌기 때문에 다크써클을 치료할 수 있는 것이다. 하지만 이것이 한 번에 되는 것은 아니고 여러차례(5~6회 이상)반복치료가 필요하다. 치료효과도 혈관의 깊이나 굵기 등에 따라 달라질 수 있다.

② 혈관종

IPL은 파장이 1,064nm로 길 뿐 아니라 레이저 조사시간도 짧을 때는 짧게, 길어야 할 필요가 있을 때에는 매우 길게 조정할 수 있기 때문에 깊이 있는 혈관이나 직경이 큰 혈관의 치료에도 효과적이다. 따라서 기존의 혈관치료 레이저로 치료가 잘 되지 않았던 혈관종의 치료에 유용하다.

③ 켈로이드

상처가 난 후에도 피부가 부풀어 오르면서 아무는 켈로이드는 별다른 치료법이 없어서 스테로이드 주사를 흉터 부위에 놓거나 실리콘 젤을 붙이는 정도였다. 기존의 색소 레이저가 깊이 들어가는 데에 한계가 있기 때문에 색소 레이저보다 IPL을 쓰는 것이 더 효과적이다. 한 번의 치료로 좋아질 수는 없지만 여러 차례 반복하면 튀어나온 것도 줄어들 뿐 아니라 색깔도 정상에 가깝게 될 수 있는 효과가 있다고 알려져 있다.

(3) 부작용

피부에도 개인차가 있기 때문에 무리하게 강하게 조사된 경우는 다음과 같은 부작용이 있을 수 있다.

① 주변 피부조직의 열 손상(물집, 딱지) : 일반적으로 1~2일 정도면 자연히 사라진다.
② 흉터
③ 색소침착

(4) 시술방법

① 시술 전 깨끗이 세안을 한다.
② 필요한 경우 시술부위를 연고를 이용 표피마취를 한다.
③ 질환의 정도, 종류, 환자의 피부 상태에 따라 IPL 시스템의 기능을 선택, 조절한다.
④ 처음 1~2번의 테스트를 거쳐서 분홍색 홍조를 확인 한 후 본격적인 시술을 한다.
⑤ 시술은 얼굴전체를 하는 것을 원칙으로 하며 경우에 따라 특정부위만 하는 경우도 있다.
⑥ 시술 후 아이스 팩 등으로 시술 부위를 냉각시킨다.
⑦ 시술 후 약간의 홍반이 있을 수 있으나 최대 1~2일 이내에 소멸된다.
⑧ 색소 침착이 많은 경우 색소부위가 7~10일 정도 더욱 진해지다 이후 다시 흐려진다.
⑨ 시술 시간은 얼굴전체의 경우 대략 20~50분이며 2주 간격으로 4~5회 시행한다.
⑩ 시술 후 처치는 필요 없으나 자외선은 피하는 것이 좋다.

(5) 장 · 단점

① 수술 부작용이 거의 없다.
② 일상생활 복귀가 가능하다.
③ 복잡한 피부노화증세를 동시에 치료할 수 있으며 콜라겐(Collagen)활성화를 통한 피부탄력 증대 등의 부가적인 효과도 얻을 수 있다.

④ 안면홍조, 주사 및 다리정맥(Leg vein), 다크서클(Dark circle) 등 혈관 질환 치료도 가능하며 이때 레이저 사용 시 발생하는 자색반증(Purpura) 등의 부작용이 없다.

⑤ 문신, 오타모반, 점 등 깊은 색소 질환에는 효과가 떨어진다.

⑥ 치료대상이 복합적인 만큼 다양한 치료변수를 충족하는 기기가 필요하며, 임상적으로 충분한 데이터에 근거한 치료 프로그램으로 치료를 받는 것이 필수적이다.

(6) 주의사항

① IPL치료는 얼굴이 쉽게 붉어지는 안면홍조, 혈관확장, 기미나 주근깨 등의 잡티, 늘어난 모공, 잔주름, 또는 얕은 여드름 흉터 등에 효과적이다. 이 중에서 안면홍조, 잡티 등은 한 번의 치료로 호전되는 경우도 있지만 치료를 하면서 서서히 좋아지는 것이 보통이다. 만약 지속적으로 복용하는 약이 있다면 반드시 IPL치료 전에 상의를 하여야한다. 빛에 대한 반응이 예민하게 나타나도록 하는 약이 있을 수 있기 때문이다. 여드름 치료제나 미백제 혹은 주름 제거 목적으로 사용하는 레틴A 연고나 레티놀 성분이 들어있는 화장품은 치료 하루 전에는 바르지 않도록 한다.

② 치료 전에는 과다하게 선탠을 하지 않도록 하고, 과도하게 선탠을 한 경우에는 미백제를 사용하여 멜라닌 색소를 어느 정도 줄인 후에 치료하는 것이 바람직하다.

③ 치료를 하고 나면 약간의 붉은 기가 나타나서 3~4시간 지속되는 것이 보통이다. 하지만 때로 2~3일 정도 지속되기도 하며 약간 붓는 증세가 나타날 수 있다.

④ 치료 전에 스테로이드 연고를 많이 발라서 피부가 얇아진 경우나 색소가 너무 진한 경우에는 부분적으로 물집이 잡히거나 딱지가 생길 수 있다. 딱지가 너무 일찍 떨어지는 것은 좋지 않으므로 과도하게 문지르지 않도록 주의를 요한다. 딱지에는 바셀린 연고처럼 기름기가 있는 연고나 크림을 발라서 너무 마르지 않도록 하는 것이 좋다.

⑤ 주근깨나 기미 등 색소가 있던 부위는 치료 후에 일시적으로 색깔이 더 진해지는 경우가 있지만 보통 1주일 정도 지나면서 점점 원래 색깔보다 더 옅어지게 된다.

⑥ 남자의 경우, 수염이 있는 부위를 치료하게 되면 전체적으로 혹은 부분적으로 털이 빠질 수 있다.

⑦ 치료한 후에는 세수나 가벼운 샤워, 그리고 가벼운 화장은 가능하다. 하지만 뜨거운 욕탕에 들어가시거나 심하게 운동을 해서 땀을 내는 것, 또는 마사지를 하는 것은 약 5일 피하도록 한다.

⑧ 햇볕에 노출되는 것은 좋지 않다. 치료 전이나 후에 자외선 A까지 차단할 수 있는 자외선차단제를 계속해서 사용하도록 한다.

⑨ 치료 후에는 시술 전에 발랐던 미백 연고를 바로 바르지 말고 2~3일 정도 결과를 보면서 붉은 기가 가신 후에 사용하도록 한다.

⑩ 재 치료는 대개 2~4주 간격으로 하게 된다. 이 기간보다 더 늦어질 수도 있지만 너무 치료 간격이 길어지면 치료효과가 떨어지게 되므로 가능한 2~4주 사이에 치료를 하는 것이 좋다.

3. 전압 및 전류, 고주파, 초음파를 이용한 기기

1) 리프팅기기

노화로 인하여 늘어지고 주름진 피부를 전기, 전자적 기기의 물리적 특성을 이용하여 당겨 올림으로써 젊어 보이게(Facial rejuve-nation)하는 미용 요법을 통틀어 말한다.

좁은 의미의 Face lift는 안면 및 경부 주름절제술로서 축 늘어진 피부와 피하 지방조직을 제거하여 주름을 양적으로 교정하는 수술에 국한되었다. 그러나 요즘 들어 그 영역이 점차 확대되어 주름, 잡티, 검버섯 등을 제거하여 노화피부를 질적으로 교정하는 박피술(Skin resurfacing), 미세전류와 진동을 이용한 초음파 미용기기의 사용, 피부에 보습과 탄력을 주어 주름을 완화시키고 노화를 방지하는 스킨케어에 까지 이르고 있다.

(1) 세포 자극 리프팅

강력한 리프팅 효과보다는 피부표면의 문제가 빨리 해결되는 것이 장점이다. 사용이 간편하며 느낌이 좋고 피부 결을 좋게 하는 효과가 있으나 피부 타입별 영양액이나 크림을 반드시 특정 제품만을 사용해야 하는 단점이 있다.

(2) 근육 자극을 이용한 리프팅

혈액순환 촉진, 신진대사 촉진, 근육강화, 리프팅 효과가 있으며, 리프팅 효과가 강력하여 원하는 결과를 얻을 수 있으나 전기 자극을 느끼므로 처음 사용 시 불안감을 가질 수 있다. 정확한 관리를 위해 근육을 잘 익혀야 한다.

(3) 세포 진동 리프팅

딥 클렌징, 스켈링 및 전반적인 미용효과가 일어난다. 매초 2,500회의 초음파 파장이 발생하여 피부 표면의 각질 제거, 여드름, 색소피부, 잔주름 손질을 하므로 피부가 맑고 투명감 있게 될 수 있다. 초음파가 발생될 때의 진동과 기기 자체의 진동 기능으로 마사지 효과가 증가되며 초미세 전류를 발생하여 피부 속에 영양을 깊숙이 침투시키는 효과가 있다.

(4) 비타민 "C" 이온 투입기

비타민 C는 각종 스트레스에 유효한 생리 작용을 하며 멜라닌 색소의 침착을 방지하는 효과가 있어 기미 관리에 없어서는 안 될 요소이다. 비타민 C는 수용성으로 기존 기미 제품 사용 시 피부 깊숙이 침투하기가 어려웠기 때문에 기미관리에 있어 커다란 효과를 기대하기 어려웠다. 그 결점을 보완해 나온 기기가 비타민 "C" 이온 투입기로 극성을 가진 앰플을 이용해 인체에 생체전기를 흘려보내 세포를 자극하여 진피층까지 제품이 흡수되도록 돕는 역할을 한다. 기미, 색소 침착으로 인한 노화피부에 주로 사용하며 멜라닌 색소 생성을 억제시키는 효과가 크다.

(5) 전기영동법(Electrophoresis)과 이온전기도입법(Iontophoresis)

① 전기영동법 : 전류에 의해서 전기 전하를 띤 입자들이 운반한다.
② 직류 : 인체에서 전기 전하를 띤 입자(ion)의 이동 현상이다.
③ 이온전기도입법 : 신체 내에서는 이온들의 이동을 뜻하는 현상이다.

위의 세 가지 직류, 전기영동법, 이온전기도입법은 인체에 직류를 작용시키는 경우에 있어서는 세 용어가 같은 의미를 지닌다. 즉, 위의 원리로 보면 영양 크림이나 로션이 마사지로써 활성물질의 단순한 확산 작용만으로 깊숙이 이동해서 원하는 효과를 내기는 어려우므로 피부 관리에 좋은 활성물질이 이온상태로 들어있는 용액들을 사용해야 하는데 이는 직류를 이용하여 피부 속으로 깊숙이 침투시키게 된다.

(6) 리프팅의 효과

피부는 표피, 진피, 피하조직의 3중 구조로 형성되어 있는데 주름, 비 탄력성 피부는 피부 아래층의 근육의 노화가 최대의 원인이 되고 있다. 리프팅기기는 이 근육을 극히 약한 전류로 자극하여 대뇌효과, 순환효과, 수축효과를 발달시켜 근육을 점차 젊음을 되찾도록 한다. 리프팅기기에 사용되는 주파수는 0.3~500Hz인데 안면 피부 관리에 알맞은 주파수는 1~100Hz이다.

- 1~5Hz : 근육을 완전히 쉬게 하고 긴장시킴
- 1~6Hz : 근육을 부분적으로 쉬게 하고 긴장시킴
- 30Hz 이상 : 근육에 경련을 일으키고 풀어나감

이주파수는 레벨에 의해 근육을 긴장시키기도 풀어나가기도 하므로 관리 부위나 횟수에 따라 잘 조절해 사용해야 한다. 리프팅 효과는 근육뿐만이 아니라 미용액을 사용해야 한다.

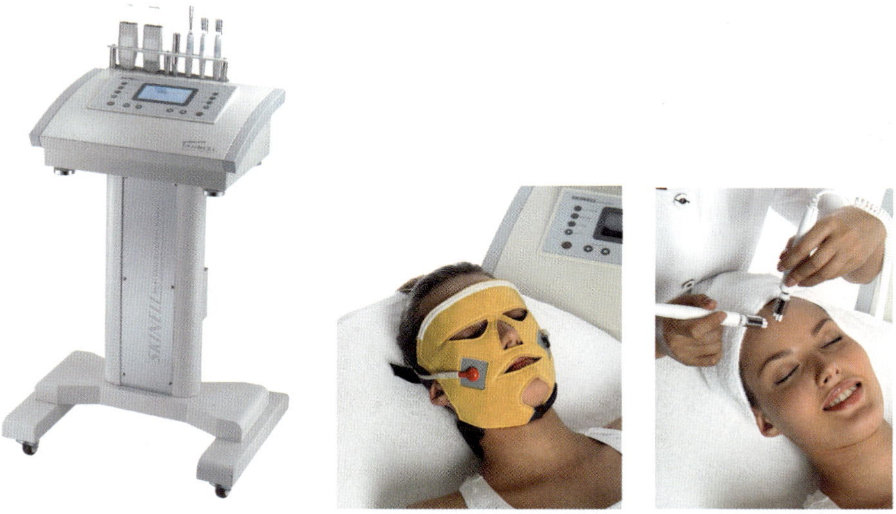

그림 6-4. 리프팅기기 및 관리장면

리프팅 효과는 근육뿐만이 아니라 미용액을 사용해서 리프팅 관리를 함으로써 표피 및 진피의 활성화에도 큰 역할을 한다. 즉 리프팅 관리는 근육을 자극하여 피부를 아래 기초부터 정리하고 이온 도입을 도와서 피부전체가 생기발랄할 수 있도록 하는 것이다. 또한 저주파, 낮은 전류의 사용으로 안전성도 높다.

이온침투를 위한 미용기기의 사용 원리는 인체가 전도체라는 것에 착안, 피부에 전류를 통하여 피부 내, 외부에 존재하는 이온들을 이동시킴으로써 피부를 자극, 피부변화를 유도하여 피부를 최적의 상태로 만들기 위해 기계를 사용한다.

피부의 제일 바깥층은 피지와 수분과 세포 단백질의 노폐물이 섞여 이루어진 에멀젼(emulsion) 형태의 지방질로 덮여 있다. 또한, 전류는 산과 염의 수용액을 통과할 때 화학적 변화를 일으키는데 직류전류가 신체의 조직과 용액사이를 통과할 때도 바로 화학적 변화가 일어난다. 이 화학적 변화는 첫째, 작용물질에서 나오는 이온의 운동과 둘째, 신체 내부에서의 이온 운동에 의해서이다.

여성들의 최대 고민 중 하나는 주름, 탄력을 잃어가는 피부라 할 수 있다. 그 원인은 노화, 스트레스, 생활습관의 변화 등에 의해 피부 아래의 근육이 노화되기 때문이다. 그래서 직접 작용하여 주름이나 비탄력적인 피부에 효과를 주기 위한 기기가 바로 리프팅 기기이다. 리프팅 기기는 극히 약한 저주파의 전류를 사용하므로 신체에 필요 없는 자극을 주지 않는다.

2) 고주파를 이용한 기기

고주파라는 말은 여러 가지 뜻으로 쓰이고 있어 명확한 구분이 없다. 전력공학 분야에서는 상용주파수인 50~60Hz를 저주파, 그 이상을 고주파라고 하는데, 일반적으로 100,000 ㎐ 이상의 교류 전류를 고주파 전류(High frequency current, HFC)라고 한다.

직접적용 방식과 간접 적용방식(Viennese, 마사지)이 있는데 이 두 방식은 얼굴과 신체에 모두 사용 되는데 각기 근육에 다른 효과를 나타내므로 사용자에 적절한 것을 선택해 관리해야 한다.

(1) 피부 관리에 사용되는 고주파기의 적용방식 및 효과

고주파기는 on/off 스위치와 강도조절기만을 다루면 된다. 전류는 한 개의 전극 봉을 통해 사용자에게 전달되고 다른 한 개의 전극봉은 기기의 직 · 간접 적용 방식에 사용된다.

직접 적용 방식에 사용되는 전극봉은 각기 다른 목적을 위해 만들어진 다양한 모양의 전극봉들이 있다. 이것들은 끝에 금속이 연결되어 있는 유리봉으로 되어있는데 유리봉 내에는 매우 작은 양의 공기나 네온, 수은 등이 들어있다. 전극봉을 홀더에 끼우면 전극봉의 끝에 있는 금속은 홀더의 금속과 맞닿게 되어 전극봉의 유리 튜브 내의 공기와 가스가 이온화되어 전류가 튜브를 통해 근육으로 흩어져서 흐르게 된다. 이 전극봉은 공기가 들어 있으면 자색, 네온은 오렌지색, 수은은 푸른 자색이 되어 자외선을 발하며 이 광선의 대부분은 튜브를 통과하지 않고 자외선을 흡수하며, 유리봉 내에 금속 전극이 있는 것은 강한 효과를 원하는 피부 관리에 사용된다.

간접적용 방식에 사용되는 전극봉은 홀더에 꼭 맞도록 금속과 유리로 만들어진 전극봉을 말한다. 시술시 사용자 한손에는 전극봉을 다른 한손에는 홀더를 잡는데 전류가 홀더, Saturator, 사용자의 손으로 흐르게 되고 관리사가 이때 고객을 마사지하게 되면 전류는 관리사의 손가락을 통해 빠져나가게 된다. 그러므로 이 관리에서는 피부 관리사가 회로의 일부분이 된다(주의 : Saturator를 쥔 손에는 반지를 끼면 안된다).

① 직접 적용방식

자극 · 건조효과가 있기 때문에 지성이나 여드름 피부에 특히 적합하며 건성이나 노화피부에 사용해도 좋다(단 건성, 노화피부는 시술을 약 5분정도의 짧은 시간이어야 하며 오래 관리를 하면 피부상태가 악화). 유리 전극 봉을 피부에 서서히 마찰시키는 경찰법으로 관리하는데 이때 전류가 전극을 통과해서 피부에 퍼지게 된다. 근육 내에 생긴 온열효과는 고객에게 좋은 효과를 주며 스파킹(sparking)이 살균효과를 위해 사용된다.

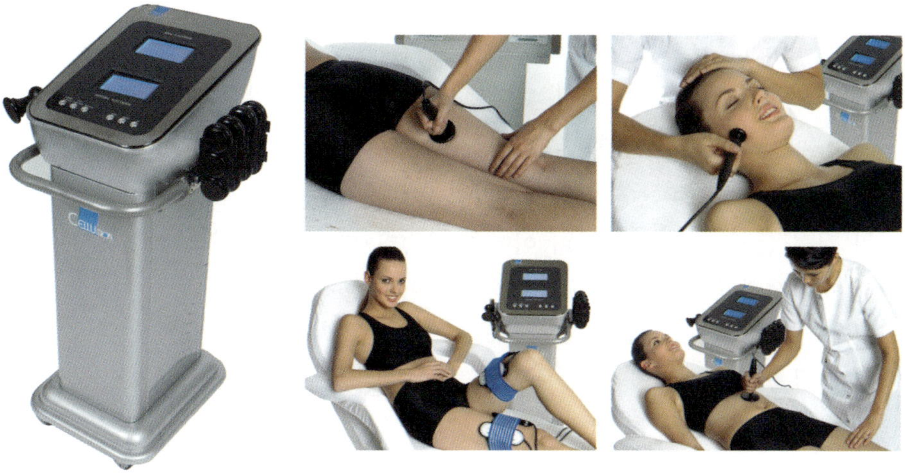

그림 6-5. 고주파 기기 및 관리장면

A. 관리목적 및 효과

· 지성과 복합성 피부 : 지성 부위를 관리하기 위해 사용하며 지성부위의 상태를 호전시키기 위해 관리한다.
· 스파킹 효과 : 스파킹으로 박테리아를 없애고 여드름과 농포가 있는 피부에 효과가 있으므로 흉터를 줄이기 위해 관리한다.
· 건성과 노화피부 : 피부에 지방 샘을 늘리기 위해 관리하며 4~5분만을 관리해서 온열효과를 높여준다.
· 열의 발생 : 고주파 전류는 근육 내에 열이 발생하게 하는데 전극봉 밑, 표피 바로 아래의 근육에 열이 가장 많이 발생한다.
· 신진대사율의 증가 : 열로 증가될 수 있는 화학 반응으로 산소와 영양의 공급과 분비물의 배설을 증진시킨다.
· 홍반으로 인한 모세혈관확장 : 열은 모세혈관 확장을 일으키고 그 부분에 혈류를 증가시키며 신진 대사량의 증가는 모세혈관 벽을 팽창시켜 혈액의 공급을 늘려주므로 산소와 영양분 공급과 분비물의 배설을 증진 시킨다.
· 신경 진정 효과 : 미열은 신경 종말을 진정시키는 효과가 있어 편안한 느낌을 준다.
· 지방선의 활동증가 : 온열은 지방선의 활동을 증가시켜 지방의 방출을 도와 건성과 탈수되어 피부에 윤기를 증가시킨다.
· 살균효과 : 전극을 피부에서 살짝 떼어냈을 때 피부와 전극봉 사이에 스파크가 나는데 이때 공기 중의 산소가 이온화되고 오존을 형성하며 박테리아를 죽이고 구진과

농포를 치유한다(주의: 간격을 너무 많이 두면 스파크가 오래 지속하면서 근육을 상하게 할 수도 있다).

· 건조효과 : 스파크는 피부내의 신경종말을 자극해 털구멍을 수축시켜 공기 중의 산소를 오존으로 바꿔 건조 효과가 나타난다.

B. 주의 사항

관리 시 모든 금속을 제거하며 어떠한 금속도 만지지 말 것과 기기에서 소리가 나는 것을 주지시키고 전극봉이 고객과 접촉되어 있도록 한다.

알코올을 함유한 스킨로션은 사용하지 않는다. 피부의 찰과상, 혈관이상, 다모부위, 체내에 금속을 설치한 경우나 동맥경화, 신경질적인 고객이나 피부염, 피부장애가 있는 경우에는 관리해서는 안된다.

② 간접 적용 방식(Viennese 마사지)

건성피부에 사용되며 전극봉과 홀더를 고객이 잡도록 하여 이루어지는 방법이다. 전류는 전극봉을 통해 고객에게 흐르게 되는데 이때 피부 관리사가 고객의 얼굴을 마사지하면 전류는 얼굴에서 피부 관리사의 손을 통해 빠져 나가게 된다. 이때 피부 관리사는 회로의 한 부분이 되며 온열 효과와 긴장 이완이 되는 효과를 준다.

A. 관리 목적 및 효과

· 건성피부의 혈액순환을 좋게 관리하며 근육을 이완시켜 노화 피부의 상태를 호전시킨다.

· 표피아래 근육의 온열효과와 혈관확장으로 혈관충혈과 홍반이 나타나며 혈액순환의 증가로 영양과 산소의 공급이 늘고 분비물의 제거가 빨라 근육의 상태가 좋아진다.

· 온열효과로 인한 기초 대사량의 증가는 피부의 상태를 호전시키며 미열과 경찰마사지는 감각 신경 종말에 진정 효과를 주고 근육의 긴장을 완화 시킨다.

B. 주의 사항

· 금속물을 모두 제거하며 만약에 반지 빼는 것을 꺼려하면 홀더를 반지 낀 손으로 잡고 전극봉은 반지가 없는 손으로 잡도록 한다.

· 시술도중 어떠한 금속도 잡지 못하게 하고 소리가 나는 것을 알리며 전극 봉을 꼭 잡도록 한다(느슨하게 잡으면 스파크가 생긴다).

· 관리사의 한 손은 항시 사용자와 닿아 있어야 한다(두 손을 떼면 전류의 상대적으로 강해져 고객에게 쇼크를 줄 수 있다).

· 예민한 피부, 혈관이상이나 찰과상, 피부장애, 피부염이 있는 경우의 피부는 관리해서는 안된다.

(2) 고주파 주름치료 기기

고주파 에너지를 조직 내에서 열에너지로 변화시켜 노화된 피부 조직을 재생시키는 기기이다. 이 기기가 이전의 고주파 치료기기들과 다른 점은 통증완화나 조직파괴 등의 목적이 아니라 온전히 '피부 주름 개선'에 초점을 맞춘 기기라는 것이다. 표피에 손상을 주지 않고 시행하는 비수술적인 방법 중에서는 가장 효과적인 기기라고 할 수 있다. 이 기기는 피부의 깊은 층(하부 진피)에 자극을 주어 피부가 전체적으로 당겨지도록 만든다. 피부의 깊은 층이 자극을 받으면 처음에는 콜라겐이 수축을 하고, 시간이 흐르면 새로운 콜라겐이 형성되며 피부를 더욱 당겨주게 된다.

피부내의 콜라겐을 재생성 하기위해 피부를 자극함에도 불구하고 부작용은 거의 나타나지 않는 것으로 알려져 있다. 그 이유는 내피 쪽의 콜라겐에 열에너지를 가하는 동안에 피부표면은 쿨링 스프레이로 보호되기 때문이다. 일반적으로 70%의 환자는 2~6개월 사이에서 결과가 나타나며 20%의 환자는 1개월 이내에 효과가 나타나기도 한다. 간혹 치료 후 바로 효과가 나타날 수도 있는데, 이렇듯 시간이 1주~6개월 정도로 효과 시간이 틀린 이유는 개인마다 콜라겐을 재생성 시키는 시간이 다르기 때문이다.

① 효 과

- 피부탄력증대(Skin tightening)
- 처진 피부개선(Face lifting)
- 눈 밑 지방제거(Infraorbital fat shaping)
- 여드름(Treatment of acne vulgaris)
- 튼살(Striae distensae)

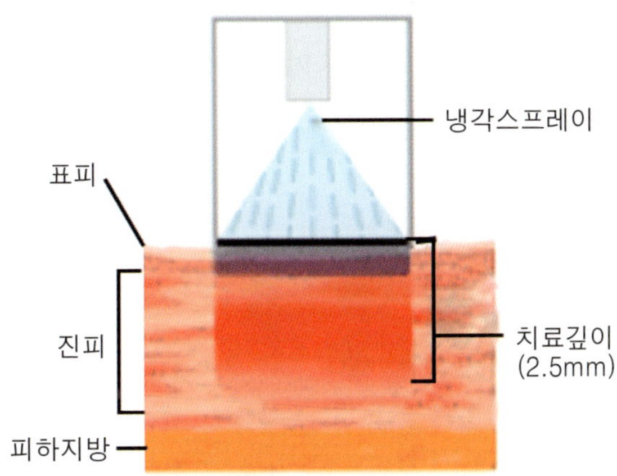

그림 6-6. 치료의 Heating/Cooling 개략도

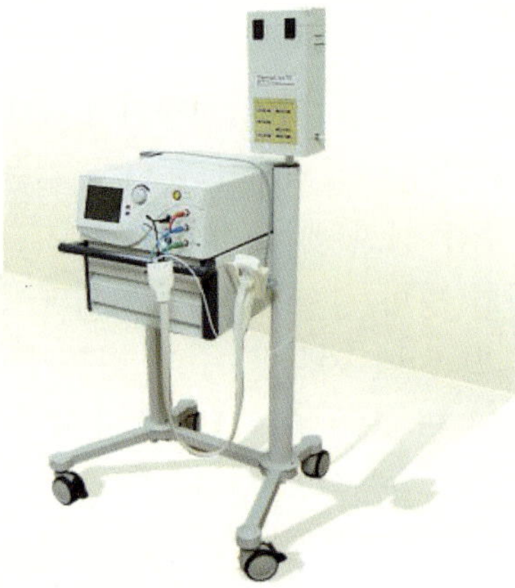

그림 6-7. 고주파 주름치료 기기

② 시술방법

- 깨끗이 세안을 한다.
- 시술부위를 연고(EMLA cream)를 이용해 표피마취를 1~2시간 정도 한다.
- 환자마다 가지고 있는 고유 임피던스(저항치)에 따라 에너지를 조절하여 시술한다.
- 환자에 따라 고통을 심하게 느끼는 환자 같은 경우에는 에너지를 좀 낮추어서 시술한다.
- 시술 후에는 아이스 팩(Ice pack)으로 시술부위를 냉각시킨다.
- 시술 후 얼굴 붉어짐이 발생할 수 있으나, 보통은 몇 시간 이내에 사라지고 최대 3일 이내에는 사라진다.
- 일시적으로 얼굴이 부을 수 있으나 며칠 이내에 붓기가 사라진다.
- 시술시간은 보통 20~30분 정도이다.
- 시술 횟수는 한번을 원칙으로 하고 있으며 간혹 효과가 미비한 경우에는 6개월 정도 지난 다음에 한 번 더 시술을 한다.
- 시술 후 처치가 필요 없다.

③ 장 · 단점

A. 장 점

- 시술 후 일상생활 복귀가 바로 가능하다.
- 피부타입에 상관이 없으며, 다른 치료법(주사요법, 수술법)과 달리 부작용이 없다.
- 팁(tip)이 자동적으로 피부내의 Z(임피던스)를 측정하여 최적의 자극을 피부에 가하므로 안전하다.
- 효과가 오래 지속된다.

B. 단 점

· 시술 후 효과가 보통 1~2개월 후에 나타나고 간혹 6개월 정도 후에 나타날 수도 있다.

· 약간의 통증이 있으나 패스트 팁을 사용하면 통증을 거의 느끼지 못한다.

④ 특 징

이 기기는 높은 에너지를 피부 진피층까지 전달하면서 표피에는 시술 전, 시술, 시술후의 3단계에 걸쳐 냉각 가스가 스프레이 방식으로 뿌려져 충분히 냉각을 시켜주는 형태로 되어있다. 또한 핸드피스에 장착된 팁(tip)을 통해서 높은 에너지가 출력되는데 만약 팁(tip)의 표면이 균일하게 피부에 접촉되지 않을 시에는 균일한 에너지가 출력되지 않아 안정성에 문제가 발생할 수 있으나 기기의 팁 각 모서리에는 센서가 내장이 되어있어서 어느 한쪽으로 팁이 치우치게 되면 에너지가 출력되지 않게 되어있어 안전하게 시술을 할 수가 있다는 것이 장점이다.

(3) 기타 고주파기기

고주파(RF : 0.3㎒~0.6㎒)를 피하 깊은 조직에까지 투입하면 생체 열에너지로 변환되어 조직의 온도 상승과 혈관확장으로 변형된 세포기능 정상회복, 혈액순환촉진, 지방분해, 호르몬 균형을 정상화시키며, 콜라겐 층을 자극하여 콜라겐 수축과 재생을 촉진시키는 효과로 Face와 Body의 균형을 회복시키는 기기이다.

① 적용분야

A. Face 케어

기미, 미백, 재생, 목주름, 표정주름, 눈가주름, 얼굴축소, 리프팅, 아이-백, 다크서클, 여드름 등

· 기미 미백 : 혈액순환 촉진, 호르몬균형 정상화, 산소공급, 독소 노폐물 배출하여 세포조직 활성화, 멜라닌 색소분비를 억제, 착색된 멜라닌 색소를 분해하여 피부를 맑고 깨끗하게 한다

· 여드름 : 항균(박테리아, 바이러스)작용, 피지선을 정상화시켜 피지분비를 조절하고 피부 재생을 촉진하여 여드름을 관리한다.

· 탄력 : 혈액순환, 림프순환을 촉진시키고 심부발열로 뭉친 근육을 풀어주고 지방을 분해 배출시키며 세포의 활성화로 탄력을 준다.

· 축소 : 혈액순환과 림프순환을 촉진시키고 콜라겐, 엘라스틴 섬유를 자극, 재 생성 시켜 늘어지고 처진 피부탄력을 회복시킨다.

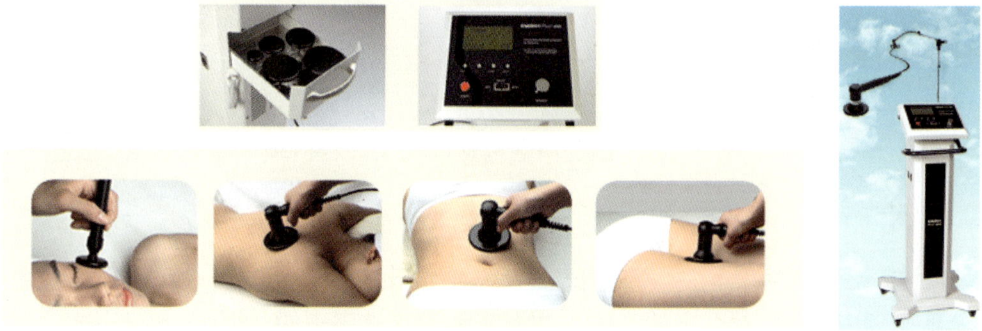

그림 6-8. 고주파기기와 시술 장면

· 잔주름 : 생체 열에너지로 산소공급을 원활히 하고 공해물질을 정화시켜 세포를 활성화하고 콜라겐과 엘라스틴의 합성을 촉진시켜 주름을 완화 시킨다.

B. Body 케어

등, 복부관리, 가슴(축소, 탄력, 업), 힙-업, 발 관리, 팔뚝관리, 허벅지, 종아리 관리

· 등 : 스트레스, 과로, 잘못된 자세 등으로 깊숙이 뭉쳐 있는 근육과 인대 건을 이완시키고 자율신경과 교감신경을 활성화시켜 등을 매끈하게 관리한다.
· 복부 : 혈액순환, 림프순환 촉진에 의해 독소가 배출되고 장기기능 정상화, 숙변제거, 내장지방을 분해시키고 이뇨작용 활성화로 탄력 있는 복부로 관리한다.
· 힙/하체 : 체중, 중력에 의해 하체의 혈액순환이 안되고 노폐물이 많이 쌓여 냉하고 셀룰라이트가 많은 곳으로 심부발열로 관절부위의 건, 인대, 뭉쳐있는 근육을 통증없이 풀어 주고 지방을 분해하여 탄력 있게 관리한다.
· 가슴 : 신진대사 촉진으로 인한 혈류량증가, 산소 흡수도 상승, 부신, 난소를 자극하여 호르몬 분비를 정상화시키며 유선, 유근을 자극 활성화하여 탄력성 회복시킨다.

C. 두피 케어

모근강화, 탈모예방, 발모촉진, 모발강화

· 두피 : 모근과 모근세포를 활성화시키고 카로틴, 콜라겐, 엘라스틴 섬유를 활성화시킨다.

3) 초음파기기

초음파는 진동 주파수가 16㎑이상으로 인간의 귀로는 들을 수 없는 불 가청 진동음파이다. 그 중에서 치료용 초음파는 1~3㎒의 주파수를 이용하고 있으며, 초음파가 조직에

미치는 효과는 온열과 비 온열 효과로 구분된다. 온열효과로는 말초동맥의 혈류량 증가, 대사변화, 연부 조직에 신축성 증가의 효과 등으로 물리치료, 염좌 회복, 통증감소의 목적으로 사용되고 있으며, 비 온열 효과로는 조직회복, 정맥류궤양의 치료, 욕창의 치료, 허혈 근육의 혈류개선, 건의 재생, 섬유아세포의 활성화에 이용되고 있다.

이러한 초음파는 기체, 액체, 고체 등의 매질 속을 진행 할 때 분자의 진동을 발생시켜 매질 속에서 분자가 종, 횡으로 파동을 일으킨다. 피부에 초음파를 적용하면 조직의 분자에서 에너지를 흡수하여 선택적으로 조직의 온도를 상승시킬 수 있다. 에너지의 흡수는 단백의 함량이 많을수록 높기 때문에 근육은 지방 조직보다 에너지의 흡수량이 2~3배 정도 높은 성질이 있다.

초음파의 효과로는 피부 세포 간에 아주 미세한 진동을 일으킴으로서 세포에 대한 마사지 작용, 이완, 부종감소, 온열작용으로 인한 혈액의 흐름을 원활하게 하여 대사 활동을 촉진시키며, 발포작용으로 인한 모공의 클렌징으로 세정작용을 이용할 수 있으며, 피부전용 젤 성분을 피부 깊숙이 전달, 양질의 영양분을 공급 할 수 있는 투입작용을 이용할 수가 있어서 피부의 주름을 감소시키고, 신진대사를 촉진하여, 탄력을 회복시켜준다.

(1) 초음파의 효과

① 온열 효과

초음파의 온열효과 사용에 대한 일차적인 이유는 초음파가 5cm 또는 그 이상의 깊이로 조직의 온도를 상승시킬 수 있고 열 기전에 종속되어지는 생리학적인 반응 들은 증가된 콜라겐 조직의 신장성, 혈류의 변화, 신경전도 속도의 변화들, 통증완화, 증가된 효소의 활동성, 그리고 골격근의 수축성 활동에 대한 변화를 포함 시킨다. 3.0㎒에서 대부분의 에너지는 1~2cm의 깊이 안에서 흡수되어지며 1.0㎒의 주파수에서는 1~2cm 보다 더 깊은 조직까지 흡수될 수 있다.

초음파의 미세진동이 피부와 신체에 작용을 하면 조직의 세포 내에 마사지 효과가 나타내게 되고 세포구조의 이완, 부종감소, 신진대사 촉진, 생체구성 활성화, 거대 분자의 붕괴, 단백에 결합된 칼슘의 들뜸, 신경이나 근육 및 교원 조직 등의 단백 해축, 세포 내의 콜로이드 물질 점성도의 가역적 감소, 피부조직 내로의 영양 및 약물 전달하는 음파영동 등의 효과가 나타난다. 또한 골격근 온도와 혈류량 증가들이 증명되고 있다.

② 비 온열 효과

수중에서 초음파를 발생시키면 분자와 분자 간에 순간적인 공간이 생겼다 바로 없어져 버리는 상태가 되풀이된다. 이와 같이 하여 기포가 발생된다. 이것이 바로 공동 현상이다.

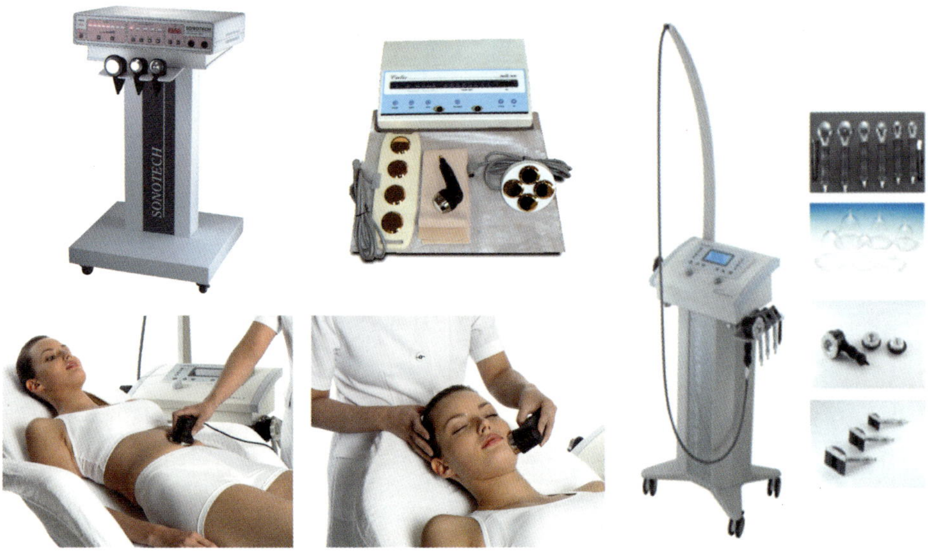

그림 6-9. 각종 초음파기기 및 관리

주파수가 높은 의료용 등의 초음파 기구엔 작고 눈에 보이지 않을 정도의 거품이 발생하여 물이 탁하게 되어 있다. 이 진동과 거품의 효과로 세정작용이 생긴다. 높은 주파수의 진동으로 인한 오염 물질을 떨어내 기포로 감싸버리는 것이다. 산업용으로 기구나 정밀부품, 안경 및 기타 오염물 제거 등 각각의 세정에 응용하고 있다.

(2) 초음파 기기의 작용

초음파 기기는 출력이 안전하고 약하게 설정되어 있고 그 진동을 피부로 느낄 수는 없지만 대단히 빠른 진동(100~300백만Hz/sec)으로 여러 기능이 있다.

(3) 초음파기기의 적용

피부 클렌징, 블랙헤드 제거, 여드름제거, 피부재생, 잔주름 제거, 살균소독, 각질제거, 색소침착분해, 미백효과, 피부노화방지

(4) 초음파기기 사용상의 주의점

① 사용 금기 : 급성질환자, 고열성 환자, 혈압 이상자, 심장질환자, 결핵환자, 임산부, 정형 수술 직후자, 피부염 환자, 패혈증 환자, 혈우병 환자, 여드름이 화농하여 염증을 일으킨 환자, 통각 및 지각에 장애가 있는 사람, 인공심장인 사람

② 사용 금기 부위 : 눈꺼풀이나 안구(눈동자), 입안 혹은 음부, 뇌와 척수 부위, 출혈성 부위, 상처 부위, 피부질환 부위, 성대 부위, 복부 부위, 악성종양 부위, 말초순환장애 부위
③ 목욕 중에는 사용하지 않는다.
④ 1일 1회 사용하고, 만일 2회 사용코자 할 때는 1회 사용 후 8시간 이상경과 후 사용한다.
⑤ 초등학교 이하 어린 아이는 사용하지 않는다.

(5) 초음파(28,000Hz) + Skin Scribber + 비타민 투입기기

지금까지의 초음파 미용기기는 1~3㎒, 즉 1초 동안에 100~300만회의 높은 주파수를 사용하고 있다. 높은 주파수라 함은 파장이 짧다는 것인데 파장이 짧으면 흡수되거나 확산되어 초음파의 침투력이 약해진다. 그러므로 주파수가 높으면 높을수록 감쇠가 많아진다.

스킨-스크러버의 주파수는 28,000Hz로서 종래의 미안기에 비하여 낮은 주파수를 사용함으로 큰 에너지를 갖고 침투력도 강하여 안정성 또한 뛰어나다. 또한 28,000Hz의 초음파는 물의 파동에 알맞기 때문에 물속에서 잘 퍼지는 성질을 가지고 있어, 인체(약 70%가 수분)에 반응하기 쉽고 안정성이 높다.

① 초음파 + Skin Scrubber + 비타민 투입기기의 효과

A. 세정/살균 효과

1초 동안에 28,000회의 초음파 에너지 진동에 의해 세정수가 엷은 안개처럼 되어서 모공속의 피지, 화장 찌꺼기를 유화시켜 유도전압으로 Probe의 선단에 끌어들여서 제거하고 동시에 처리 면을 살균한다. 여드름개선에 도움을 준다.

B. 스케일링 효과

Skin Scrubber 특유의 Probe에 의한 "박리 진동"에 의해 피부의 노화 각질 및 노폐물을 제거하여, 딥-클렌징, 피부의 세정, 살균, 필링(Peeling)효과를 준다.

C. 비타민(Vitamin) 투입 기능

비타민 투입 전용 모드로서 "비타민 C" 투입관리 시 사용한다.(비타민 C 앰플 침투) 전류파장(+, -)을 이용한 이온투입은 "비타민 C"를 피부 깊숙이 전달시켜 멜라닌 생성을 근본적으로 차단시키므로 기미, 미백관리에 도움을 준다. 또한 피부 속에 전달된 비타민은 활성산소를 제거하므로 노화를 방지하고 콜라겐과 엘라스틴의 합성을 촉진하여 잔주름 제거와 피부 탄력에 도움을 준다.

D. 리프팅(Lifting) 기능

- 미세전류가 "-" "+" 이온 전류가 교차로 흐르면서, 피부의 탄력성을 증대 시킨다.
- 초음파 에너지 진동과, 뼈나 근육에 대한 초음파 온열 효과에 의해 피부의 근육섬유가 활성화되어 주름, 처짐을 회복하는데 도움을 준다.

E. 멜라닌 분해 효과

기미의 원인 멜라닌 색소를 활성화시키는 티로시나제 효소의 고리를 유도전압으로 제거하여 분해된 멜라닌 색소를 노폐물로 배출시킨다.

F. 침투효과

초진동의 운동과 유도전압 환원법에 의해 엷은 안개처럼 된 투입액을 보다 강한 침투력으로 유효 성분이 심부에까지 침투하도록 한다.

G. 마이크로 마사지 효과

손 마사지와는 비교가 되지 않는 속도와 침투율로 피하 조직을 마이크로 단위로 자극하는 섬세한 마사지로 피부조직을 활성화한다.

(6) 초음파(1~3MHz) + Skin Scrubber + 비타민 투입기기

① 초음파 시스템(Ultrasound system)

- 클렌징(Cleansing) 기능 : 피부와 모공속의 노폐물을 제거하여, 딥-클렌징 효과를 준다.
- 스케일링(Scaling) 효과 : 피부의 세정, 살균, 필링(Peeling) 효과를 준다.
- 침투(Permeation) 기능 : 비타민 투입전용모드로서 "비타민 C" 투입관리 시 사용한다.
- 리프팅(Lifting) 기능: 미세전류(+, -)이온 전류가 교차로 흐르면서 피부의 탄력성을 증대시킨다(접지봉과 함께 사용).
- 연속(Continuous) 주파수 관리 : 1MHz의 초음파가 일정한 주파수로 계속적으로 흐르게 하여 체지방을 분해한다. 주로 지방분해 및 셀룰라이트 관리에 사용된다.
- 펄스(Pulse) 관리 : 1MHz의 초음파가 일정한 간격으로 흐르게 하여 탄력적인 파동을 이용하여 콜라겐과 엘라스틴의 합성 및 제품투입시 사용된다.

② 전기 이온 영동법(Iontophoresis)

이온영동법(iontophoresis)은 그리스어로 introduction of ions(이온의 도입)이라는 의미가 있으며, 치료 목적으로 전류를 이용하여 체내의 조직으로 이온을 투과하는 방법이다. 일반적으로 5~30mA의 전류를 이용하여 피부 속으로 전하를 띤 약물의 침투를 증가시키는 방법이다.

그림 6-10. 비타민 투입기기

비타민 C와 같이 수용성인 성분은 쉽게 피부 속으로 침투하지 않는다. 침투원리는 직류 전류를 이용하여 원하는 이온 물질을 피부 내로 투과시키는 방법이다. 우선 투여하고자 하는 약물과 동일한 전하를 가지는 전극아래에 약물을 두고 약물과 반대의 전극을 체표면의 중립된 위치에 둔다. 그 후 환자에게 통증을 유발하지 않을 정도의 전류를 흘려주면 약물이 일정한 시간 동안 피부 조직 내를 통과하여 들어가게 된다. 전류의 강도와 시간에 비례하여 침투되게 된다. 이와 같은 이온영동법을 시행하기 위해서 약물은 이온화 되어야 하고, 원하는 효과가 피부표면과 가까운 곳에서 일어나야 한다.

A. 장 점

- 무통 시술 : 주사와는 달리 일반적으로 통증이 없고, 주사에 대한 공포심과 주사바늘에 의한 조직의 손상도 없다.
- 전신 작용 및 위장장애가 없다 : 약물을 복용하지 않으므로 약물 복용에 따른 전신적인 작용이나 위장장애가 없다. 또 투여한 부위에 즉각적으로 효과가 나타나며, 국소적으로 높은 약물 농도를 유지할 수 있다.

- 이온

직류전류인(-)이온은 알칼리반응 으로 피부를 활성화 시키며 재생 관리 및 영양 액을 진피까지 침투시키는 역할을 한다. 마이크로 전류를 이용하여 피부 깊은 곳에 있는 색소에까지 이온화된 비타민을 투입, 기미, 잡티, 주근깨 등을 관리할 수 있다.

+ 이온

직류전류인(+)이온은 피부를 진정시키고 모공을 수축시키며 특히 여드름관리 및 클렌징 효과에 좋다.

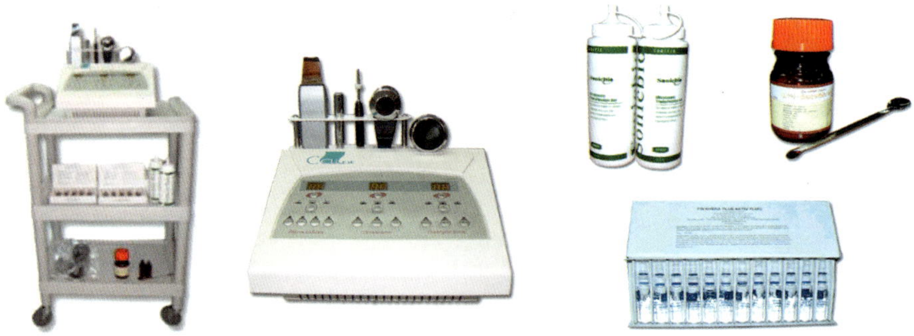

그림 6-11. 초음파(1~3MHz) + SKIN SCRUBBER + 비타민 투입기기

- 부작용이 거의 없다 : 이온영동법은 다른 방법에 비해 위험한 부작용이 없다.
- 약물투여량 조절이 용이 : 약물을 복용하는 경우 흡수된 약물이 간에 의해서 대사가 일어 날 수 있는 반면, 피부를 통한 전기영동은 약물의 투여량이 비교적 일정하므로 약물의 용량 조절이 용이하다.
- 혈관 분포가 없는 국소 부위에 약물 투여 가능 : 전신적으로 복용하는 약물은 혈관을 통해 원하는 부위로 약물이 이동하여야 효과를 나타내는데 비해 이온영동법은 혈관이 없는 부위에도 약물의 투여가 가능하다.

B. 적응증

- 피부 질환 : 이온영동법은 여러 가지 피부 질환의 치료와 피부 마취에 이용되고 있다. 대표적으로 다한증의 치료에 이용되고 있으며 그 외에 여드름 흉터, 아프타 구내염, 궤양, 진균 감염증, 사마귀, 단순포진, 백반증 등의 치료에 이용된 보고가 있다.
- 피부 미용 : 이온영동법은 이온화된 물질의 피부 침투를 돕는 방법으로서 메디컬 스킨케어에서 많이 사용되고 있다. 특히 여러 가지 색소질환의 원인 물질인 멜라닌의 합성을 억제하고 진피층의 콜라겐 합성을 도와주는 물질인 "비타민 C"의 침투에 이온영동법이 많이 이용되고 있다. 피부내에 흡수된 L-ascorbic acid(비타민)의 반감기는 4일 정도이다. 하루에 20분씩, 일주일에 2~3회 정도 치료가 가장 이상적이며 적어도 주 1회 정도의 시술을 권장한다.

C. 금기사항

- 전기에 예민하거나 전기기구(심장박동 조절장치)를 부착하고 있는 사람
- 투여하는 약물이나 유효물질에 과민 반응이 있는 사람
- 상처가 있거나 벗겨진 피부
- 최근에 생긴 흉터 부위
- 양쪽 측두골 부위나 눈 부위

D. 부작용

· 피부의 불편감 : 이온영동법시 피부가 따끔거리거나 찌릿찌릿할 수 있으나 일시적이다

· 피부자극 : 이온영동법 후 피부에 자극반응으로 발진이나 물집이 생길 수 있다.

· 과민 반응 : 치료 약물에 의한 알레르기 반응이 일어날 수 있으므로 환자가 특정 약물에 대해 과민 반응이 있는지 미리 확인해야 한다.

E. 효 과

· 항산화 작용 : 자외선에 의해 피부에는 활성산소가 발생한다. 활성산소는 피부노화의 주범으로 알려져 있다. "비타민 C"는 항산화제로 이런 활성산소의 작용을 억제한다.

· 콜라겐 합성 : "비타민 C"는 진피의 주성분인 콜라겐 합성에 보조역할을 한다.

· 미백작용 : 피부의 멜라닌 세포의 생성을 억제하고 산화된 멜라닌을 환원하여 색을 밝게한다

③ 스킨 스크러버(Skin scrubber)

피부의 세정, 유익한 성분의 투입, 활성, 지방세포 분해, 재생력에 도움을 준다.

④ Skin scrubber의 사용범위

· 여드름(acne) : 세균에 의한 감염(anti-bacterial effect)

· 딥-클렌징 : 피지의 과잉 분비에 대응한 모공 폐쇄 및 노폐물제거

· 각질 필링 : 초음파에 의해 거칠고 딱딱한 피부 각질 부위를 부드럽게 해줌으로서 각질이 쉽게 제거될 수 있는 상태로 만든다.

· 기미 및 색소제거 : 멜라닌 소체의 생성을 억제함으로써 색소 침착을 방지한다.

· 피부염증 : 주파수에 의한 흡수 계수의 차이를 이용하여 염증부위를 선별적으로 사멸 시키는 효과와 함께 강력한 혈액순환 작용에 의해 면역성을 증가시켜준다.

· 셀룰라이트 관리 : Skin Scrubber의 펄스모드는 초음파를 방출하여 지방세포를 이완을 시킴으로써 지방세포가 자체분해 되도록 한다.

4) 필링(Peeling) 기기

(1) 필링의 개요

필링(Peeling)이란 박피 즉 피부를 벗긴다는 의미이다. 그러므로 피부를 벗기는 모든 시술은 박피라고 할 수 있다. 피부의 때를 미는 것도 피부의 가장 윗부분인 각질층을 벗기는 행위이므로 박피라고 할 수 있다. 때를 밀고 나면 피부가 매끈하고 맑아졌다는 것을 일시적으로 느끼는데 이것이 박피의 효과이다.

박피의 효과는 피부를 깎아 내는 깊이에 따라 약간의 차이가 있으나 일반적으로 여드름의 개선, 잡티, 기미, 칙칙한 피부를 개선하는 미백 작용, 콜라겐 합성 촉진을 통한 탄력 및 주름 개선과 여드름 흉터의 치료 등을 목적으로 시행하게 된다.

박피의 종류는 시행하는 방법에 따라 피부 스케일링, 아미노 박피, 해초 박피 등의 화학적 박피와 물리적 또는 필링기기를 이용한 크리스털 박피, 다이아몬드 박피, 레이저 박피, 산소 박피 등 여러가지 방법들이 있으나 각각의 장, 단점 및 차이가 있다. 여기서 중요한 것은 어떤 방법을 사용하는 가하는 것 보다는 얼마나 깊이 피부를 벗겨내는 가하는 것이 박피의 효과와 부작용 등을 결정짓는 요인이 된다.

피부를 벗기는 형태는 크게 2가지가 있다. 피부는 주로 단백질로 구성이 되어 있기 때문에 화학적으로 단백질을 응고 시켜서 벗겨내는 방법이 있고 또 다른 방법으로는 물리적으로 벗겨내는 방법이 있다.

① 박피의 형태에 따른 분류

A. 화학적 방법

단백질을 응고시키는 대표적인 물질이 산이나 알칼리인데 박피를 위해서는 응고시키는 깊이를 쉽게 조절할 수 있는 TCA(Trichloroa-cetic acid)라는 산을 주로 사용하는데, 최근에는 살리실산, AHA(α-hydroxy acid), Jessner 's solution, BHA(β-hydroxy acid), 아미노산, 고체이산화탄소 등이 사용되고 있다. 피부 스케일링이나 해초 박피 등을 예로 들 수 있다.

B. 물리적 방법

물리적으로 벗기는 방법으로 피부를 태워 없애는 레이저 박피나, 피부를 기계로 깎아 내는 크리스털 박피, 다이아몬드 박피, 고 순도 산소와 물에 의한 피부 박리를 시행하는 산소박피 등이 있다.

② 박피 정도에 따른 분류

A. 얕은 박피(Light peeling) : 표피의 가장 윗부분 각질층 제거

얕은 박피는 표피의 가장 윗부분만을 얇게 벗기는 시술로 크리스털 필링, 스케일링, 아미노산 필링, 하이브리드 필링, 다이아몬드 필링, 런치 필 등이 있고 여드름 치료, 칙칙한 피부색조의 개선 등을 목적으로 시행한다.

박피 후 각질이 약간 벗겨지는 정도이므로 외출 등의 일상생활이 가능하다는 장점이 있어 많이 시행되는데, 단점은 벗겨내는 깊이가 얇기 때문에 여러 번 시술해야 원하는 만큼의 결과를 얻을 수 있다는 점이다.

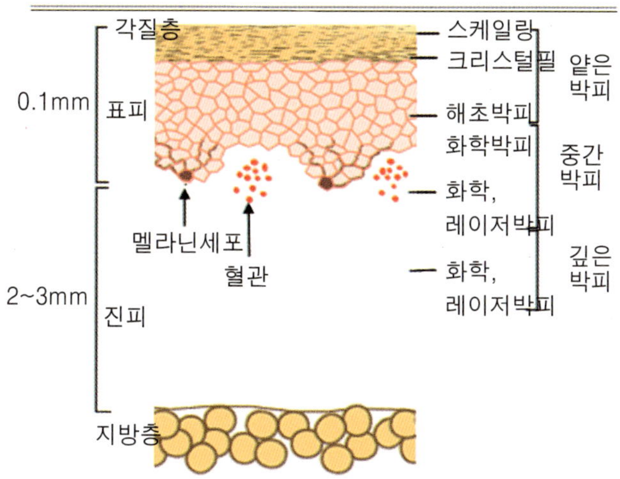

그림 6-12. 박피 정도에 따른 분류

B. 중간 박피(Medium depth peeling) : 표피 전층과 진피층 윗부분

중간 박피는 표피 전층과 진피층 윗부분을 깎아 내는 시술로 얼굴의 잡티나 칙칙한 피부 개선과 피부에 탄력을 주기 위해 시행한다. 중간 강도의 화학박피, 해초박피, 레이저박피 등을 예로 들 수 있고, 개인 차이는 있지만 보통 약 1주일 정도의 딱지가 생기게 되기 때문에 외출에 지장을 초래하게 된다.

관리의 부주의로 인한 딱지가 빨리 떨어지거나 피부 타입이 좋지 않은 경우는 박피 후에 색소 침착의 부작용도 발생 할 수 있어 사후 관리가 매우 중요하다.

C. 깊은 박피(Deep peeling) : 진피층의 1/3정도

깊은 박피는 진피층의 1/3정도까지 벗기는 시술로 일반적으로 주름의 개선이나 여드름 후에 생긴 흉터를 치료하기 위해 흉에만 부분적으로 시행하기도 한다. 화학 박피 중의 페놀 필링이나 도트필링(국소부위필링), 물리적 박피 중의 주름 제거용 레이저로 흉터를 깎아 내는 시술 등을 예로 들 수 있고, 중간 박피보다 회복 기간이 더 길고 사후 관리가 더욱 중요하다.

흉이 나 색소 침착의 부작용 또한 중간 박피 보다 확률이 높아 시술과 사후관리에 매우 주의를 요한다.

(2) 다이아몬드 필링(Diamond peeling)

다이아몬드는 가장 단단한 천연광물로 어떠한 화학적 반응을 일으키지 않고 인체에 무해한 물질이다. 다이아몬드 필링은 75~17㎛의 천연 다이아몬드 칩을 핸드피스에 부착하

여 강한 진공 압을 이용하여 피부를 마사지하는 효과와 조직을 탈피시키는 필링기기로서 피부의 가장 위에 있는 층인 각질층과 표피의 일부를 깎아내게 된다.

노화된 피부나 각질, 넓어진 모공, 여드름 흉터, 잔주름, 튼 살, 닭살, 미세한 흉터, 거친 피부, 햇빛에 의한 손상된 피부 등을 미세하고, 정교하게 깎아내는 미세 박피술이다.

다이아몬드 필링은 환자의 피부 상태를 진단한 후 피부에 가장 적합한 다이아몬드 칩을 결정하고, 진공 흡입장치의 음압을 조정한 후 시술 부위를 보다 안전하고 세밀하게 시술한다. 일반적으로 여드름을 치료하면 피부스케일링을 많이 하지만 다이아몬드 필링 치료에는 전반적인 피부스케일링의 치료가 모두 포함되어있으며, 피부개선효과도 추가로 볼 수 있다. 여드름 외에 피부 탄력이나 안색개선 등을 원한다면 시술 횟수를 늘리는 것도 가능하다.

① 특 징

- 마취가 불필요하며, 통증이나 출혈이 없다.
- 피부에 잔유물이 없이 얇게 시술하므로 즉시 화장이나 세안이 가능하다.
- 피지와 각질이 제거되어지는 것을 시술과정에서 직접 확인할 수 있다.
- 민감한 피부나 특수 박피를 하는 경우 일시적으로 시술부위가 약간 붉어질 수 있는데 일시적일 뿐 자연적으로 사라진다.

② 치료 횟수

박피와 재생을 겸한 약한 필링인 만큼 1회의 치료로 원하는 효과를 얻기는 어렵다. 개인의 특성에 따른 차이는 있지만 평균적인 치료횟수는 처음에는 1주 간격으로 4~5회, 다음에는 2주 간격으로 4~5회, 상태에 따라 그 후에는 1~2개월 간격으로 치료를 한다.

③ 적용 피부

지성피부와 넓은 모공, 여드름 피부와 흉터, 튼살, 닭살, 울퉁불퉁한 피부, 잔주름, 미세한 흉터, 칙칙하고 거친 피부, 잡티 등

그림 6-13. 다이아몬드 팁과 필링기기

④ 다이아몬드 필링 과정

· 클렌징
· 딥-클렌징
· 초음파 스케일링 및 피부건조
· 다이아몬드 필링
· 피부진정 로션 도포
· 피부타입에 따라 처방된 거즈(Gauze) 마스크
· 피부타입에 따라 비타민 마스크 혹은 Modelling 마스크
· 피부재생을 위한 Bioptron 조사
· 마무리를 위한 피부보호 크림
· 썬-프로텍션 크림

⑤ 주의 사항

· 무리한 각질 제거제나 스크럽제 등은 사용하지 않는 것이 좋다.
· AHA 성분을 함유한 제품은 피하는 것이 좋다.
· 사우나 및 땀이 날 정도의 운동을 금하는 것이 좋다.
· 자외선 차단과 진정과 보습을 충분히 해주는 것이 좋다.

(3) 크리스털 필링(Crystal peeling)

크리스털 필링은 1970년대에 처음 개발된 것으로 강한 진공펌프를 이용하여 특수하게 가공한 크리스털(알루미늄 옥사이드) 입자를 피부 표피층에 강하게 고속 분사하여 피부의 노폐물과 각질 세포를 제거하는 동시에 크리스털 입자와 함께 피부조직이 흡입구로 배출된다. 또한 진피층을 자극하여 미세한 선이나 잔주름 제거, 피지제거, 넓은 모공, 여드름 흉터, 튼살 등에 효과적이다.

크리스털 입자의 양, 진공 정도, 시술시간에 따라 박피의 깊이가 달라진다. 크리스털 입자는 천연광물로부터 추출한 것이기 때문에 부작용이 거의 없고, 피부에서 화학적 반응을 일으키지 않아 안전한 것으로 알려져 있다.

① 특 징

· 마취가 필요 없으며, 통증이나 출혈이 없다.
· 색소 침착 등의 부작용이 없으며, 시술 즉시 효과가 나타난다.
· 선천적으로 피부가 검은 사람의 경우에는 부작용으로 색소침착이 일어날 수 있다.
· 시술 후에는 자외선차단제와 보습제 등을 바르고 가능하면 알코올이 함유된 화장품은 바르지 않는다.

- 피부 스케일링 보다 약간 깊이 벗겨내고 치료효과도 좋다.
- 시술 후 3~4일 지나면 각질이 약간 벗겨지고 따가우면서 예민해 질 수 있다.
- 시술 후 얼굴이 약간 붉어질 수 있으나 일시적이며, 세안 및 화장이 가능하다.
- 일반적으로 크리스털필링과 다이아몬드필링은 진공압을 공통으로 사용할 수 있기 때문에 부속품만 추가한 복합기능의 형태의 단일기기로 출시되고 있다.

② 치료 및 횟수

박피와 재생을 겸한 약한 필링인 만큼 1회의 치료로 원하는 효과를 얻기는 어렵다. 개인의 특성에 따른 차이는 있지만 평균적인 치료횟수는 처음에는 1주 간격으로 5~10회 치료를 한다.

③ 적용피부

여드름을 치료하고 여드름 자국이나 얕은 여드름 흉터, 넓어진 모공, 잔주름, 닭살, 튼살, 울퉁불퉁한 피부의 개선, 잡티, 색소성 병변, 검고 칙칙한 피부를 맑고 투명하게 개선한다.

④ 크리스털 필링 과정

- 클렌징
- 딥-클렌징
- 초음파 스케일링 및 피부건조
- 크리스털 필링
- 피부 진정 로션 도포
- 피부타입에 따라 처방된 거즈(Gauze) 마스크
- 피부타입에 따라 비타민 마스크 혹은 Modelling 마스크
- 피부재생을 위한 Bioptron 조사
- 마무리를 위한 피부보호 크림
- 썬-프로텍션 크림

⑤ 주의사항

- 자외선차단제는 반드시 사용한다.
- 부분적으로 각질이 생길 수 있으므로 보습제품을 사용하도록 한다.
- 각질은 일부러 떼어내면 안 된다.
- 사우나 및 목욕탕은 피하도록 한다.
- 레티놀, AHA성분 등 박피성분이 함유한 제품은 피하는 것이 좋다.

표 6-14. 크리스털 필링과 다이아몬드필링의 차이점

구분	크리스털 필링	다이아몬드 필링
박피 매체	크리스털(Crystals) – Aluminum oxide VS. – Sodium bicarbonate	다이아몬드 Wand(팁)
시술 방법	· 극세 결정 Crystal powder를 분사하여 표피를 깎아내고 깎아낸 표피를 진공기로 흡입한다. · 1시간 30분 정도 소요되며, 보통 1~2주 간격으로 5~10회 정도하면 효과적이다.	· 다이아몬드를 입힌 Wand (팁)로 표피를 가볍게 밀어내면 연마된 표피는 진공기로 흡입한다. · 1시간 30분 정도 소요되며, 보통 1~2주 간격으로 4~5회 정도하면 효과적이다.
차이점	· 박피매체인 크리스털이 소모품이므로 가격이 비싸다. · ② 1~2개의 Wand(팁)만 박피에 사용된다. · Crystal 분사량, 압력 등이 일정치 않아 정밀/미세 박피가 곤란해 시술 도중 수시로 조절하면서 사용해야 하고 박피 내용물 확인이 불가능하다. · Crystal powder가 공기 중 부유하고 시술자 및 피시술자의 모발과 의복에 흡착된다. · Wand(팁)소독이 곤란하고, 소모품이다.	· 박피매체인 다이아몬드 Wand는 소모되지 않는다. · 표피상태 및 박피시술 부위에 따라 다양한 Wand로 박피 가능하다. · 박피부위의 박피상태를 시술자가 직접 육안으로 확인하면서 표피 밀착 강도를 자연스럽게 조절가능하다. · Crystal powder를 사용치 않으므로 공기 중 부유가 전혀 없어, 환경 친화적이다. · Wand(팁) 소독이 용이하다.

(4) 산소 필링

신체의 노화에 따라 신체내부 혈관을 통해 운반되는 산소의 양도 점차 줄어들어 피부노화의 주요한 원인이 되고 산소결핍은 피부호흡과 신진대사과정을 더디게 하여 궁극적으로 피부표면의 신진대사 기능이상을 초래하게 된다.

따라서 순수한 산소를 풍부하게 공급함으로서 신진대사 균형을 맞추고, 노화를 지연 시키며, 특히 피부에 있어서 콜라겐(Collagen) 및 엘라스틴(Elastin fiber)의 증가 및 강화 개선뿐만 아니라 여드름 유발의 박테리아를 제어 할 수 있게 한다. 또한 여성의 경우 나이가 들어 월경이 멈추는 폐경기가 시작되면 에스트로겐(Estrogen)이 50~60% 이상 감소하게 된다.

호르몬 불균형으로 인하여 신진대사가 저하되고, 탄력섬유(Collagen fiber)는 폐경기후 5년 이내에 약 30% 이상이나 격감되어 피부 처짐, 피부노화의 현상이 급격히 나타나게 된다. 따라서 내적으로 부족한 에스트로겐(Estrogen)과 아주 유사한 식물성호르몬(Phytohormone)을 피부에 직접 도포하고 산소필링을 통해 다량의 좋은 산소와 함께 피부 기저층까지 침투시킨다면 쳐지고, 주름지고, 얼룩진 노화피부를 개선시킬 수 있다.

① 산소 필링의 특징

- 고 순도 산소와 물에 의한 피부 박리
- 피부조직학적 변형이 전혀 없고 부작용이 없다.
- 자극이나 출혈 및 통증이 전혀 없다.
- 초강력 피부세정 효과로 죽은 각질세포 제거
- 두피 관리 및 마사지
- 리프팅 및 마사지 림프드레나쥐 효과
- 피부 깊숙이 산소 공급 및 아로마테라피 효과
- 여드름이나 피부트러블로 인한 피부상처부위 재생 및 치료
- 시술시간이 짧고, 시술 후 세안이나 메이크업이 즉시 가능하다.
- 시술 후 홍반 및 색소침착 또는 탈색이 없다.

② 적용 피부

- 피부 스케일링 및 여드름 피부 재생 및 치료
- 산소공급 + 피부세정, 소독 + 탄력작용으로 노화 피부 개선
- 기미피부 및 눈 주위, 입 주위 잔주름 제거
- 특수영양물질 투입 및 피부 미백효과
- 미용수술 전, 후 관리
- 두피관리(두피스케일링, 가려움증, 비듬)

③ 구성 성분

산소 필링은 산소, 비타민 C, GA, AHA가 동시에 이루어져 피부에 과도한 각질을 제거하고 재생과 미백을 동시에 치료하여 피부가 맑고 깨끗한 느낌이 지속되게 해주는 필링이다.

A. GA(Glycolic acid) 30%

- 피부에 자극 최소화 및 피부를 안전 하게 스케일링 해준다.
- 입자의 크기가 작은 GA 성분이 각질세포와 사이의 간격을 완화시키고, 모공 속 깊숙이 산소를 침투시킨다.

B. 다양한 AHA

- 천연보습성분 우레아(Urea : 요소) 함유.

· 순수 비타민 C(L-Ascorbic acid) 100%가 파우더 형태로 되어 있다.
· 빛과 공기로부터 차단되어 불안정한 비타민 C가 산화나 손상되지 않고, 보존되어 있다.

C. Fruit masks

· Rose mask : 건성 노화피부에 적합. 피부재생 효능으로 유명한 로즈 힙 오일이 함유되어 있으며 충분한 수분공급 기능을 하여준다.
· Banana mask : 다량의 다당류성분으로 피부에 보습을 주면서 진정을 시켜준다. 예민한 피부에 적합하다.
· Apple mask : 맬릭산의 함유로 지성 피부에 적합하다.

④ 작용원리

· GA 30% 성분으로 각질세포사이의 간격을 완화시키고, 모공 속을 열어놓는 작용을 하면서 산소를 침투시킨다.
· 다양한 AHA 성분들이 플루오레세인, 비타민 C 파우더와 혼합되어, 캡슐이 터지면서 산소 발생이 활발하게 시작된다.
· 마사지 작용으로 인하여 더 많은 캡슐이 터지고 산소발생이 더욱 활발하게 일어난다.

⑤ 산소공급원리

A. 플루오레세인 나트륨(Fluorescein sodium) : 산소발생성분

산소를 발생시키는 형광 빛 특수성분인 Fluorescein sodium은 알칼리 수용액에서 강렬한 녹색형광을 발하며, 이 형광은 다량의 물을 넣어도 없어지지 않으나 산성 상태에서는 없어지고 다시 수산기가 많은 알칼리 상태가 되면 녹색 형광이 나타난다. 약산성 상태인 순수 비타민 C와 결합을 하면 비타민 C는 나트륨과 결합하고 플루오레세인은 수산기(OH)가 많이 녹아있는 용액에서 수소(H)분자를 끌어오면서 자연스럽게 산소를 발생시킨다.

B. 캡슐형 플루오레세인 나트륨(Capsulated fluorescein sodium)

산소 필 세트에서는 이 산소방출 성분을 캡슐화 시켜, AHA 베이스의 산성용액인 젤 #1과 젤 #2에서도 형광색 빛을 발하면서 안전하게 보존되게끔 특수 처리되어 있다.

⑥ 치료효과

각질층은 천연 보습인자(NMF)들이 증가하며, 모공 속에서 서식하는 여드름 균(P.Acne)을 GA와 산소 공급으로 인하여 자연 살균시키며, 비타민 C와 산소공급으로 기저층에 있는 멜라노사이트의 멜라닌 생성 억제시키며, 콜라겐Ⅲ 타입의 생성이 증가되어 피부의 탄력증진효과를 가져오게 한다.

MEDICAL
Skin Care

제 7 장

메디컬 의료장비를 이용한 시술법

제 7 장 메디칼 의료장비를 이용한 시술법

1. 메조테라피

1) 개 요

메조테라피(Mesotherapy)는 프랑스에서 전통적으로 내려오던 의학을 1952년 피스톨(Pistor)이라는 의사가 처음으로 현대의학으로 접목시켜 시작한 치료방법으로 류마티스 등 통증 치료를 위해 시술되다가 현재는 에스테틱 분야와 셀룰라이트 치료 등 다양한 영역에서 시술되고 있다.

현재 프랑스에서는 16,000명의 의사가 메조테라피를 하루에 약 6만명의 환자에게 시행하고 있으며 1987년 정규 의학과목으로 채택되어 교육하고 있다. 유럽, 남미 등 다양한 나라에서 나라에서 치료를 하고 있으며 2002년 말 미국에도 도입되었고, 우리나라의 경우도 최근 4~5년 사이에 도입되어 치료를 시작하고 있다.

2) 원 리

메조는 그리스어로 중간(middle)을 의미하는데, 신체는 태생기 때 외배엽, 중배엽, 내배엽으로 구성되어 있으며 태생기의 90%가 중배엽으로 되어있다. 중배엽에서는 피부 진피와 같은 결체조직 뼈, 지방, 근육, 연골 등을 형성한다. 메조테라피는 중배엽 조직을 자극해서 치료효과를 얻는 치료를 통틀어 말한다.

기존의 약물이나 주사와 같은 방법 대신 직접 목표하는 부위에만 주사를 하기 때문에 적은 양으로도 효과를 극대화할 수 있고 약물의 전신적인 부작용을 최소화 할 수 있다.

피스톨(Pistor)의 말을 빌리면 "소량을 빈번하지 않게 정확한 지점에(A little, not very often, in the right spot)"로 요약할 수 있는데, 치료부위에 들어가는 약물은 경구(經口) 용량의 1/10~1/60에 불과한 적은 소량을 사용하여 해당 부위에 1~2주에 한번 정도 시술하여 서서히 약물이 흡수되게 하면서 효과는 1~2주간 유지된다.

3) 시술방법

일반적으로 수기(manual method)나 메조건(Meso-gun)을 이용하여 일반 주사바늘 보다 훨씬 가는 30G를 사용하여 피내 혹은 피부 바로 아래에 주사하게 된다.

(1) Coating(Multi-pricking injection, Nappage)

피내 코팅(Intradermal Coating ; IDC) 혹은 나파쥬(Nappage)라고도 하며 미용 목적의 메조테라피에서 많이 사용하고 있는 방법이다. 주사기에 일정한 압력을 계속 유지하면서 초당 2~4회, 2~4mm 깊이로 시술한다. 셀룰라이트 정도가 심하지 않을 때 사용한다. Step-by-step 방법에 비해 주사액의 1/3 정도만 주입되며 출혈 빈도가 훨씨 낮고 감염 등의 국소 부작용 위험도 적다.

(2) Step-by-step injection

시술 부위에 주사할 때마다 주사기에 압력을 가해 약물을 투여하는 방법으로 주입되는 약물 용량이 일정하지 않고 papule이 생기기도 한다. 정도가 심하거나 오래된 셀룰라이트, 혹은 반흔이 동반되어 있을 때 사용한다.

4) 사용약물

메조테라피에 쓰이는 약물의 종류는 매우 다양하며 주로 미세혈류순환이나 지방분해를 촉진시키는 약물과 부종이나 결합조직의 이상을 개선하는 약물 3~4가지를 혼합하여 사용하는 경우가 많다.

① 미세 혈류 순환을 촉진하는 약물 : Buflomedil, Pentoxifylline, Calcitonine, Procain 등

② 지방분해를 촉진하는 약물 : Caffein, Pentoxifylline, Calcitonine 등

③ 수분저류와 부종을 개선하는 약물 : Caffein, Dicyanone, Calcitonine 등

④ 결합조직의 이상을 개선하는 약물 : Vitamin C, Thiomucase 등

5) 금기증

허혈성 심장질환, 당뇨병, 신장질환, 항응고제(Anti-coagulants), 임신, 약물에 과민반응을 보이지 환자의 경우에는 메조테라피를 시행하지 않는다.

6) 메조테라피와 셀룰라이트 치료

50여 년전 메조테라피가 나오기 이전에도 “multiple injection” 이 셀룰라이트 치료로 이용된 적이 있다. 현재까지 획기적인 셀룰라이트 치료법이 나오지 않은 상태에서 메조테라피는 셀룰라이트의 효과적인 치료법 가운데 하나로 자리매김하고 있다. 셀룰라이트 이외에 탈모, 반흔, 켈로이드, 튼살, 정맥류 등의 치료에도 메조테라피가 이용된다.

셀룰라이트 부위가 깊고, 몸매 선의 변화를 초래했을 경우 6mm needle 로 Step-by-step injection을 시행한다. 정도가 심하지 않거나 젊은 여성의 셀룰라이트는 IDC를 시행한다.

셀룰라이트 부위 혹은 하지의 혈관축을 따라서 허벅지 안쪽과 장딴지의 후외면에 micro injection 하며 주사 1회에 약물 0.05~0.1mm을 투여한다. 처음 2~4주간은 매주 한 번씩, 이후 2~3개월간 15일 마다, 그 다음에는 한 달에 한번씩 시술한다.

셀룰라이트가 완전히 없어진 상태보다 초기의 30~50% 개선된 상태를 목표로 정한다. 체중이 다시 증가하면 셀룰라이트도 재발할 수 있다.

7) 메조리프팅(Messo lifting)

메조테라피는 주름치료에도 매우 효과적이며 메조리프팅라는 이름으로 불리우며 보톡스가 표정주름을 만드는 근육을 이완시켜서 표정주름을 없애는 효과를 나타내는 반면 메조리프트는 피부의 진피층에 피부 탄력을 증가시키는 약물을 직접 주입함으로써 피부 탄력을 근본적으로 되찾게 해준다.

즉, 피부콜라겐 형성을 촉진시키는 것으로 효과가 입증된 성장인자 (Growth Factor), 비타민 C, 각종 미네랄과 아미노산 등을 피부에 직접 주입함으로서 주름을 없애고 탄력있는 피부로 만들어 주는 것이다. 따라서 메조리프트는 약물을 직접 진피층에 주입하기 때문에 기존의 어떤 방법보다도 피부흡수율이 높일 수 있다.

8) 메조알로페시아(Messo alopecia)

메조테라피를 탈모에 적용할 수 있는데 탈모에 효과적인 여러 약물 등을 두피에 주입함으로써 직접 모낭에 약물이 작용할 수 있도록 도와준다. 프로페시아 등 탈모 관련 약물

치료와 함께 메조테라피를 시행하면 좀 더 효과적인 탈모치료가 가능하다. 메조테라피 탈모는 주입한 약물이 전신적으로 흡수되지 않고 두피에만 흡수되기 때문에 그에 따른 부작용이 훨씬 줄어들게 되며 혈액순환제, 비타민, 탈모억제제 등 탈모에 효과적인 약물들을 혼합하여 모근에 가장 가까이 닿도록 직접 주사하는데 이때 메조건을 이용하여 약물의 두피의 2~3mm 깊이로 주사한다.

메조테라피는 모든 탈모에 효과적인 것은 아니며 심하게 탈모가 진행된 경우에는 궁극적으로 모발이식이 추천되며 탈모 메조테라피는 두피에 혈액 순환을 촉진시키고 영양분을 모발에 직접 공급하기 때문에 모발의 생성을 촉진하고 퇴행을 늦춰주는 효과가 있지만 대사성 질환, 전신질환에 의한 탈모, 약 부작용으로 인한 탈모, 대머리 등에게는 큰 효과가 없다.

9) 메조보톡스

메조보톡스는 메조테라피와 보톡스를 합성한 말로 표정주름에 주로 효과가 있는 보톡스와 피부 에 탄력을 주는 메조리프트가 병용되는 피부노화방지 시술법으로 메조리프트에 사용하는 약물과 일반적으로 사용하는 보톡스 희석액보다 묽게 희석한 보톡스를 혼합하여 근육이 아닌 피부층에 주사한다.

보톡스를 소량만을 사용하여 부작용이 적고 자연수러우며 얼굴 전체 시술이 가능하며 모공 축소, 탄력 개선 리프팅 효과를 볼 수 있다고 한다.

시술방법은 기존의 보톡스와는 달리 메조리프트와 유사하게 시술하며 스케쥴 역시 2주 간격으로 반복해서 5~6회 맞게 된다.

탈모와 코퍼펩타이드 (Copper peptide)

모낭을 약화시켜 모발의 성장을 저해하는 안드로겐형 탈모의 원인물질인 DHT(Dihydrotestosteron)는 피부의 피지선과 땀샘에서 분비되며 이는 남성호르몬으로부터 5αR 효소의 작용에 의해 생성된다. 남성호르몬(testosterone)을 DHT로 바꾸는 효소인 1형 5αR는 주로 피부의 피지선, 진피, 모낭 각질세포, 모유두, 땀샘에, 2형 5αR는 주로 전립선, 정낭, 모낭의 내모근초 부위에 분포한다.

5αR 1 & 2형을 억제할 수 있는 유일한 금속이온이 바로 copper임이 알려지면서 활성 단백인 copper peptide가 탈모예방 목적의 다양한 상품의 원료물질로 이용되고 있다.

2. 마이크로니들링

1) 개 요

메조롤러나 메조스탬프 등을 이용하여 미세한 Needling을 통해 약물이나 화장품 등 각종 유효성분의 피부 침투를 증대시켜주고 피부의 자연적 상처치유(Wound Healing) 작용을 통해 콜라겐 생성을 유도시켜주어 피부의 전반적인 상태를 개선시켜주는 시스템으로 각종 피부 미용(노화, 여드름 흉터, 탄력, 재생 등) 및 탈모관리에 이용되는 시스템이다.

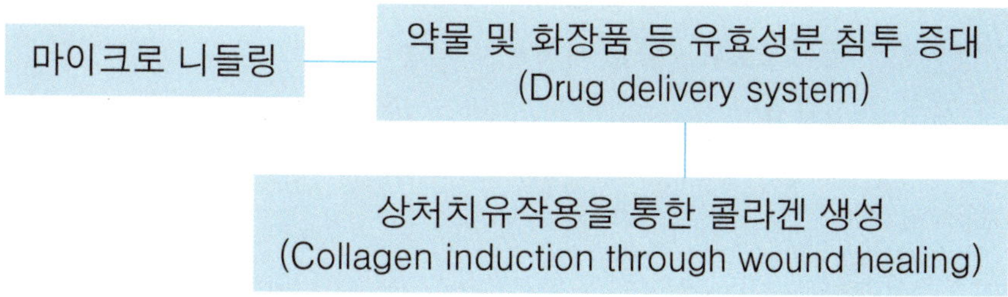

2) 마이크로니들링과 효과 기전

마이크로니들링을 이용하면 Microneedle을 이용하면 단시간내에 표피층과 진피층을 직접 관통하는 새로운 통로를 만들고 이를 통해 놀라운 각종 약물 등을 용이하게 전달할 수 있는 체계가 구축된다.

아울러 진피층에 자극이 되어 출혈이 발생하게 되면 세포는 자연적 상처 치유(Wound Healing) 작용을 일으키고 이로 인해 자체 콜라겐 생성을 유도하게 되어 주름 및 색소침착 완화, 피부톤 개선 등 피부세포 자체의 복원능력 극대화를 통한 항노화 시스템을 갖추게 된다.

3) 마이크로니들의 종류

니들의 길이는 다양하게 존재하며 보통은 0.5~2.0mm 정도 길이의 니들을 이용한다.

구 분	목 적
0.5mm	마취제 도포 후, 모공, 잔주름, 미백, 탈모 관리 등
1.0mm	얇은 여드름 흉터, 잔주름, 피부톤의 개선, 탄력회복 등
1.5mm	여드름 흉터, 흉터, 튼살, 피부탄력 등
2.0mm이상	심하거나 단단한 흉터 등

4) 시술방법

시술 부위에 클렌징을 하고 마취크림을 도포한 후(니들의 길이가 긴 경우에는 수면마취를 하기도 한다.) 일정 시간이 경과한 마이크로 니들링을 실시한다. 니들링을 할 때에는 가로, 세로, 대각선 방향으로 촘촘하고 조밀하게 누락되는 부분이 없게 시행한다. 또한 동일한 부위가 반복되어 시행되지 않도록 유의하면서 니들링을 진행하고 시술부위의 면적에 따라 다르나 대게는 10분전후로 시행한다.

5) 금기증

다음의 경우에는 마이크로니들링을 시행하지 않는다.

(1) 피부 감염성 질환자
(2) 심한 여드름
(3) 출혈성 질환
(4) 당뇨합병증
(5) 켈로이드 체질
(6) 그 외 중대 질환자

6) 시술 후 유의사항

(1) 얼굴이 붉어지는 현상은 대게 2~3일 정도 지나면 없어진다.
(2) 시술 후 1~2일 정도는 얼굴이 붓고 따끔거리나 이것은 정상적인 과정이다.
(3) 시술 후 5일 정도는 사우나나 뜨거운 욕탕, 과다한 운동(땀), 마사지를 피한다.
(4) 24시간이 지나면 세안 및 화장이 가능하다.

성장인자(Growth factor)

어떠한 자극에 의해 출혈이 발생하면 우선 혈소판은 지혈을 담당하게 되고 외부로부터 침입된 이물질을 항원으로 인식하여 호중구, 대식세포 같은 면역세포들은 상처부위로 이동하여 상처치유에 필요한 각종 활성물질들을 분비하게 되는데 그 중에서 상처치유에 직간접적인 영향을 주는 중요한 물질이 바로 성장인자(Growth factor)이다. 성장인자는 세포의 증식과 분화를 촉진시켜주는 활성단백으로 그 종류는 매우 다양하며 대표적인 것으로 EGF(Epidermal growth factor)가 있다. EGF를 비롯한 각종 성장 인자들은 상호 작용을 통해 콜라겐과 엘라스틴을 합성하는 섬유아세포(Fibroblast)의 증식에 직접적으로 관여함으로써 상처치유에 매우 중요한 역할을 하게 된다.

(5) EGF 등이 함유된 재생크림 사용하면 빠른 효과와 회복을 기대할 수 있다.
(6) 각질을 인위적으로 벗겨내면 안된다.
(7) 강한 자외선은 피하고 자외선 차단제 사용을 권장한다.

3. 메디칼 필링(박피술)

박피술이란 피부를 깎아 내거나 아니면 한번 벗겨낸다는 뜻으로서 기계적, 물리적, 화학적 매체를 사용함에 따라 기계적 박피술, 화학적 박피술, 레이저 박피술 등의 명칭으로 사용되고 있다. 피부 박피술에는 여러가지 기술이 있으나 서로 공통적인 특징을 많이 공유하고 있어 가장 오래된 역사와 효능이 잘 정리되어 있는 기계적 박피술과 화학적 박피술을 중심으로 시행되고 있다.

1) 개 요

어떤 박피술이건 박피술의 근본 원리는 사실상 동일하다고 할 수 있다. 이것은 피부에 매개체를 통한 물리적인 자극을 주어서 피부의 일부를 제거함으로써 피부가 다시 재생되는 것을 이용하여 상처, 색소 침착 또는 노화된 피부를 개선시키는 것이다.

기계적 박피술의 형태는 수술 뿐 아니라 우리가 흔히 볼 수 있는 찰과상에서도 찾아볼 수 있다. 즉 넘어지거나 흔히 하는 말로 무릎이 깨져서 상처가 난 경우 깊지 않은 경우에는 대개 정상적인 피부로 재생이 된다. 그러나 한동안 색소가 침착되어 길게는 6개월, 짧게는 그 이전에 색소가 지속되었다가 없어지는 것을 관찰할 수 있다.

그러므로 같은 맥락에서 인위적으로 기계 등을 사용하여 피부에 손상을 가함으로써 피부의 재생을 유도하는 것이 기계적 박피술이고 화학적 약품으로 화상을 입히는 방법이 화학적 박피술이며 물리적으로 레이저 광선의 투과력과 열에 의한 화상을 입히는 것이 레이저 박피술이다.

박피술의 조직학적 소견은 그 매개체가 무엇이든간에 대개 동일하다. 즉, 인공적으로 물리적인 매개체를 통하여 피부에 손상을 주면 피부는 이에 대한 반응으로 재생하려는 노력을 보인다는 것이다. 이것은 마치 우리가 피부이식을 할 경우 공여부가 치유되는 과정과 아주 유사하다. 즉, 공여부의 피부 부속기관에 남아있는 피부의 표피 세포가 시술한 부위의 피부를 재생시킨다. 이러한 조직학 변화 중에 가장 두드러진 것이 Grenz zone이다. Grenz zone은 기존에 있던 진피의 콜라겐층을 밀어내고 새로이 형성된 콜라겐층을 의미하는데, 기계적 박피술에 의한 Grenz zone은 화확적 박피술과 비교해 볼 때 훨씬 덜 하다고 알려져 있다.

2) 박피술의 전 처치

1980년대에 이르러 미국의 피부과 의사 Kligman이 고안한 Formula를 기계적, 레이저 또는 화학적 박피술이든간에 미리 바름으로써 박피술 후에 생길 수 있는 변색, 탈색 또는 색소 침착 등의 합병증을 현저히 줄일 수 있게 되었다. 현재 레이저 박피술이나 TCA를 이용한 화학적 박피술에서는 이 전 처치가 거의 보편화되어 있고, 또 박피술이 끝난 후에도 후 처치로 사용하고 있으며, 얼굴에 색소 침착이 있었던 환자에게서는 Kligman Formula를 박피술 전후에 장기간동안 사용하는 것이 권장되고 있다.

Phenol은 특성상 전 처치를 하지 않아도 무방한 것으로 되어있으나 Phenol 박피술을 끝낸 후에 역시 합병증 및 부작용을 최소화하기 위하여 Kligman Formula를 사용한다.

3) 박피술의 주의사항

(1) 피부색

같은 한국 사람이라 하여도 피부색은 상당히 큰 편차를 보일 수 있는데, 백인과 유사하게 아주 하얗거나 또는 피부색이 몹시 검은색을 가진 사람도 있다.

피부의 진정한 색깔은 상박의 안쪽을 보면 정확하게 판단할 수 있다. 경우에 따라 자외선에 장기간 노출로 본래의 피부색은 희지만 얼굴색은 검어 보일 수 있기 때문에 정확한 판단을 위해서는 상박의 안쪽을 확인한다. 피부가 하얄수록 박피술상에서 예견되는 탈색이나 색소 침착의 가능성은 적으나 이런 경우 피부가 약한 사람이 많아서 깊이 조절에 유의해야 하며, 피부가 검고 피부 부속기관이 잘 발달되어 있고 피부의 땀구멍도 큰 사람들은 얇은 사람보다 같은 깊이에서는 부작용이 생길 확률이 적고 좀 더 깊은 깊이로 내려갈 수 있기는 하나 이때 오히려 비후성 반흔이나 켈로이드의 확률은 더 높다.

(2) 피부의 두께

두꺼운 피부일수록 화학적 박피술로 인한 주름살의 제거, 또는 상처의 제거 등에 보다 더 깊은 박피술이 요구되며 얇은 피부의 환자에게는 유두층 이하를 침범하는 박피술은 조심하여야 한다. 그리고 얇고 약한 피부를 가진 사람에게 있어서는 유두층 이하의 박피술만 하여도 잔주름이라든가 상처 제거에 상당한 효과가 있다.

그러나 두꺼운 피부인 경우 진피의 중간층까지 침범하는 깊은 박피술을 하여도 부작용이 좀처럼 나지 않는 경향이 있으나 일단 부작용이 생기면 전에 언급한 바와 같이 비후성 반흔이나 켈로이드가 생길 확률은 더 높다.

(3) 위험한 부위

안면부에서도 협부(뺨)나 이마 등은 비교적 피부가 두껍고 피부 부속기관이 잘 발달되어 있어 피부 재생에 문제가 없으나 눈 주변의 피부는 너무 얇아 깊은 박피술을 하였을 경우 반흔이 생기기 쉽고 피부가 반흔 구축을 할 염려도 있어 눈 주변의 상안검, 하안검은 유두층 이하로 내려가서는 절대로 안된다.

그리고 하악골을 따라 목선에 위치한 피부와 목에 있는 피부는 피부 부속기관이 가장 덜 발달되어 있고, 피부두께도 협부의 1/4 정도 밖에 되지 않을 뿐더러 또한 항상 목운동에 따라 tension(장력)을 받는 부위여서 유두층 이하를 침범할 경우 쉽게 비후성 반흔이나 켈로이드가 생길 수 있으므로 특히 조심하여야 한다.

4) 박피술의 종류

Microdermabrasion	Diamond Peel Crystal Peel
Chemical Peel	Phenol, TCA, AHA, Glycolic acid
Laser Peel	CO_2, Er, Fractional laser(Fraxel, Fixel)

(1) 기계적 박피술

기계적 박피술을 할 부위는 우선 피부가 두껍고 피부 부속기관이 잘 발달되어 있어 피부에 물리적인 손상을 주어도 자연스러운 재생이 가능한 곳이라야 좋은 효과를 얻을 수 있다. 그러므로 혈액 분포가 가장 잘 되어 있고 피부의 부속기가 잘 발달되어 있는 안면부에서 효과가 뚜렷하나 부속기관이 잘 발달되어 있지 않은 눈 주위 또는 턱선과 목 등에서 피부 재생에 문제가 생길 수 있어 상당한 주의를 요하고, 몸통과 하지의 내측면 등에는 효과가 좋지 못하다.

이러한 기계적 박피술은 질병이나 창상에 의한 반흔(여드름, 천연두) 또는 수술적 반흔 교정술 뒤의 피부를 고르게 하려는 목적으로 대개 사용되고 있다. 그러나 기계적, 화학적, 레이저 또는 냉동요법 등 어떤 방법을 택하든간에 가장 중요한 것은 깊이의 조절이며, 이때 진피층 중간 이하를 침범하면 피부 재생에 문제가 생기고 오히려 반흔이 생길 수도 있다. 진피의 전체 층을 침범하였을 경우에는 비후성 반흔 또는 켈로이드를 남길 염려마저 있으므로 항상 깊이 조절에 주의를 하여야 한다.

(2) 화학적 박피술

화학적 박피술은 20세기에 들어와서 본격적으로 사용되기 시작했고, 성형외과의 영역에 도입된 것은 1960년대 고농도의 Phenol을 이용하여 얼굴에 화학적 화상을 입힘으로써 화상의 상처가 치유됨과 동시에, 즉 화상의 딱지가 떨어지고 나서 그 밑에 젊고 새로운 피부가 돋아나게 하는 기술을 소개하였던 Baker에 의해서였다. 그는 당시 비의료인들이 시술하던 화학적 박피술을 연구하여 보다 더 의학적인 시선에 근접한 화학적 박피술을 소개하였고, 그 이후로 그가 사용하였던 것은 우리에게도 잘 알려진 Baker' s Formula이다.

그러나 이러한 박피술을 유색인종에게는 사용할 수 없어 한국인을 포함한 동양인들에게는 다만 학문적인 관심사였을 뿐 실제적인 임상적인 관심사는 아니었으나 1980년대부터 TCA(Trichloroacetic acid)를 이용한 박피술이 재차 등장하고 아울러 화학적 박피술에 대한 연구가 보다 더 진전되고 또 박피술을 위한 전처치 및 후처치 제제들이 개발되었다. 이에 따라 화학적 박피술은 1980년대 들어 다시 각광을 받게 되었으며, 이제 유색인종에는 화학적 박피술을 적용할 수 없다는 문제점은 각 화확적 박피술의 제제들이 갖는 약점을 보완함으로써 해결되어가고 있는 상태이다.

그러나 90년대 레이저 박피술이 등장함에 따라 화학적 박피술은 일단 미용외과 내에서 보편적으로 사용되기 보다는 아직까지 일부의 훈련을 받은 의사들에게서만 사용되고 있다. 가장 최근에는 Phenol 박피술이 한국인에게 시도되어 좋은 반응을 보이고 있는데, Phenol 박피술은 1960년대 이후 쇠퇴의 길을 걷다가 재등장하여 관심의 대상이 되고 있다. 화학적 박피술에 어떤 제제를 사용하든간에 가장 중요한 것은 깊이의 조절과 환자 자신이 갖고 있는 피부에 대한 이해라 하겠다.

① TCA(Tricholoracetic acid) 박피술

TCA를 이용해서 박피술을 할 경우 TCA에 중화제를 첨가하여 TCA의 작용시간을 연장시켜 얼굴에 백색으로 Frost가 앉는 것을 보아가면서 어느 정도 깊이 조절을 할 수가 있다. 이때 계속 손가락으로 안면부 피부의 어느 한 곳을 누르면 침투부위가 진피의 유두층에 있을 때까지는 진피 유두층의 수축으로 말미암아 손가락을 따라서 방사선 모양의 잔주름이 나타난다. 이 잔주름이 소실될 경우 이것은 유두층 이하로 박피술이 진행되었음을 나타내는 지표이고, 이때는 대개 얼굴에 전반적으로 진하고 하얗게 Frost가 앉게 된다.

즉, Frost가 앉은 것이 밑에 깔려 있는 안면 피부색이 통과되어 붉은 기를 띠고 있는 경우는 대개 표피의 기저 세포층을 침범하지 못한 경우이다. 또 이러한 방사선의 주름이 막 생기려고 할 때는 표피의 기저층을 침범한 것이고, 유두층을 침범한 경우 더욱 확연히 나타나다가 유두층을 벗어난 경우 소실되고 만다. 그러나 중화제를 섞지 않은 단독의 TCA를 사용하였을 경우 그 작용기간이 짧고 빨라 이러한 것들을 쉽게 놓치게 되므로 최근에 실시하는 TCA 박피술은 대개 50%의 원액에다가 중화제를 5:1 정도로 섞어 42%로 떨어뜨린 TCA를 사용하고 있다.

또 보고에 의하면 50% 이상의 TCA를 사용하였을 경우 비후성 반흔이나 케로이드를 형성하는 확률이 급격히 상승한다고 되어 있어 이와 같은 합병증을 최소화하는 데 안성맞춤이기도 하다.

이 시술은 박피로 파인 부분의 피부 깊숙한 진피내에 있는 섬유아세포를 자극하여 콜라겐과 엘라스틴의 합성을 증가시켜 재생과정을 거치면서 새 진피를 만들어 파인 곳이 차 올라오게 되는 것이다. 시술 다음날부터 시술 부위에 약 1주일 정도 갈색 딱지가 생기는 것 이외에는 크게 표시가 나지 않으며 가벼운 세안 등 일상생활이 가능한 안전한 방법이다.

② Phenol 박피술

Phenol 박피술을 이용하는 박피술은 TCA와는 달리 아직까지 이렇다할 객관적인 지표를 이용하여 깊이 조절을 할 수가 없다. TCA의 경우 Frost와 Epidermal slide를 보아가면서 어느 정도 깊이 조절이 가능하고 객관성을 갖고 있으나 Phenol을 이용하여 박피술을 하는 경우 Frost가 즉각적으로 나타나고 곧 금방 소실되는 까닭에 이를 이용하여 깊이 조절을 할 수가 없다. 그러나 현재까지 알려진 바로는 안면부에 도포되는 Phenol의 양과 도포하는 시간을 갖고 간접적으로나마 Phenol 박피술의 안정성을 부여하고 있다.

Phenol 박피술은 항시 심장에 부정맥을 일으킬 수 있으므로 너무 빨리 바르지 않도록 조심하여야 하며 한꺼번에 너무 넓은 면적을 바르지도 말아야 한다. 박피술 시행 직후 반창고를 이용한 마스크를 씌우기도 하며 이것은 Dr. Baker에 의하여 널이 보급되어 있기는 하나 반창고를 이용한 마스크가 남아있는 Phenol이 피부의 진피층에 도달하도록 도움이 되는가에 대한 것은 아직 논란의 여지가 많고, 그 효과에 대하여서도 의문을 제기하는 사람이 많다. 또 시술자에 따라 상당수는 반창고를 이용한 마스크를 씌우지 않고 개방성 창상 처치를 하고 있다.

Spot peel (Dots peel)

병원마다 명명하는 이름이 각기 다르지만 Spot peel, Dots peel, CROSS라고 불리우는 치료법은 모공이나 흉터 바닥에 TCA을 투입시켜주는 부분 필링으로 좁은 여드름 흉터나 넓은 모공 치료에 효과적인 방법으로 일반적으로 70~75% TCA(100%를 사용하는 곳도 있다)를 이용해 흉터가 생긴 부분을 집중적으로 박피하는 방법이다.

③ AHA

Alpha Hydroxy Acid 즉 AHA란 자연에 존재하는 과일산 종류를 총칭하는 것으로 기원전부터 피부미용에 이용되어 왔으며 안전하면서도 효과적이기 때문에 최근에 가장 많이 시행되는 박피술의 하나이다.

AHA는 십여 가지 종류가 있지만 그 중에서 피부침투가 가장 좋은 글리콜릭산(Glycolic acid)은 박피용으로, 젖산(Lactic acid), 타르타릭산(tartaric acid), 말릭산(malic acid)는 주로 보습제로 이용되고 있다. 따라서, AHA Peel하면 글리콜릭산 필(Glycolic acid peel ; GA peel)을 말하는데 일상생활에 전혀 지장을 주지 않기 때문에 미국에서는 '런치필'이라 부르기도 한다.

AHA필링의 효과는 AHA의 농도, 산도(pH)에 의해 좌우되며 5~15%의 저농도에서는 각질제거, 피부보습 효과가, 40~70%의 고농도에서는 각질층과 표피 일부를 떨어져나가게 하는 효과가 있다. AHA 필링의 효과를 높이기 위해 글리콜릭산 성분의 화장품을 필링 전, 후에 사용하는 것이 좋다.

약한 박피이므로 효과는 더디지만 매우 안전한 박피이므로 박피가 두려운 분, 효과가 느려도 안전한 치료를 원하는 분에게 적합하다. 보통 1주 간격으로 3~5개월간 치료하면 만족할 만한 결과를 얻을 수 있으며 이후 1달에 1~2번 정도 유지치료를 받는 것이 좋다.

5) 박피술의 부작용

(1) 비후성 반흔

비후성 반흔은 주로 깊은 박피술을 한 부위이거나 오랫동안 딱지가(2주 이상) 남아있던 부위, 또는 피부가 연한 곳이나 인위적으로 딱지를 뜯거나 긁어서 피부에 상처가 났을 경우 생기기 쉽다. 이럴 경우 저자의 의견으로서는 관찰 위주로 지나치는 것보다는 빨리 개입하여 조기에 치료하는 것이 훨씬 효과적이다. 이 경우 스테로이드를 직접 반흔 부위에 조사할 수도 있고, 주변 피부조직의 위축을 피하기 위하여 Demojet을 사용하거나 강력한 스테로이드 크림을 사용한다. 비후성 반흔은 대개 상처를 남기지 않고 사라지며 조기처치에 반응이 좋다.

(2) 켈로이드

국한된 피부가 두꺼워지며 홍반이 지속적으로 나타날 때 켈로이드에 대한 의심을 하여야 하고, 이는 비후성 반흔과 마찬가지로 박피술 2~3주 후부터 발견될 수 있다. 이때 비후성 반흔과 구분되는 현상으로서 피부가 두꺼워지는 현상이 빠른 속도로 진행되며 본래의 손상 부위를 넘어서 옆으로 번져나간다. 그리고 피부 표면이 분홍빛 붉기를 띄며 부드럽고, 햇빛에 반사되는 듯한 은빛이나고, 가려움과 따가움을 자주 느낀다. 이러한 것이 감지될 때 적극적인 치료법을 가능한 빨이 시작하고 켈로이드가 사라질 때까지 치료를 계속하여야 한다.

켈로이드의 형성 속도는 박피술의 깊이와도 관계있으며, 한국인의 겨우 백인들보다 그 빈도 수가 약간 더 높고, 박피술 후에 딱지에 감염이 생기거나 도는 갈라지고 터지거나 인위적으로 딱지를 뜯어냈을 때 생길 수 있다. 치료방법으로는 비후성 반흔에 준하여 초기 단계인 켈로이드의 경우에는 인터페론을 사용할 수가 있다. 그리고 하루에 12시간 이상씩 실리콘 겔시트를 사용할 수 있는데 이때 겔시트의 활동적인 섬유 아세포를 억제시킨다.

(3) 영구적인 변색

영구적인 변색은 팍피술 부위가 깊을 겨우 민감한 사람에게 간혹 나타날 수 있는 매우 드문 합병증이다. 그러나 이런것도 대개 일년 또는 그 이후에는 거의 정상 피부색으로 돌아온다. 환자 중 햇빛에 의한 손상이 심하거나, 비정상적인 색소 침착이 수술 전부터 있거나, 또는 기계적이나 Phenol을 이용하여 깊은 박피술을 한 경우 발생될 수 있다.

중화제란 무엇인가?

TCA 를 사용하든 Phenol 을 사용하든간에 각 화학물질이 갖는 독성을 순화시키고 작용시간의 변경, 또는 화학적 물질이 얼굴에 골고루 도포되도록 하기 위하여 화학적 제제에 어떤 첨가물을 섞음으로써 제제 본래의 성상은 변하지 않고 일부 작용만 변화시키려고 하는 의도에서 나온 것들이 화학적 박피술 제제의 중화제들이다.

예를 들어 중화제를 섞지 않고 증류수에 녹인 30%의 순수한 TCA를 사용하였을 경우 때에 따라서는 진피층에 깊숙이 침투되는 부위와 아주 얇게 침투되는 부위가 생겨날 수 있다. 이것은 순수 TCA 30%가 증류수 안에서 고르게 용해되지 않기 때문이다. 그러므로 이러한 침투의 불규칙성을 피하고자 사용하는 화학적 박피술 제제를 순화시키는 역할을 하는 것이 곧 중화제라 할 수 있겠다.

이러한 침투의 불규칙성을 방지하기 위해서는 중화제를 섞을 수 있을 뿐만 아니라 환자가 가지고 있는 피부를 화학적 박피술 전에 바꿔줌으로써 가능하다. 이것이 화학적 박피술 전처치의 기본 원리이다.

Phenol Melanin 세포에 강한 독성을 가지고 있어 탈색 현상을 막아보고 침투을 골고루 하기 위하여 여러가지 첨가물을 섞어 왔는데 그 중 우리에게 가장 잘 알려진 것을 Baker's formula 이다.

그러나 실상 TCA건, Phenol 이건간에 이러한 화학적 박피술 영역에서 중화제로서 가장 흔히 첨가되는 박피술 영역에서 중화제로서 가장 흔히 첨가되는 것은 글라이세린과 Propyene glycol 이다. 그러나 이런 것들은 그 형성 자체가 항상 안정되지 못한 상태에 있어 이런 첨가제들의 농도를 정확하게 이야기 하는 것은 대단히 어려운 일이다.

(4) 안검외반증의 형성

눈가의 피부는 대단히 얇고, 노화 현상으로서 안검 근육이 이완상태에 있을 수 있기 때문에 권고된 안전한 깊이보다 깊은 박피술을 시행하였을 경우 안검 외반증이 생길 수 있다. 이를 막으려는 Snap back test를 하여 안검 근육이 느슨한 사람에겐 특히 눈가 주위의 박피술은 얇게 하여야 한다.

4. 보톡스

1) 개 요

보톡스는 상한 통조림이나 썩은 고기에서 발견되는 혐기성 세균인 클로스트리디움 보툴리눔(Clostridium botulinum)이 생산하는 신경독소로 보툴리눔균의 7종류의 신경독소(A~G)중 A형 독소를 주로 정제한 것이 보톡스인데, 실제로 보톡스라는 이름은 미국의 제약회사인 앨러간(Allergan)이 시판하고 있는 근육수축 주사제의 제품명이다.

이 독소를 근육에 주사하면 신경전달물질의 전달을 막아 근육 움직임을 일정기간 마비시키는 작용을 하는데, 치료 목적으로 이용할 때는 인체에 전혀 영향을 미치지 않는 용량 이하를 사용하여 주사 부위의 근육만 국소적으로 마비시키는 원리를 이용하는 것이다.

보톡스의 이용은 1981년 인간의 사시 교정에 보툴리눔 독소를 처음 사용한 이후, 1990년대에 들어서는 주름제거를 위해 많은 의사들이 사용하고 있으며 2002년에는 FDA가 보톡스의 미용목적 사용을 승인하였고 현재 국내에서도 주름살 제거, 사각턱 교정, 얼굴 축소, 몸매교정 등 미용 분야에서 다양한 목적으로 사용되고 있다.

현재 우리나라에서 사용되고 있는 보툴리눔 독소는 Dysport(Beufour ipsen), BOTOX(Allergan), BTXA(Lanzhou institute) 이 있다. 각 회사의 제품마다 가지고 있는 특징이 명확하게 밝혀져 있지는 않지만 각기 다른 특성을 이해하고 쓰면 좀 더 좋은 결과를 만들 수 있을 것이다.

(1) Previous response to botulinum toxin

주름이 완벽하게 없어지는 것을 경험한 사람과 주름이 조금 남아있더라도 자연스러운 모습을 원하는 사람으로 분류된다. 예컨대 보툴리눔 톡신을 맞았을 때 어떤 시술이 되었나에 따라 선호하는 형태가 달라진다.

(2) Sex(성)

남자와 여자는 여러가지 다른 특성들을 가진다. 시술을 받는 형태나 시술에 임하는 대체적인 자세, 좋아하는 경향 등 매우 다르다는 것을 느끼게 된다.

(3) Muscle size and location

근육이 크기가 크면 필요한 보툴리눔 톡신의 양도 많아진다. 그러므로 일률적으로 Unit을 정해놓고 주사를 놓는 것은 비합리적이다. 정확한 부위를 잘 찾아서 주사를 놓는 것이 바람직하며 근육이 움직이는 방향이나 주름을 만드는 움직임을 잘 관찰하고 주사하는 것이 필요하다.

(4) Age

연령에 따라 즉, 주름의 많고 적음에 따라 투여량을 조절해야 한다.

(5) Occupation

직업의 특성에 맞는 인상을 디자인하는 것이 중요하다. 단순히 주름을 제거하는 것이 아니라 예술적 감각으로 디자인한다는 생각으로 주사를 놓다보면 좀더 나은 결과를 얻을 수 있을 것이다. 예를 들어 CEO들은 카리스마 있는 모습을 만들어 내고, 일반 가정주부는 온순한 인상을 만드는 것이 좋은 호응을 얻을 수 있을 것이다.

(6) Skin quality(Sebaceous vs. fine)

모공이 넓은 환자들은 대부분 피부가 두껍다. 피부의 두께에 따라 주사하고자 하는 깊이가 달라질 것이다. 유심히 관찰하고 주사를 투여하는 것이 필요하다.

(7) Laxity of Skin

피부가 많이 늘어져 있는 경우와 그렇지 않은 경우 여러가지 사항을 고려해 주사해야 할 것이다. 특히, 사각턱에 근주하는 경우에 피부의 늘어짐이 심한 경우 입술 끝 아래로 늘어지는 현상을 만들 수 있기 때문에 조심해야 하기 때문에 피부의 탄력을 유심히 관찰해야 할 필요가 있다.

(8) Asymmetry of the face

모든 사람은 좌우가 같지 않다. 하지만, 많은 사람들은 이 편차를 모르고 산다. 그러나 안면 주름 치료를 받고 나면 안면에 대한 관찰을 매우 열심히 하게 된다. 거울을 하루에 수십 번씩 보다 보면 마치 주사 때문에 좌우 불균형이 초래된 것으로 착각하기 쉽다. 그러므로 주사를 놓기 전에 좌우 편차에 대하여 충분하게 설명하고 난 뒤에 주사를 놓는 것이 필수적이다.

(9) Artistic balance of the face after procedure

보톡스 주사나 필러의 주입은 의학적인 접근이 필요한 시술이지만 예술적 감각을 가지고 주사해야 한다. 아름다움과 그렇지 못함은 0.01mm 차이이다.

(10) Expressional habits

시술 전에 환자가 어떤 버릇을 가지고 있는지 유심히 관찰해야 한다. 특히 안검하수가 있거나 Frontalism을 이용해 눈을 뜨는 경우에 보툴리눔 톡신을 주입하게 되면 눈을 뜨는 것이 매우 힘들게 되기 때문에 환자가 매우 불편해 할 수 있다. 어떤 특정 근육을 마비시킬때에는 그 근육이 어떤 표정을 담당하고 있는지 충분히 인지하고 얼마만큼 마비시킬 것인지 예상하는 것이 필요하다.

2) 보톡스의 장단점

보톡스의 특별한 장점은 바로 간단하고 안전하며 시술 시간이 5분~10분으로 여유롭고 간단하게 시술할 수 있다는 것과 또한 전신마취는 물론 국소마취를 하지 않고도 시술이 가능하는 것이다. 또한 얼굴에 칼을 사용하지 않기 때문에 회복 기간도 필요 없으며 영구적인 부작용도 아직까지 보고된 바가 없다.

하지만 보톡스는 효과가 영구적이지 못하다는 한계가 있으며 주름제거 효과의 경우 3~6개월 지속되므로 3~6개월마다 반복 주사를 맞아야 하는 번거로움이 있으나 이는 그만큼 안전하다는 것을 의미하기도 하며 부작용이 발생해도 3~6개월 만에 없어진다.

더모톡신

더모톡신 주사는 보툴리눔독소를 이용한 치료이지만, 기존의 보톡스 치료가 보툴리눔독소를 근육에 주사하여 표정근의 마비 효과에 의한 주름개선과는 달리 피부 표층에 주사해 피부를 리모델링함으로써 피부 탄력과 주름을 개선시키는 방법이다. 더모톡신 주사는 1~2회 시술로 효과가 있지만 많이 좋아지기 원할 경우 1주 간격으로 5~8회 반복 주사해 하기도 한다.

5. 필러(Filler)

1) 개 요

주름살이나 여드름 흉터를 교정하기 위해 피부나 피하지방 내에 주입하는 물질을 통칭하여 필러(filler)라고 하며 비교적 간단한 주입술로 주름살을 교정할 수 있어 최근 피부미용 영역에서도 각광을 받고 있는 시술법으로 연부조직증강술(Soft tissue augmentation)이라고도 한다.

원리는 움푹 파진 주름살이나 여드름 흉터에 외부 물질로 채워 줌으로서 주름을 치료하게 되는데 보톡스가 보통 이마 주름살 등에 주로 쓰이는 반면 필러는 팔자주름과 코성형 등에 많이 이용되고 있다. 필러 성형은 칼로 째거나 하는 수술이 아니라 주사기를 이용해 인체성분을 피부 밑에 삽입하는 시술로 코를 높이고, 입가의 팔자 주름 등을 펴거나 입술을 도톰하게 해주며, 무턱이나 볼이 꺼진 부위의 볼륨을 주어 아름다운 얼굴윤곽을 만들어 준다. 무엇보다도 시술 직후 반창고도 안 붙이고 바로 일상생활로 복귀가 가능하므로 바쁜 직장인들에게 부담없이 얼굴 성형이 가능한 시술이다.

필러 성형의 무엇보다 큰 장점은 티가 많이 나지 않는 자연스러움에 있고 붓기와 멍도 없으며 모양이 잘못되는 부작용도 없고 촉감도 피부와 똑같이 부드럽기 때문에 만져 봐도 성형을 했는지 모르는 필러 성형술은 차세대 성형술로 각광을 받고 있다. 다만 그동안 필러(filler : 충진제) 제형의 경우 안전한 필러 제형은 6개월 정도 밖에 효과가 지속되지 않고 오래가는 필러제형은 감염이나 육아종 형성 등의 치명적인 부작용이 있었기 때문에 그동안 필러 성형이 대유행을 하기에는 한계가 있었다. 하지만 최근에는 부작용은 최소화하고 효과는 오래 지속되는 다양한 필러들이 소개되어 이용되고 있다.

2) 필러 선택의 조건

필러의 종류는 매우 다양하며 각각의 특성과 원하는 용도에 맞는 필러를 선택하여 사용하는 것이 가장 바람직하다. 아무리 좋은 필러도 수술하고자 하는 목적에 맞지 않으면 필요 없으며 어떤 소재라도 염증이나 이물 반응, 알러지 반응 등이 일어날 수 있기 때문에 필러를 선택 시 아래의 조건은 최소한 고려해야한다.

(1) 편리하게 사용할 수 있어야 한다.
(2) 신체조직에 의하여 화학반응이 일어나지 않아야 한다.
(3) 오래 두어도 모양이나 크기에 변화가 없어야 한다.
(4) 유착을 일으키지 않아 원치 않을 때는 언제든지 제거할 수 있어야 한다.

3) 필러의 종류

필러는 원료에 따라 크게 피부를 구성하는 자연성분인 생합성물질과 인공합성물질로 나눌 수 있습니다. 즉 생합성물질에는 콜라겐, 히알루론산, 자가지방이나 진피 등이 있으며 인공합성물질에는 실리콘과 고어텍스 등이 있다.

(1) 콜라겐

콜라겐은 동물에서 추출한 콜라겐을 주로 사용하는데 동물의 단백질이기 때문에 알레르기 반응이 있을 수 있으며 따라서 반드시 치료 한 달 전에 피부 반응 검사를 통해 알레르기 유무를 검사해야한다. 이런 문제점을 해결하기 위해 자신의 피부에서 콜라겐을 추출해 사용하기도 한다. 즉, 성형 수술 중에 나오는 자신의 피부나 귀 뒤의 피부를 절제하여 공급 회사로 보내면 콜라겐을 추출하여 돌려보내 주는데 아직 우리 나라에서는 서비스가 이루어지지는 않고 있다. 대개 효과는 5~12개월 정도 지속되며 이외에도 아테콜(Artecoll) 같이 콜라겐에 작은 인공물질을 함께 섞어 효과가 오래 지속되도록 만든 제품도 있다.

아테콜이란 콜라겐과 뼈접합체의 원료인 가공된 PMMA(polyme-thylmethacrylate)의 혼합 물질로 네델란드의 Rofil Medical International 사에서 생산하고 있다. 아테콜은 3.5% 콜라겐 용액속에 1 : 3 비율로 현탁되어 있는 폴리메틸메타크릴 레이트(PMMA) 소원형체로, 직경이 30㎛~40㎛의 크기로 27게이지의 바늘 사용해서 피하 이식이 가능한데 주입 후 용매제인 콜라겐이 흡수되고 2~5개월 사이에 PMMA 소원형체는 인체에 흡수되지 않고 남아서 체내의 섬유형성세포(fibroblast)로 부터 콜라겐 합성을 유도하여 주름을 소실하게 된다. 주로 코 성형에 많이 이용하고 미간주름, 입가 팔자주름, 입술확장에 이용한다.

(2) 히알루론산

1930년대 처음으로 발견된 히알루론산(Hyaluronic acid)은 동물의 관절액, 연골, 피부 등에 많이 존재하는 다당질로 많은 양의 물과 결합하여 겔 상태가 되어 관절의 윤활작용이나 피부의 유연성 등에 관여한다. 점성이 커서 세균의 침입이나 독물의 피부 침투를 막는 데에도 중요한 역할을 한다.

히알루론산은 피부에 아주 중요한 작용을 하는데 피부의 보습력 증진, 피부 탄력 유지 및 피부 손상 시에 피부 하층부의 손상을 줄여주며, 피부의 주요구성 성분인 콜라겐이 세포 사이로의 움직임을 원활하게 하도록 윤활유와 같은 역할도 한다.

특히, 히알루론산은 천연 보습제(Moisturizer)라 부를 수 있을 정도로 친수성(親水性)이 매우 뛰어난 물질인데 히알루론산 1분자당 214개의 물분자를 끌어당기는 특성이 있어 피부의 수분을 유지하고 피부의 볼륨과 탄력성을 유지하는데 중요한 역할을 한다.

화장품에서는 히알루론산이 주로 보습제의 성분으로 쓰이고 있다. 그리고 피부 속에서 히알루론산을 합성하는 다양한 원료들도 개발되고 있다. 히알루론산은 분자량이 워낙 커서 피부속으로 투과할 수 없어 피부세포가 직접 히알루론산의 생성을 증가시킴으로써 물을 보유하는 능력을 유지시켜주며 피부가 탄력을 유지하거나 보습력이 있도록 도와 줄 수 있다.

최근에는 주사제로 피부에 직접 공급하는 시술법도 다양하게 시행되고 있으며 피부의 볼륨을 증가시키기 위해 주름과 같이 골이 진 피부의 볼륨을 보충하기 위한 필러의 재료로 많이 이용되고 있다. 인체에 주입된 히알루론산은 시간이 지나면 조직속으로 흡수되지만 자신의 처음 부피만큼 물분자를 끌여 들여 최초의 피부 부피를 유지시켜 주는 효과가 있다. 또한 히알루론산 연쇄상구균이 합성한 것을 정제 추출해서 만든 제품으로 동물성 단백질이 아닌 다당질이므로 피부 반응 검사 없이 사용해도 된다는 장점이 있다.

① 레스틸렌

레스틸렌은 인체 피부성분과 동일한 점탄성 생체 고분자 물질인 히알루론산을 주성분으로 한 최신 주름제거제로 스웨덴 Q-Med사가 개발하여 1999년 한해 전세계적으로 약 20만의 시술이 시행되었으며 그 효능을 인정받아 현재 전세계적으로 많이 사용하는 필러다.

레스틸렌은 생체 친화적이고 장기간 체내조직에서 지속성을 유지하게 개발된 비동물성의 유일한 3세대 하이알루론산이 구성물질로 인체 내 피부에 존재하는 하이알루론산은 콜라젠과의 결합 및 물분자 흡인력을 통해 피부조직의 세포들 사이에서 스폰지와 같은 구조를 형성함으로써 피부 볼륨 유지, 쿠션작용, 피부보습, 윤활작용, 상처 치유 및 세포의 물질대사 과정을 도와주는 생명현상 유지에 중요한 역할을 한다. 또한 자외선에 의해 유해산소(free radical)가 발생되면 피부내 히알루론산이 흡수하여 피부노화를 억제한다.

이러한 이유로 레스틸렌은 미용성형분야에서 주로 주름 및 흉터 등의 함몰 부위를 치료하며 빈약한 입술 등을 도드라져 보이도록 하는 효과를 나타낸다.

펄레인

레스틸렌과 비슷한 성분 조성이나 레스틸렌 보다 입자가 크고 상대적으로 효과 기간이 더 길고 유지 시술 시 소량으로도 효과를 볼 수 있는 필러 상품명

레스틸렌은 영구적이 아니라 피부에 주입 후 서서히 흡수 분해되는 생분해성 물질로 다른 주사액보다 2~3배 장기간 효과를 발휘한다. 또한 isovolemic degradation효과로 레스틸렌은 서서히 분해되지만 줄어든 부피만큼 물분자와 결합하는 능력이 높아져 초기 부피를 계속 유지함으로서 주입 부위가 수축되는 것을 방지해 준다. 개인적 차이는 있지만 대부분의 환자의 경우 얼굴 주름의 경우는 시술 후 1년 뒤 입술의 경우는 6개월 후 간단한 보정만으로 효과를 지속시킬 수 있다.

② 메트리덱스

메트리덱스는 독일 Biopolymer사가 개발한 히알루론산 계열의 필러로 히알루론산과 덱스트라노미어의 혼합물이다. 메트리덱스는 많은 용량의 히알루론산(50mg)을 함유하고 있을 뿐만 아니라 덱스트라노미어가 대식세포를 활성화함으로써 피부 중요 구성 요소인 콜라겐 생성을 촉진하여 피부의 볼륨감을 주로 주름을 펴주게 된다.

즉 히알루론산에 의한 볼륨의 보정이 선행하고 덱스트라노미어도 흡수되어 궁극적으로는 소실되지만 덱스트라노미어가 피부 연부조직 내에서 새로운 콜라겐을 형성하기 때문에 히알루론산 소실 후에도 연부조직의 보강이 남게 되어 필러의 효과가 일정 기간 유지될 수 있다는 장점이 있다. 하지만 자연 합성에 의한 콜라겐의 볼륨만으로는 부족하기 때문에 몇 번의 보정이 필요하다고 한다.

4) 폴리아크릴아마이드(Polyacrylamide : PAAG)

아쿠아미드(덴마크)나 인터폴(우즈베키스탄)의 주요 성분은 물과 폴리아크릴아미이드로, 이는 고분자 교차결합 구조의 중합체로 실리콘겔과 마친가지로 인체 세포막을 통과할 수 없기 때문에 인체에 흡수되지 않는 특징이 있다.

두제품 모두 미국 FDA 승인은 받지 못했지만 현재 국내에선 식약청의 허가를 받은 상태다. 시술효과가 3~4년 간다고하여 반영구필러로 알려지긴 했지만 아쿠아미드를 필러를 피부에 너무 얕게 넣으면 만져지거나 울퉁불퉁해 보일 수 있어 하이알루론산 제제보다는 조금 깊게 피부 진피 층 바로 아래에 주사해야하며 섬세함이 필요한 부위에는 선호되지 않으며 이마의 꺼진부분이나 팔자주름에 적합하다고 한다.

5) 고어텍스

고어텍스는 부드러운 인공 합성 물질로서 최근에 코를 높이는데 많이 사용되고 있으며 영구적이며 어느 정도 볼륨이 있기 때문에 기존의 필러로 해결 안되는 깊은 주름에 효과적이다. 하지만 고어텍스는 단순한 주사가 아닌 수술적 기법으로 피부를 2~3mm 절개하고 들어간 부분에 삽입하는 방법이므로 감염, 혈종, 이물감, 통증, 수술부위 흉 등 여러 가지 부작용이 동반될 수 있다고 한다.

6) 실리콘

실리콘은 과거에 무허가의사들이 주사를 놓았던 제품으로 효과는 영구적이지만 잘못 놓을 경우 그 부작용 역시 영구적이라는 단점이 있다.

주사 놓은 부위 밑으로 흘러내리기도 하는 등의 문제점이 있고 인체에 유해 반응을 일으킬 수도 있어 그 동안 거의 쓰지 않은 제품이지만 최근 미국에서 FDA승인을 받은 제품이 나와 조심스레 시도되고 있는 상황이다.

7) 칼슘 복합

래디어스는 칼슘, 인산 이온(30%)과 겔 캐리어(70%)로 이루어진 필러로 최근 미국식품의약국(IDA)은 얼굴 주름 치료제로 래디어스(Radiesse)의 판매를 승인하였는데 이미 25년 전부터 정형외과, 치과, 이비인후과, 비뇨기과 등에서 전혀 부작용이 없이 안전하게 널리 쓰이던 제품이다. 칼슘과 인산 이온은 자연적인 미네랄로 우리의 뼈와 이를 구성하

표 7-1.

성 분	제품명	용 도
히알루론산	레스틸렌	잔주름, 눈밑 등 미세부위
	펄레인	입술, 콧대, 팔자주름
	쥬비덤, 레비덤	고성형, 미간주름, 입술, 흉터
폴리머(중합체)	아쿠아미드	팔자주름, 미간주름, 코끝, 입술, 턱, 이마
폴리머+콜라겐	아테콜	
콜라겐	라디에세	
칼슘	래디어스	코성형, 팔자주름, 턱
지방이식	자가지방	꺼진 볼, 이마, 관자부위, 콧대, 가슴, 엉덩이
임플란트	고어텍스	턱, 이마, 코성형, 관자부위
	실리콘(고형)	
	실리텍스(고형)	
	풀필(액상)	입술, 팔자주름

는 성분으로 시술 후 3개월이 지나면 겔 캐리어가 천천히 용해되면서 콜라겐을 만드는 섬유아세포가 나타나며 칼슘과 인산 이온은 골격 역할을 하고, 새로이 형성된 조직은 입자를 고정하는 역할을 한다. 효과는 18~24개월 동안 지속된다.

"래디어스"는 우리 체내성분과 동일한 칼슘 미네랄 성분으로 알려지나 이물반응 등 부작용이 없으면서도 지속효과를 보이는 장점으로 새로운 개념의 차세대 필러로 관심을 모으고 있다.

6. 리프팅(안면거상술)

최근에는 피부 처짐이나 주름에 시술하는 방법중에 특수실이나 기구 등을 피부에 넣어 당겨주는 방법들이 많이 시술되고 있는데 특수한 바늘과 인체에 무해한 실을 사용하여 얼굴의 주름을 없애고 힙이나 가슴 등을 업해주는 체형 개선까지 가능하다.

1) 리프팅의 종류

리프팅의 종류에는 아래와 같이 크게 3가지 정도로 나눌 수 있다.
첫째, 가시가 있는 돌기실을 이용한 리프팅(페더리프트)
둘째, 금실을 이용한 리프팅(골드리프트)
셋째, 녹는 실 자체를 이용한 리프팅(세르데브리프트)
최근에는 각 리프팅의 장·단점을 상호 결합하여 시행하는 추세다.

(1) 페더리프트(aptos리프트, 매직리프트)

특수하게 고안된 돌기실과 와이어 바늘로 피부속 피부 지방층이나 지방하층에 걸어서 늘어난 피부나 주름이 당겨지면서 펴지는 원리를 이용한 시술법으로, 90년대 후반 러시아에서 처음 선보인 실 주름제거술은 미국과 유럽에서는 페더 리프트(Feather lift)와 압토스 스레드(Aptos threads)라는 치료법으로 널리 시술 되고 있으며. 국소마취 후 시술하는데 30~60분 정도 소요된다.

주로 입가 팔자 주름이나 늘어진 볼살을 리프팅시켜주며 피부를 절개하거나 전신마취도 필요 없어 시술 다음날부터 세안도 가능할 정도로 간편하고 며칠간 부기와 멍이 있을 수 있지만 바로 세수를 할 수 있을 정도로 복귀가 빠르며 약 1~2주일은 실이 자연스럽게 근육에 고정될 수 있도록 주의가 필요하며, 반영구적으로 주름개선 효과를 기대할 수 있다.

주름의 정도와 형태에 따라 차이가 있지만, 50대 이상의 경우 양쪽 뺨 2~3개, 이마 1~2개를 넣고, 이중턱은 1~2개를 넣는다. 단순히 걸어주는 방법이라 교정의 정도가 약할 수 있다는 단점이 있다.

(2) 골드리프트(골드해피리프트)

금실을 이용한 주름치료 기술은 프랑스의 콕스(Caux)에 의해 소개되었는데, 순도 99.99% 금으로 이루허진 미세한 금실을 주름이 있는 부위나 탄력이 떨어져 있는 부위에 주입하여 금의 자연치유력을 통해서 주름을 제거해주는 시술법이다.

원하는 부위에 정확한 방향으로 시술하여 흉터가 남지 않고 일상 생활로의 복귀가 바로 가능하며 부작용없이 주름 개선, 탄력증대 및 순금의 미용 효과를 기대할 수 있다. 삽입된 실은 점차적으로 흡수되고 금성분만 남게되어 콜라겐과 엘라스틴 합성을 자극하고 혈액순환을 촉진시킴으로써 지속적인 효과가 유지되며 안면 뿐만 아니라 손등이나 목 등 다양한 부위의 탄력 증대에 이용된다.

(3) 세르데브리프트(불가리리프트, 나이스리프트, 유러피안리프트)

불가리아의 Nikolay P. Serdev박사가 처음 고안한 방법으로 특수한 실과 바늘만을 이용해서 늘어지고 처진살은 올려주고, 조직이 부족한 부분은 주위의 조직을 모아서 보충시켜주고, 조직이 많은 부분은 여러 방향으로 조직을 분산시켜서 바라는 모양으로 만들어주는 슬림리프팅으로 단순히 실만 걸어주는 것이 아니라 고정할 수 있는 부위(근막, 골막 등)를 중심으로 당기고자 하는 부위를 피부 안으로 걸어 당겨주는 방법으로 고정점이 있어 목선의 처짐 등 안면 하부교정에 우수한 효과가 있다.반면에 시술이 좀 더 복잡하고 안면 중앙부 시술시에는 광대뼈 부위가 튀어나와 보일 수 있는 단점이 있다.

시술시간은 10~40분으로 전신마취가 아닌 국소마취로 통증없이 시술이 가능하며, 시술 다음 날부터 세안이 가능할 정도로 매우 간편한 시술법으로 이마 거상술, 눈썹 거상술, 입가 팔자주름 제거, 입가 자울(심술보), 목주름, 안면 주름 거상술, 무턱교정 등 안면부의 주름 개선은 물론이고 처진 엉덩이 등을 올려주어 체형의 윤곽을 개선해 주는 시술법이다.

2) 와이어 스칼펠(Wire scalpel)

Wire Scalpel은 러시아의 Sulamaidge 박사가 개발한 아주 가는 철사를 새끼줄처럼 꼬아 만든 철선과 작은바늘로 이루어진 수술도구로 Wire는 철사 scalpel은 수술용칼을 의미하며 Wire Scalpel은 깊은 주름을 제거하는데 효과적으로 알려져 있다.

피부의 진피층까지 조직이 함몰되면서 나타나는 깊은 주름에 치료하는 방법으로 미세한 톱날의 금속실을 주름 하부의 진피층에 위치시킨 후 잡아당겨 주름아래에 인위적인 공간을 만들고 이 부분이 혈액과 조직의 성장으로 메꿔지느 방법을 이용하게 된다.

즉, 없애고자하는 주름, 개선하고자하는 함몰 부위에 대해 와이어스칼펠을 피부 밑에 삽입하여 피부와 피하조직을 분리해줌으로 그 자리에 흉터조직이 차게 되고 조직이 응어리져 피부를 밀어올리게 되어 주름이나 함몰을 반영구적으로 개선시키는 방법이다.

7. 사각턱 축소술

1) 보톡스 사각턱 축소술

1994년에 Smith와 Moore 등이 보툴리눔 독소 A형을 적용하여 주사만으로 간편하게 교근을 축소시키는 획기적인 방법을 발표한 후 보톡스 사각턱 시술법은 현재 보편적인 교근 축소의 시술방법으로 자리잡게 되었는데, 이는 보톡스로 과도하게 큰 저작근를 마비시켜 운동력이 떨어진 근육의 전체 부피를 줄이는 방법으로 비대해진 근육의 원인에 대한 정확한 진단과 그에 따른 과도한 운동능력을 떨어뜨리는 비수술적 방법을 병행하면 보다 지속적인 축소효과가 있을 뿐 아니라 통증 등 증상이 호전되는 치료효과가 있어 미용효과와 치료효과라는 '일석이조의 효과'를 얻을 수 있다.

보톡스 사각턱 시술은 보톡스 주름 제거술과는 달리 주사 보톡스용량이 매우 많으며, 신경근육 접합부위에서 신경전달물질인 아세틸콜린 분비를 억제시켜 근육마비를 일으키고, 이로 인해 운동력이 떨어진 교근이 위축되어 부피를 줄이는 방법이다.

(1) 보톡스 주사가 효과적인 경우

① 저작근의 발달로 인해 턱이 나온 경우
② 사각턱 윤곽술 후 저작근을 줄이기 원하는 분들
③ 사각턱 윤곽술이 효과가 있지만 수술을 원치 않는 경우

(2) 시술 방법

정확한 부위, 적정 용량(근육의 발달 정도에 따른 충분한 용량), 경우에 따라 적합한 시술 테크닉으로 주사한다면 한번으로도 충분한 유지효과가 있고 대부분은 한번으로 충분한 효과를 얻을 수 있다고 한다.

저작근을 더 축소시키기를 원할 경우 3개월 후 추가시술이 가능하며 사각턱 수술 후 더 줄이기를 원하는 경우에도 효과적이다. 시술 후 아무런 표시가 나지 않고 통증도 거의 없어 바로 일상생활이 가능하고, 단 몇분내의 시술로 간단하면서도 안전하며, 효과를 볼 수 있는 것이 장점이다.

(3) 시술 경과

3~8주 사이 현저한 효과가 나타나며, 약 3개월까지 자연스럽게 얼굴이 축소된다. 보톡스 주름치료와는 달리 안면윤곽의 저작근에 주사시 효과는 상대적으로 지속적이라 할 수 있는데, 적절하게 마비시켜 위축된 근육은 다시 적극적으로 단련시키지 않으면 근육의 부피가 잘 커지지 않기 때문이다. 저작 운동을 최소화 하려는 관리가 안되는 경우에는 6~12개월 간격의 추가 시술을 하게되는 경우가 많다.

2) 고주파 사각턱 축소술(고주파 교근 축소술)

고주파 사각턱 축소술은 저작근의 안쪽 부위를 낮은 열로 근육응고를 유발시켜 서서히 응고된 근육을 흡수시키므로 실제 저작근의 일부를 줄이는 방법으로 안쪽부분 근육세포 숫자를 영구히 줄여줌으로써 보다 지속적인 효과가 기대할 수 있다. 기존의 또한 기존의 외과적 수술은 영구적인 치료가 가능하다는 장점은 있지만 전신마취를 해야 하는 부담이 있는 데다 안면신경마비 등의 합병증이 발생할 우려가 있어 선뜻 시술을 받기엔 부담스러운 면이 많았으나 고주파교근축소술은 기존의 보톡스와 교근 절제술의 단점을 보완한 새로운 치료법으로 재시술의 부담이 없는 영구적인 시술일 뿐 아니라 국소 마취와 20분간의 간단한 수술로 교근 비대증을 교정할 수 있다.

기존의 전기 소작기가 전기를 이용하여 생긴 고열을 직접 조직에 적용시키는 방법이나, '고주파 발생기(RF generator)'는 고주파를 이용하여 조직 자체에서 낮은 열에너지(섭씨 40~90℃)를 생성시켜 정확히 원하는 근육 조직의 단백질만을 변성시키게 되어 필요한 만큼의 최소의 열에너지를 사용하여 투입된 바늘과 접촉된 근육부위만을 응고시킬 수 있어 원하지 않는 부위의 조직 손상이 없고, 치료범위의 정확성이 뛰어나 매우 안전하면서 만족스러운 결과를 얻을 수 있게 되었다.

(1) 고주파 사각턱 축소술이 효과적인 경우

① 주기적인 '보톡스 사각턱 축소술' 후에도 재발이 있는 경우
② 사각턱 근육이 심하게 발달되거나 비대칭이 심한 경우
③ 사각턱이 주로 근육에 의한 원인인 경우

(2) 시술방법

시술 전 충분히 상담 후 발달된 근육의 정도 및 비대칭의 유무 등을 체크하고 디지털 사진으로 확인한다. 고주파사각턱축소술은 시술 전 '순간 냉각 마취기'를 이용하여 국소 마취하므로 통증이 거의 없고 단 10여분 정도로 매우 간단하며, 입안을 통해 긴 주사 침으로 시술하므로 시술 후 아무런 표시가 나지 않아 흉터 걱정이 없고, 시술 후 활동 제한을 받지 않아 일상생활에 아무런 지장이 없는 것이 장점이다.

근육 발달 정도에 따른 고주파출력 및 시술 범위의 명확한 진단하에 적절하게 정확히 시술한다면 한번의 시술로 충분한 유지효과가 있는데, '고주파 사각턱 축소술'은 임신 및 수유중인 여성은 시술을 금해야 합니다.

(3) 시술경과

시술 효과는 대개 2주 정도부터 시작되고, 3~8주 사이 현저한 효과가 나타나며, 약 3~4개월까지 자연스럽게 얼굴이 작아지게 되며 고주파로 적절하게 없앤 근육의 세포는 재생 및 회복이 되지 않기 때문에 그 이후 효과는 지속된다고 한다.

3) 비 교

보톡스 및 고주파를 이용한 교근 축소술시 무엇보다 개개인 근육상태 및 발달원인의 명확한 진단이 중요하며, 정확한 턱근육의 진단 결과에 따라 적합한 시술을 하는 것이 가장 큰 축소효과와 오랜 유지효과를 얻을 수 있다.

교근 비대를 교정하는 가장 이상적 방법은 '근육을 이루는 근섬유의 숫자는 정상적으로 유지하되 원인을 교정하여 재발을 방지하고 비대해진 근육의 부피와 운동능력을 정상적인 근육부피와 근력으로 줄여주는 것'이다.

대개 운동능력이 큰 경우에는 보톡스가 효과적이고, 고주파의 경우는 근섬유의 운동능력은 떨어지지 않고 줄여도 안전한 정도의 근육 세포를 응고시켜 영구적으로 없애는 방법이다. 부피 축소효과와 안전성을 본다면 보톡스를 이용한 시술법이 아무리 큰 근육이라 해도 일상생활에 지장없이 안전하게 효과적으로 턱 근육의 부피를 최대한 줄일 수 있는 방법이라 하겠다.

고주파에 의해 없어진 근육세포는 다시 생기지 않으나, 시술전 운동력이 강한 경우나 시술후 저작운동이 급격히 증가한 경우 기존의 남아있는 근육(다른 저작기능 근육 포함)이 운동량을 견디기 위해 보상적으로 부피가 커지게 될 수 있다. 또한 저작에 관여하는 다른 근육중 측두근(temporalis)에 운동 부하가 많이 걸리게 되면 저작시 혹은 특별한 턱 운동이 없어도 두통 등 통증유발 및 측두근육 발달로 관자놀이(특히 이마 양쪽)가 더욱 커지게 되므로 매우 주의해야 한다. 그러므로 시술 전 명확한 진단과 시술 계획과 방법, 시술 후 처치가 중요하다.

교근이 비대한 경우는 근섬유의 부피가 커진 것이므로 남들보다 3~5배 이상 크다고 부피를 최대한 줄이기 위해 정상 세포수의 66~80% 이상(남는 정상 세포수가 20~33% 이하)을 없애 버릴 수 없다. 고주파 시술 범위와 간격 또한 근육의 발달 정도에 따라 달리해야 하나 적절한 범위와 간격으로 시술해야 효과적이며(근육은 암 등의 종양이나 다른 기관과 달리 정지해 있지 않고 움직이는 기능있는 점을 유의해야 한다), 부기, 출혈, 감염 및 신경 손상, 근육내 흉터조직 과다생성(근육 당김, 딱딱함, 통증 등), 개구장애, 피부의 굴곡, 근육세포 수의 절대감소로 인한 향후 노화과정 시 심각한 저작근력감소(젊을 때 큰 턱 근육도 나이가 들면 근육의 힘과 부피가 줄어들게 되는 것을 쉽게 관찰할 수 있다) 등 부작용을 방지할 수 있다.

따라서 턱근육의 상태에 따라 보톡스 및 고주파의 시술 방법은 달라져야 하며, 특히 지나칠 정도로 교근이 발달한 경우나 운동능력이 큰 경우 보톡스 시술이 필수적이다. 왜냐하면 턱근육이 너무 많으면 고주파 시술범위가 넓어져, 효율성이 떨어질 뿐 아니라 시술에 대한 부작용(부기, 출혈, 감염, 개구장애 등)의 위험성이 높아지며, 회복기간이 길어질 뿐 아니라 운동력이 큰 경우에는 고주파시술로 없어지지 않는 남은 근육섬유의 운동능력을 정상적으로 떨어뜨릴 수 없기 때문에 고주파 시술 전 보톡스 시술로 교근의 부피와 운동력을 정상상태로 만드는 것이 꼭 필요하다. 그러므로 턱근육의 발달 원인 및 상태에 대한 정확한 진단 결과에 따라 적합한 시술 및 시술 후 처치를 하는 것이 안전하면서 가장 큰 축소효과와 오랜 유지효과를 얻을 수 있다.

두 시술을 병행한다면 각 시술의 장점은 상승되고 단점은 서로 보완되므로 지속적인 효과와 더불어 부피의 감소도 당연히 훨씬 많을 것이다.

8. 자가지방이식

1) 개 요

자가지방이식은 원치 않는 부위의 지방의 제거를 통해 사이즈의 감소나 체형의 변화를 주고 정제된 지방을 원하는 부위에 주입하여 얼굴 윤곽이나 체형을 교정하는 시술로 지방주입술이라고도 한다.

(1) 안면윤곽술

꺼진볼살, 관자놀이, 이마, 팔자주름, 미간주름, 상안검 함몰, 코 등

(2) 체형교정술

유방확대, 엉덩이 교정, 손 또는 손등, 기타 함몰 부위

110여년전부터 시행되어온 초기 지방이식술은 지방을 뺄 때와 넣을 때 많은 양을 빼고 넣기 위해서 높은 압력과 큰 관을 이용하였다. 따라서 이식한 지방세포가 생착되지 않고 많은 양이 흡수가 되었으며 이러한 문제의 해결책으로 낮은 압력과 작은 관을 이용해서 지방세포가 손상되지 않게 조심스럽게 빼고 넣는 기법이 개발되어 현재 널리 사용되고 있다. 이러한 지방이식술을 흔히 미세지방이식술이라고 한다.

2) 방 법

(1) 수면마취

혈관주사

(2) 지방채취

지방이 여유가 있는 배나 허벅지, 엉덩이 부위에 국소마취를 하고 캐뉼라를 이용하여 필요한 지방을 채취한다.

(3) 지방정제

이때 채취된 지방은 혈액, 장액, 국소마취액 등이 혼합된 것으로 필요한 것은 순수한 지방이므로 이 필요 없는 액체와 지방을 원심분리를 통해 분리한다. 지방세포는 매우 약한 세포막으로 둘러싸여 있어 지방을 정제할 때 고도의 주의를 기울이지 않으면 세포막이 파괴되기 쉽다. 육안으로는 구분이 되지 않지만 세포막이 파괴된 지방세포는 이미 죽은 세포로 이식하여도 몸속에서 분해, 흡수되어 지방이식의 효과를 얻을 수 없다.

(4) 지방이식

이렇게 얻어진 순수한 지방만을 필요한 부위에 주사기처럼 생긴 얇은 캐뉼라를 이용해 필요한 양을 이식한다. 주입된 지방은 100% 생착되는 효과가 있다.

3) 특 징

(1) 안전성

본인의 지방세포를 주입하므로 거부반응이나 알러지 반응이 없어 안전하다.

(2) 경제성

상대적으로 고가인 보충제에 비해 저렴하며 충분한 양을 많은 부위에 사용할 수 있다.

(3) 지속성

주입된 부위에 생착 된 지방세포는 자신의 세포이므로 효과가 거의 영구적으로 오래 지속된다.

(4) 간편성

국소 마취로 시술이 가능하고 일상생활에 지장이 거의 없고 회복이 빨라 바로 일상생활이 가능하나 시술과정은 필러에 비해 복잡하다.

(5) 자연미

지방의 특성상 인공 충전물(필러) 보다 자연스럽고 어느 부위에도 쉽게 주사하여 부드러운 윤곽을 얻을 수 있으며 흉터가 남지 않는다.

4) 효 과

지방이식 후 효과는 최소 1년 이상 지속되고 기존의 지방이식과는 달리, 이상적인 자가지방 이식을 위해 고안된 '미세 자가지방이식술'은 보다 지속 기간을 더욱 높이게 되었으며 함몰 주름, 눈위 함몰, 콧등, 광대와 뺨의 함몰 부위를 교정하거나 얇은 입술의 볼륨을 높이거나 턱끝을 올리는데 특히 유용하며, 여드름 및 함몰 흉터 교정과 엉덩이 함몰 교정 및 유방 확대에도 사용이 가능하다.

5) 주의사항

① 수술 부위가 눌리지 않도록 한다.

이식된 지방 세포가 살아 남기 위해서는 주변의 조직으로부터 이식한 지방으로 영양분과 산소를 공급할 혈관이 새로이 자라 들어가야 하는데, 이식한 부위를 문지르게 되면 자라 들어가던 혈관이 손상을 입을 수 있으며 수술 후 지방이 어느 정도 생착 될 때까지 약 3 주간은 이식 부위를 문지르지 않도록 주의 하는 것이 좋다 .

② 냉 찜질을 한다.

수술 당일 날은 이식부위에 냉 찜질을 하여 출혈이 되는 것을 막고 부기를 빨리 가라앉게 한다.

③ 술과 담배는 금해야 한다.

염증이 생기지 않도록 항생제를 복용하며 술과 담배는 최소한 1주간 금해야 한다. 술은 면역기능을 저하하여 염증의 발생을 유발하고, 담배는 혈관을 수축시켜 이식한 지방세포에 영양분의 공급을 차단하여 새로이 혈관이 생성되는 것을 방해한다.

④ 충분한 칼로리를 섭취한다.

지방이식 후 약 1~2 개월 간은 충분한 칼로리를 섭취하여 이식된 지방세포가 건강하게 살아 남도록 충분한 영양 공급을 한다.

⑤ 과격한 운동은 6주 이후에 하는 것이 좋다.

이는 혈액 순환을 방해하지 않아 지방이 살아 남을 확률을 높이기 위함이다.

⑥ 피부마사지는 해도 되나 경락마사지는 수개월 가급적 피한다.

파 미

파미란 영어 약자 FAMI(Fat Autograft Muscle Injection)을 의미하는데 근육 내 자가 지방 이식이라는 뜻으로 자가 지방을 자신의 얼굴 근육에 주사하는 것으로 지방이식술의 발전된 새로운 기법이다.

일반적으로 나이가 들면 눈 주위, 입 주위, 뺨, 턱선 등을 따라 얼굴의 볼륨이 줄어 드는데 이러한 얼굴 노화를 개선하고자 불필요한 지방을 빼내서 얼굴 전체에 주입해 볼륨을 높여 주는 자가 지방 이식술이 보편적으로 시행되었는데, 이런 자가 지방 이식술은 시술 후 약 50% 정도가 소실되는 문제점이 있어 처음에 많은 양을 여러 층에 이식을 하게 되었다. 그런데 많은 양을 한꺼번에 이식하면 부기가 오래가서 일상 생활에 불편을 주는 단점도 있어서 이식한 지방도 잘 살고 부기가 적어 일상 생활에 지장이 없는 방법을 개발하게 되었는데 그것이 새로운 개념의 지방 이식술인 '파미 기법의 지방 이식술'이다.

파미는 추출해 낸 지방을 지방층보다 더 깊숙한 곳에 자리잡은 얼굴 근육층을 따라 이식하므로 적은 양의 지방만이 들어가므로 부기가 거의 없어 수술 다음날에도 수술한 티가 나지 않으며 그러면서 지방이 혈관이 많은 근육층에 들어가 있으므로 지방 생존률이 높은 시술법이다.

파미는 두 가지 개념을 갖고 있는데,

첫째, 노화에 따라 얼굴의 볼륨이 감소하는 것은 지방 조직의 위축 때문만이 아니라 얼굴 근육의 볼륨 감소 탓이기도 하다는 사실로 파미로 위축된 얼굴 근육을 강화해서 얼굴 노화를 치료하고 예방한다는 개념이고

둘째. 지방을 가능한 한 근육 내에 위치시킴으로써 지방 조직의 생존을 높인다는 개념으로, 얼굴 근육은 몸의 근육과는 달리 그 두께가 얇아 근육을 정확하게 구분하기는 어렵지만 근육의 주행 방향 및 위치를 알고 있으므로 근육의 주행 방향을 따라 지방을 이식함으로써 지방의 생존률을 높인다는 것이다.

MEDICAL
Skin Care

제8장

병원에서 시행하는 체형관리의 형태

제 8 장
병원에서 시행하는 체형관리의 형태

현재 국내 비만 클리닉 에서는 비만환자의 치료를 위한 다양한 치료기법들이 소개되어 왔는데, 비만을 대사증후군의 주요 위험 인자로 인식하여 생활 습관 교정과 행동 수정 및 영양, 운동상담을 통한 환자의 생활 환경 개선을 통한 체중 조절을 목적으로 관리가 시행되어 왔으며 최근에는 건강 상의 목적보다는 보다 아름다워지기 위한 미용목적의 체형관리기법들이 대중의 많은 관심과 함께 소개되고 있다. 실제, 국내관련학회의 조사에 따르면 비만 클리닉을 방문하는 목적이 균형잡힌 몸매를 갖기 위함이 상당수되고 비만클리닉을 방문하는 사람 중 절반 이상이 정상체중을 가지고 있는 것을 알려져 미용 목적의 방문이 다수인 실정이다.

특히, 비만관리 분야에서 미용 목적의 체형관리의 핵심이 되는 부분은 신체 각 부위에 축적된 셀룰라이트를 어떻게 효과적으로 제거하는 것인가의 문제로 그 대상이 되는 관리 영역도 전반적인 비만 상태 개선 보다는 부분 비만, 특히 관리 대상이 부위별로 세분화, 국소화 되어가는 추세이다.

아울러 지방흡입을 제외하면 단 하나의 치료기법만을 가지고는 셀룰라이트를 완벽하게 제거하여 부분비만을 해결할 수는 없기 때문에 여러가지 치료기법들을 혼용하여 각기의 장단점을 보완하면서 프로그램화하여 치료하는 것이 일반적인 추세이다.

부분비만을 해결하려는 다양한 시도들 중에서 최근 국내 비만클리닉에서 많이 시행되어 지고 있는 체형관리기법은 다음과 같다.

1. 지방분해주사

지방분해주사의 경우 미국 UCLA대학 그린웨이팀이 아미노필린, 아시소프로테레놀과 같은 약물을 포함한 크림을 비만 부위에 적용하여 효과가 있다는 보고를 한 이후 국내에서는 아미노필린(Amino-phylline)을 국소 지방층에 직접 주사해 지방세포 수용체를 자극하거나 자율신경계를 자극하는 방법으로서 시도되고 있다.

즉 지방분해주사는 지방 분해를 촉진하는 약물을 살을 빼고 싶은 부위에 직접 주사해서 녹아 배출을 유도하는 방법으로 지방세포의 크기를 줄이고 지방분해가 용이하도록 만들어 줌으로써 복부를 비롯한 허벅지, 팔 등의 부위의 사이즈를 줄어들게 한다.

1) 특 징

지방분해주사는 특정 부위의 지방을 부분적으로 관리할 수 있다는 것으로 일반적인 비만치료에서는 운동과 식이요법이 중요하지만 국소 비만 즉, 셀룰라이트의 경우는 식이요법이나 운동요법에 잘 반응하지 않기 때문에 지방분해 주사요법 등 다양한 방식의 접근을 통하면 부분 비만을 해소함으로써 미용적인 측면에서 효과를 거둘 수 있다.

2) 효 과

지방분해주사의 효과에 대해서는 논란의 여지가 많은 상태이며, 작용기전과 부작용 등에 대해서는 상세하고 검증된 데이터가 아직까지는 부족한 상황이다.

실제 지방분해주사로 빈번하게 사용되어지는 아미노필린의 경우도 신체에 전신적인 적용을 통해 나타나는 지방 제거 혹은, 연소에 관한 믿을 만한 객관적인 보고는 없는 상태이다.

지방분해주사에서 보고된 부작용으로는 식욕부진, 구토, 오심, 어지러움 등이 있으나 현재 많은 비만 클리닉에서는 부작용은 줄이고 효과는 더욱 더 크게 나타나는 여러가지 새로운 방법이 시도되고 있다.

2. 하이드로리포클라시아(Hydrolipoclasia)

하이드로리포클라시아는 1990년 이태리 의사에 의해 처음 소개된 부분비만치료술로 주로 유럽과 남미 등지에서 많이 시행하고 있으며 우선, 그 명칭을 살펴보면 Hydro는 "물",

Lipo는 "지방", Clasia는 "부수다, 파괴하다"의 뜻으로 사전적 개념에서 물로 지방을 파괴하는 요법으로 설명할 수 있다.

수년 전 국내에 비교적 단기간에 국소 부위의 셀룰라이트 제거에 효과적인 방법으로 소개되어 현재는 많은 비만클리닉에서 시행하고 있다.

1) 원 리

셀룰라이트가 축적된 부위에 생리식염수나 저장성 용액(Hypotonic solution)을 피하에 주입하면 삼투압에 의해서 지방세포는 부풀려지게 되고 파괴되기 취약한 상태가 되며, 여기에 3MHz 외부 초음파를 가하면 초음파의 공동작용(Cavitation)에 의해 미세한 기포들이 지방세포 내에 생성과 소멸을 반복하면서 많은 에너지가 발생되고 궁극적으로 공동(cavity)을 형성하게 되어 결국 압력에 의해서 지방세포막이 터지게 된다. 이러한 물리적인 힘에 의해 지방세포가 파괴되는 현상을 두고 지방파괴(Lipoclasia)라고 명명하게 되었다.

지방세포가 파괴되면 지방세포막의 파열로 인해 지방세포 내에 있던 중성지방이 외부로 유출되어 일부는 산화되고 일부는 림프로 배출된다.

2) 방 법

① 시술부위

복부, 허벅지, 팔뚝, 옆구리, 무릎안쪽, 엉덩이 밑, 브라라인 등 국소부위

② 시술방법

시술 부위 결정한 후 소독한다.
국소 마취(하지 않는 경우도 있다.)
Needle이나 캐뉼라를 이용하여 시술부위에 약물을 주입(부위당 100cc 전후)
해당 부위 3MHz 외부 초음파 시술(10~15분)

③ 시술기간

Fat zone에 따라 다르나 통상 주1회씩 6~8회 정도 실시한다.

3) 특 징

하이드로리포클라시아는 비교적 단기간에 국소부위에 한해서 집중적으로 지방을 없애주는 시술법으로 잘빠지지 않는 부위의 셀룰라이트 제거에도 효과적이면서 지방흡입과 같은 부작용과 두려움이 없어 원하는 부위의 군살을 제거하는데 효과적으로 추천된다. 특

히 일상으로 복귀하는데 걸리는 시간(이것을 Down time이라 한다)이 짧아서 시술 후 바로 복귀하여 일상 생활을 하는데 아무런 지장이 없어서 직장인과 같이 바쁜 현대인들에게 부담없이 시술할 수 있다는 장점이 있어서 일명 런치타임 지방성형술 혹은 미니지방성형술이라고도 불려진다. 따라서 단기간에 사이즈는 감소시키고 싶으나 지방흡입을 두려워하는 사람에게 많이 추천하는 시술법이다. 또한 시술 방법이 간단하고 시술시간이 짧아서 많은 비만클리닉에서 시행되고 있다.

하이드로리포클라시아는 메조테라피와 더불어 국소 비만에 효과적이며 메조테라피와의 시너지 효과로 부분비만프로그램으로 같이 시행되는 경우가 빈번하다.

3. 저 출력 레이저 지방 용해술

저출력 레이저지방용해술은 원래 통증이나 상처치유 목적으로 사용하였던 저출력레이저를 지방흡입에 이용하면서 고안되었는데, 저출력레이저를 사용했을 경우에 지방이 잘 녹고 지방흡입 후 회복이 빠르다는 연구가 발표된 것에 착안하여 국내에서 응용된 국소 비만시술이다.

아울러 초기의 하이드로리포클라시아나 레이저지방흡입술에서는 생리식염수가 중심이 된 투메슨트 용액을 사용한 것과는 달리 국내에서는 레이저지방용해술에는 HPL이라고 불리는 저장성특수지방분해약물을 이용하는 프로토콜이 확산되었다.

1) 원 리

HPL 등의 약물을 피하 지방층에 주입하면 삼투압 현상에 의해서 지방세포는 부풀려지고 약물들의 작용에 의해 지방용해가 촉진되는데 여기에 저출력레이저를 조사하면 지방세포에 Pore가 형성되면서 지방세포의 파괴와 분해가 더 강력하게 일어나게 된다. 방법은 하이드로리포클라시아와 유사하고 시술부위에 3MHz 초음파 대신에 635nm 저출력레이저를 조사한다.

HPL(Hypotonic Phamacologic Lipo-dissolution)

1997년 미국의 Dr.Hoefflin에 의해 개발된 주사요법으로 2002년 Aesthetic surgery에 소개되었으며 HPL은 여러 가지의 약물로 이루어져 있는데, 주된 성분은 저장성 용액(hypotonic solution)과 지방 용해를 촉진하는 약물로 이루어져 있다.

4. 카복시테라피

카복시테라피란 신체의 비만 부위에 CO_2를 주입하여 피하지방을 분해하는 방법으로 1932년 프랑스 Dr.Royat이 폐쇄성 혈관질환 치료에 최초로 사용한 이후 당뇨병 환자의 족부궤양, 화상 환자의 피부 재생 및 건선 환자의 치료 등 여러 분야에 응용되어 왔다.

이탈리아의 Siena 대학과 Milan and Pavia대학의 말초혈액순환센터에서 이에 대한 연구를 보고하였고, 카복시테라피를 시행해서 복부, 팔, 다리 등의 둘레가 감소된 결과를 2001년 미용성형의학논문으로 발표한 바 있으며 최근 유럽을 비롯한 여러나라에서 국소 비만 치료에 쓰이는 치료 방법이다. 국내에는 하이드로리포클라시아나 레이저지방용해술이 먼저 도입 소개되었다.

1) 원 리

인체에 무해한 Carbon Dioxide(CO_2) gas를 특수 장비를 이용하여 아주 가늘고 짧은 바늘을 통해 피부 및 피하 지방층에 주입하는 치료로서 조직 내에서 CO_2는 지방이 단단하게 축적된 셀룰라이트 부위를 느슨하게 풀어주고 지방 세포를 분해하고 주위 조직의 혈관을 확장하여 미세 혈액 순환을 증가시켜 지방의 대사와 분해를 촉진시킨다.

2) 특 징

① 시술 시간이 짧고 간편한 것이 가장 큰 장점이며 이산화탄소가스는 각종 탄산 음료에 사용되고 있는 안전한 물질이며 내시경 수술 시 쓰여지는 것과 동일한 의료용 가스를 사용하므로 의사나 환자 모두가 안심하고 시술할 수 있다는 큰 장점을 가지고 있다.

② 시술 후 일상생활의 제한이 전혀 없다.

③ 산후 비만 등으로 탄력이 없어진 복부에 시술하면 탄력을 주면서 복부지방이 감소하고 튼살도 호전된다.

④ 주입하는 양은 해당 부위의 지방면적에 따라 조절되므로 개인차가 있으며 보통 500~2000cc 정도의 용량을 주입한다.

⑤ 상태에 따라 다르긴 하나 주 2회, 총 10회 정도 실시한다.

5. 고주파 체형관리

고주파관리는 고주파 심부 온열기를 이용하여 복부 및 전신체형관리에 일반적으로 많이 사용되고 있는 방법으로 현재는 병원뿐만 아니라 일반 관리실에서도 폭넓게 사용하고 있다. 고주파 심부온열기는 비단 체형관리 뿐만 아니라 리프팅이 중심이 된 페이스 관리나 두피관리, 통증관리 등 그 활용분야가 광범위하다.

1) 원 리

고주파 전류는 인체조직을 통전할 때 진동폭이 매우 짧기 때문에 이온 운동이 거의 일어나지 않으며 전기화학적 반응 또는 전기분해 현상이 없다. 이는 고주파수의 전기 에너지가 가해지면 전류의 방향이 바뀔 때마다 조직을 구성하는 분자들이 진동하면서 서로 마찰하게 되어 회전운동, 뒤틀림, 충돌운동에 의해 생체열을 발생시키기 때문이다.

다른 전류형태와 달리 감각신경 및 운동신경을 자극하지 않는 고주파 전류는 인체 내 불편함이나 근수축을 일으키지 않으면서 신체조직 안의 특정부위를 가열 할 수 있다. 생체 열에너지로 변환된 고주파수 에너지는 조직의 온도를 상승시켜 세포의 기능을 증진시키고 혈류량을 증가 시키는 등의 역할을 한다.

조직의 국소온도가 40℃ 이상으로 올라가면 직접 효과에 의해 동맥 및 모세혈관 확장이 일어나고 혈류량이 증가하여 신체 방어 기전이 향상되고 혈액 순환 촉진 및 신진대사가 증진된다. 심부열 발생에 의한 모세혈관의 혈류량 증가는 휴식시보다 4~5배 증가된다. 또한 산소, 영양물질, 항체, 백혈구 등의 공급이 증가된다. 혈관 확장으로 모세혈관의 정수압이 증가되므로 림프 순환이 촉진된다.

통상적으로 지방은 41℃에서 용해되기 시작한다. 지방은 전하를 띠지 않고 있어 다른 조직보다 발생이 적은 것으로 생각하지만 지방 조직에서는 전자구름으로 이동하고 림프관, 혈관들이 분포하고 있어 전자장이 강하게 형성되어 생체열이 많이 발생하고 지방과 근육의 경계면에서 반사가 많이 일어나기 때문에 피하지방층에서 열 발생이 높아 지방분해가 잘된다.

비만인 사람의 지방 조직은 그렇지 않은 사람보다 지방조직의 결찰이 매우 단단하며 또한 단단한 지방 조직의 사이에 불필요한 수분이 있다. 고주파에 의해 발생된 심부열은 단단한 지방 조직의 결찰을 느슨하게 하여 그사이의 수분을 용해, 연소 시키는 작용을 하며 지방조직의 연소를 가속화한다. 이렇게 용해, 연소된 지방조직은 땀샘이나 소변 등으로 배출된다

2) 효 과

① 생체 조직 활성화로 인한 산소 공급

고주파는 심부열에 의해서 혈관 확장을 유도하여 혈액 순환을 촉진시켜 주기 때문에 조직이나 세포에 산소 공급을 촉진시켜주는 역할을 한다. 산소는 체지방을 연소시키는데 필수적인 성분으로 원활한 산소 공급은 지방 연소를 촉진시켜준다.

② 순환관리

셀룰라이트는 지방덩어리에 의해 혈관이 압박되어 혈류 흐름이 저해되어 체액이 정체되고 피부의 변성이 생겨 생성되므로 이에 고주파는 림프 순환을 돕고 혈행 흐름을 원활하게 해주는 효과가 있다.

③ 유효성분 흡수 증대

고주파 관리는 세포 간격을 연화시켜 유효성분이 침투가 잘되도록 하는 부가적인 효과를 기대할 수 있다.

④ 각종 이완 작용

스트레스에 의한 근육의 뭉침이나 인대 건 등을 풀어줌으로써 전체적인 이완 효과가 있다.

6. 감압기체형관리

감압기를 이용한 체형관리는 진공음압에 의해 피부조직을 당겨주고, 특수 제작된 롤러가 지방세포와 주변 결체조직에 지속적인 수축이완작용을 가해 지방의 연소를 도와주고, 피부의 탄력섬유를 재배치시켜 피부탄력을 증가시켜 체형을 교정해주는 시스템이다.

국내에 제일 먼저 소개된 것은 프랑스 LPG사의 Endermology로 셀룰라이트 개선 목적으로 유럽과 미국의 FDA승인을 받은 제품이다. LPG엔더몰로지는 Louis Paul Guitary에 의해 1970년대에 고안한 시스템이며, 유럽에서 먼저 보급된 후 미국에서 LPG Endermologie란 이름으로 보급 되고 있다.

LPG Endermologie의 Main Head는 특수구조로 롤링, 진공흡입, 진동의 3가지를 알려져 있다. 회전하는 두 개의 롤러가 일정한 흡입력을 통해 피부를 유동화시켜 주고 피부조직을 긴장시켜 준다. 얼굴, 복부, 종아리, 엉덩이 등 이같은 방법을 피하지방을 맥관계로 배출시키고 뭉친 근육을 풀어주어 피부에 탄력을 준다.

LPG Endermologie의 그 작용기전은 먼저 지방을 둘러싸고 있는 섬유질을 분해하고, 막힌 혈관계를 원활하게 해주며 그 다음 각 지방끼리의 연결고리를 끊어줌으로써 지방을 분해하고 액화를 용이하게 해주는 구조로 만들어 준다. 또한 충분히 분해된 지방을 림프와 혈관으로 배출시키고 헬액순환과 근육질에서 연소시키는 단계를 통해 체외로 배출시키는데 2~3일 내에 연소 시키지 않으면 다시 고체화되며 지방이 배출되어 피부가 이완되므로 피부에 탄력을 더해주는 토닝작업을 병행하여 치료한다.

위와 같은 기전의 결과 Connective tissue에 대한 수직적 Stretching effects → 지방세포의 신진대사 촉진 → 림프 및 혈액의 순환에 대한 자극 → 피부 상태의 향상과 탄력성 증가(Skin tone & Elasticity) → 피부 지방층의 Collagen 생성의 향상이 된다.

Dermis & Hypodermis의 Connective tissue gel은 처음 몇 번의 시술을 통해 더욱 액체화되고, 롤러의 연속적인 피부 당김과 해제, 진동의 복합적인 작용으로 Vascular, Aterial, Venous & Lymphatic structure를 이완시켜 조직의 조밀함을 변화시키고, 세포를 활성화시키며 조직 내의 영양공급을 원할하게 한다.

Adipocyte & Recepter는 지방분해 효소를 되찾게 되어 Hypodermis가 더욱 얇아지게 되고, 조직은 Proteoglycan 분자와 수분을 배출하여 Elastin fiber의 노폐물을 제거함으로써 Hypodermis layer의 조직을 완전하게 재구성 된다.

이러한 기전에 의해 국부 지방의 감소(Local fat) - 지방 흡입술 전, 후 관리(Liposuction complement) - 국부적인 피부의 경화 현상 개선(Indurations) - 표면의 울퉁 불퉁한 현상의 개선(Cellulite) - 여분의 지방 제거 효과(Residual liquid) - 멍, 붓기, 부종, 반상 출혈의 억제 및 개선(Edema, Ecchymosis)을 통한 지방 제거 효과의 극대화 Therapeuticeffects 섬유증 억제 작용(Anti-Fibrosis) 방사선치료 후의 경화 및 피부의 재생 촉진(Post-Radiotherapy) 혈관 및 림프관폐쇄 현상에 대한 치료(Vascular & Lymphatic systems) 부종 및 정맥부전의 치료(Fibrosis), Sports effect 근육 이완 및 피로회복(Msusle treatment), 골절, 건염 및 기타 정형외과적 외상에 대한 치료(Orthopedic Treatment) 등에 이용될 수 있다.

앞에서 설명했듯 지방흡입술을 받기 곤란하거나 지방흡입술 후 남아있는 부분 지방을 없애고 피부가 울퉁불퉁해지는 부작용을 예방하는데 효과가 있는 것으로 알려져 있다. 최근 유럽과 일본에서 많은 시도가 있으며, 셀룰라이트 분해에 대한 효과가 있는 것으로 주장되고 있다. 이 시술법은 통증이 거의 없으며, 비 침습적인 방법을 통해 시도하므로 환자들에게 호응이 좋은 편이다.

7. 전기침

전류를 침을 통하여 지방층에 전달, 지방을 분해하는 방법으로서 지방의 크기와 수를 조절하는 효과가 있다. 얼굴부위나 허벅지, 엉덩이 등의 특정부위가 비만하거나 산후에 아래배가 처지거나 나왔을 때 부작용 없이 뺄 수 있다.

다양한 전류파형 Galvanic, Interferential, Diathermy, Excitomotory 등의 다양한 전류를 사용하여 지방분해와 셀룰라이트 치료에 응용한다.

지속적인 전기의 자극으로 발생하는 열은 세포의 에너지를 이동시켜 중성지질을 글리세롤과 지방산으로 분해되게 하여 배설관을 통해 배설시키는 것이다. 해당 부위의 경혈에 지속적으로 미세전류를 통전시킴으로써 경혈 주위의 지방 세포를 분해시켜 배설시키는 방법이다. 지속적인 통전으로 발생하는 열 및 자극 인자는 허벅지나 복부 등에 축적되어 있는 지방조직의 분해를 목적으로 시술한다.

비만한 부위에 피하지방층에 7cm 또는 12cm 정동의 침을 꽂고 낮은 frequency의 전류를 흘려주는 방법이 있다고 하며 대개 복부 쪽이 먼저 빠지고 허벅지와 팔 등의 순으로 살이 빠지게 된다. 일주일에 2회 정도 시술하며 1회에 약 한 시간 이상의 시술이 필요하다. 지방분해 모드, 피부탄력 회복 모드 등의 다양한 치료모드가 있어 지방형, 물살형, 처진 근육 등 각 사람의 비만형태에 따라 다양한 효과를 본다고 한다.

8. 중저주파관리

저주파치료는 수술하지 않고 중 저주파를 이용해 지방을 제거하면서 탄력을 유지시켜 주는 비수술적인 방법이다. 지방을 분해하고 신진대사를 원활히 해주며 피부재생효과도 있는 것으로 알려졌다.

특정 부위의 지방이나 근육에 자극을 줌으로써 조직액을 제거하거나 감소시켜 국부 지방을 분해한다. 팔, 복부, 엉덩이, 허벅지는 물론 눈밑이나 눈두덩. 이중턱 부위의 지방감소에 효과를 거두고 있다.

저주파치료의 3대 치료효과는 혈액순환을 촉진시켜며 혈관을 강화시켜 주는 온열효과, 단백질의 일종인 콜라겐을 합성시켜 주며 산성도의 밸런스를 조절해 주는 화학적 효과, 세포 활성화와 피부탄력을 증가시켜는 물리적 효과 등으로 생각되어 진다.

1) Nd-Yag 레이저지방용해술

저출력 레이저를 이용한 지방용해술은 용액을 목표부위에 주입 후 조사해주는 방법인데 반해 1064 Nd-Yag 레이저지방용해술은 굵기가 0.3mm정도되는 Laser fiber를 직접 피하에 삽입하여 레이저를 쬐어 줌으로써 지방세포막을 파괴하여 또는 구멍을 뚫어 지방을 자연스럽게 흡수, 제거하거나 지방흡입과 병행하여 제거하는 침습적인 국소 비만제거술이다.

지방세포를 파괴시켜주는 유럽에서 개발되어 2005년 레이저학회에서 소개되었으며 주로 지방흡입술로는 해결하기 힘든 턱밑, 팔뚝, 허벅지 안쪽과 바깥쪽, 종아리, 발목 등 보다 섬세한 부위의 지방 제거 목적으로 시술되고 있다.

여기에 사용되는 레이저는 아주 짧은 시간(0.1~0.2m/sec)에 발사되는 펄스(pulse) 형태로 이런 형태의 물리적인 힘에 의해서 지방세포의 파괴가 가능하다고 한다.

또한 지방세포를 녹이는 것 뿐만 아니라 주변의 콜라겐을 수축시켜 피부 처짐을 방지하거나 피부탄력을 증가시킬 수 있는 부가적인 효과도 기대할 수 있다.

특징으로는 지방을 선택적으로 파괴시켜주고 출혈이나 멍이 적다. 또한 지방흡입이 필요 없으며 지방흡입으로는 해결하기 힘든 미세부위에 적용이 가능하다. 시술시간이 짧고 흉터가 적게 남는다.

9. 지방흡입 및 지방이식

1980년대 초, 프랑스의 Dr. Illuz가 발표한 이래, 몸매교정에 있어서 지방흡입술은 성형외과 의사의 강력한 무기로 등장하였지만 시행되기 시작한지 30년이 채 되지 않는 짧은 역사를 가지고 있다.

산업과 경제발전에 힘입어 레저문화가 발달하여, 건강하고 보기 좋은 몸매를 추구하는 경향이 뚜렷해져서 지방흡입수술에 대한 관심도 대단히 높다.

처음 지방흡입수술이 소개되었을 당시에는 지존의 일방적인 성형수술 방법과는 달리 작은 절개를 통해서 음압이 걸린 캐뉼라를 삽입한 다음 박리보다는 피하터널을 통해서 혈관과 신경들을 보존한 채로 지방을 흡입해 내고 피부조직이 수축할 수 있다는 것을 의사들이 불확실성이 있다고 받아들이기도 하였지만 현재에 이르러서는 성형외과의 모든 분야에서 널리 응용되어 쓰이는 추세이다.

또 초기에는 적용부위와 환자의 연령 등 많은 제약이 있었으나 수술수기의 발전과 기구의 개선, 마취방법의 개선, 체액보충 등의 체계적인 이론의 확립에 힘입어 현재는 비교적 안전한 수술이 되었다.

1) 지방흡입술의 역사

지방 흡입술은 1974년 이탈리아의 산부인과 의사인 Dr. Giorgio Fischer가 산부인과 수술 기구를 이용하여 지방흡입을 시도한 것이 최초이며 1978년 프랑스의 성형외과 의사인 Dr. Illouz에 의해 보편화되기 시작했다.

미국에는 1980년대에 도입되기 시작했는데 단순히 음압에 의해 지방을 빨아들이는 방법에 불과하여 지방 흡입양도 적을 뿐 아니라 수술 시 사망의 위험 및 합병증 발생 가능성이 높았다.

그러나 1985년 미국의 피부과 의사인 Dr. Jeffrey Klein, Dr. Patrick Lillis가 투메슨트 용액(Tumescent solution)이라는 특수하게 배합된 마취용액을 개발하여 보다 많은 지방을 안전하게 제거할 수 있게 되었으며, 투메슨트 용액을 사용하기 시작하면서부터 실질적인 의미의 지방 흡입술의 발달이 시작되었다고 볼 수 있다.

또한 과거에는 지방을 750cc 이상 제거하려면 반드시 전신마취를 해야 하고, 2,000cc 이상 제거하려면 출혈이 많아 수혈을 받아야 했으나 투메슨트 용액과 함께 각종 수술장비와 수술방법의 발달이 병행되기 시작하여 최근에는 국소 마취하에서 수혈 없이도 5,000cc 정도의 지방흡입이 가능할 뿐 아니라 사망률이 0.0001%로 감소하게 되어 요즘은 성형외과 등에서 안전하게 많이 시술하는 수술의 하나가 되었다.

2) 지방흡입과 관련된 논란들

일찍부터 비만이 사회문제가 된 바 있는 서구에서는 지방흡입수술이 비록 불편한 수술이라는 방법이기는 해도 지방 세포량 감소의 절대적 대안이라는 생각에 큰 거부감이 없으나, 지나친 선전. 광고에 노출된 우리나라에서는 수술과 수술 전후 운동, 식사조절 등이 환자들에게 충분히 이해되도록 노력을 기울일 필요가 있다고 하겠다. 또한 지방흡입수술은 몸무게를 줄이는 수술이 아니라 국소적인 지방축적에 의한 몸매변형을 교정하고자 하는 방법이라는 점을 명심할 필요가 있다.

또한 지방흡입술 후에는 다시 살이 찌지 않는다는 점에 대해 급격하고 과도한 체중 증가가 없는 한 그러하다고 할 수 있지만, 절대로 다시 찌지 않는다고 할 수는 없다는 점을 인식하는 것이 중요하다.

3) 수술과 처치 및 회복

수술부위가 작을 때는 국소마취만으로도 충분히 수술이 가능하지만, 부위가 넓거나 여러 부위를 동시에 수술할 경우에는 전신마취 하에서 수술을 되며 수술시간은 정도에 따라 다르겠지만, 보통 2~3시간 정도 걸리며, 수술 후 저 체온증이나, 빈혈과 같은 증상이 일시적으로 일어날 수 있으므로, 하루 정도는 입원하여 관리를 받는 것이 좋다고 전문의들은 말하고 있다.

수술 후 실밥을 뽑을 때까지는 5~7일간의 기간이 필요하며, 이 동안 3회 정도의 통원치료가 필요하다.

수술 후 수술부위의 모습을 단면으로 상상해 본다면, 벌집모양을(Honeycomb appearance)한 빈 공간이 생겨있는 상태이고, 이 빈 공간 만큼이 압축되어 외형(Contour)을 줄여주게 된다. 이 빈 공간이 압축되는 것은 수술 후 2~3일뿐이고, 이 기간이 경과되면 그 빈 공간 사이에 흉터 살(Fibros scar tissue)이 약 3개월에 걸쳐 서서히 증가하게 되어 다시 팽창된다.

수술도 중요하지만 그에 못지 않게 중요한 것이 수술 후 처치이다. 이는 여러 가지 프로토콜이 있을 수 있고, 수술 방법이나 수술 범위에 따라 의사가 적절한 판단을 해야 한다.

수술 직후 동안은 부종 예방을 위해 탄력붕대나 밴드를 감고 있는 것이 보통이다. 이때 소양감이 있을 수 있으므로 부드러운 솜을 대기도 하고, 스폰지를 대기도 한다. 탄력붕대를 제거하고 나면 바로 압박 복을 착용하는 것이 좋다. 압박 복을 입는 기간도 다양한 의견이 있는데, 보통 4주 정도를 입는 것이 바람직하다. 근래에는 엔더몰로지를 수술 전후에 적용하여 빠른 회복에 도움이 되고 있다.

4) 지방흡입의 수술 후 부작용

여러 가지 합병증이 생길 수 있는데, 체액 부족, 허혈성쇼크, 감염, 지방색전증, 폐색전증 의 합병증과 미용적인 부작용이 있을 수 있다.

① 체액 부족

통원치료가 가능한 정도의 수술을 예정했더라도 환자들은 근심과 불안으로 적절한 수액 공급이 수술 전부터 필요할 수 있다. 수술 전 적절한 체액 보충과 수술 중 보충으로 예방할 수 있고, 소변량을 측정하는 것이 판단에 도움이 된다.

② 저혈성 쇼크

대량흡입 시 잘 발생하고 Mandel의 보고에 의하면 2500cc이상 흡입한 경우의 절반에서 저혈성쇼크의 경향이 있다고 하였다.

③ 지방색전증

급격히 심폐 및 신경 교란이 일어난다. 치료는 호흡을 유지할 수 있도록 하는 것이 가장 중요하며 저혈성 쇼크를 예방하기 위해 신속한 전해질, 수액 공급이 필수적이고 전문가의 도움을 받는 것이 좋다.

④ 그밖의 미용적 합병증

불규칙, 피부색 변화, 반흔, 비대칭, 감각 저하 등이 생길 수 있다.

이와 같은 합병증은 수술 기술이나 수술 범위, 지방흡입량, 수술 시간 등 여러 가지 요인에 의해 생길 수가 있다. 일반적인 경우 저혈성 쇼크이나 색전증과 같은 심각한 부작용은 매우 드물고 피부과 울퉁불퉁해지거나 과교정 혹은 저교정과 같은 부작용이 대부분이라 할 수 있다. 하지만 우리나라에서 시행되는 지방흡입술의 대부분이 미용 목적인 만큼 안전에 최우선을 두는 것이 중요하다고 하겠다.

먼저 지방흡입이 꼭 필요하고 효과가 있는 경우에 시행하고, 과도한 양을 뽑으려 하거나 너무 많은 범위를 한번에 수술하고 수술시간이 길어지는 것은 지양하는 것이 바람직하다.

5) 지방흡입술의 종류

① 투메슨트(Tumescent) 테크닉

투메슨트 테크닉이란 지방흡입을 하기 전에 지방을 녹여주는 액으로 수술부위를 최대한 부풀린 다음 지방층이 2배 이상 부풀려져 있기 때문에 3차원적으로 보다 균일하게 지방을 흡입할 수 있다. 또한 부풀려진 지방에 의해 혈관과 신경이 좁아져서 출혈이 거의 없고 신경손상도 피할 수 있다.

투메슨트 용액이 체내 지방과 골고루 유화되도록 외부초음파로 마사지한 후 진동을 이용한 지방흡입기로 지방을 빨아들인다. 압축된 공기를 이용한 진동 에너지는 체내의 지방세포를 골고루 탈구시켜주기 때문에 수술시간을 효과적으로 줄여주고 수술 후의 잔여 통증도 훨씬 덜하다.

투메슨트 용액과 진동지방흡입기를 이용한 수술은 출혈이 거의 발생하지 않아 전신마취를 하지 않고도 많은 양의 지방을 뽑아낼 수 있다고 한다. 1회 수술 시 5,000cc이상의 지방흡입이 가능하다.

지방흡입은 대개 5~7mm 정도의 피부 절개를 하게 되는데 최근에는 절개부위를 바로 봉합하지 않고 그대로 두어 자연배액 되도록 하거나 실리콘으로 만든 배액관을 삽입한 후 특수 스펀지를 덮어놓은 상태에서 3~5일 동안 보존하는 방법을 사용한다. 체내에 고여 있는 수 있는 혈액과 장액 등이 최대한 빨리 빠져나올 수 있도록 처치하는 것이다.

이러한 방법은 과거 지방흡입술의 대표적인 부작용으로 지적되었던 피부 표면이 울퉁불퉁하게 되는 현상을 깨끗하게 없애주었고, 수술 후 멍이나 부기도 거의 없기 때문에 스펀지를 제거하면서 수술 부위의 탄력과 지방흡입의 효과가 잘 나타나고 있다.

② 초음파지방흡입술(UAL : Ultrasound Assited Liposuction)

· 외부초음파 지방흡입술(External ultrasound assited liposuction)

외부초음파 지방분해기는 피부 바로 아래 얇게 깔린 2cm두께의 지방을 골고루 분해 시킨다. 피부 바로 아래의 지방을 녹이기 때문에 수술 후 피부의 탄력을 높이는 효과도 얻으며 수술 후 멍과 부종도 적게 해 준다.

외부 초음파를 가하면 지방조직 내에 미세한 기포들이 생기게 하고 그것들이 터지면서 지방세포로부터 지방이 흘러나오게 하기 때문에 흡입이 훨씬 용이해지며 장점은, 원치 않는 지방조직만 선택적으로 파괴하므로 보통 시행하는 지방흡입술 때와는 달리 동맥이나 정맥, 림프관, 신경 등이 손상되고 않고 출혈이 거의 없으며 수술한 부위의 피부 면에 물결 모양의 변형이 적게 생긴다는 것이다.

· 내부초음파 지방흡입술(Internal ultrasound assited liposuction)

내부초음파지방흡입술은 초음파를 발사하여 지방을 녹인 후 배출시키는 방법으로, 초음파 봉을 직접 체내에 넣어 흡입봉 끝에서 초음파를 발사시킨 후 지방을 빼내는 방식이다. 이는 단순한 음압을 이용한 지방흡입에 비해서 효과가 좋다고 하나 수술 후 물이 많이 차고 피부 화상이 생길 수 있고 종아리나 대퇴부 등과 같이 섬유성 격막(Fibrous area)이 발달되고 주로 피부 표면층에 지방(Superficial fat)이 축적된 경우에는 좋은 효과를 얻기 힘들어서 많이 사용되지는 않는다.

③ 진동지방흡입술(PAL : Power Assisted Liposuction)

진동식이란 지방흡입관을 빠른 속도로 덜덜거리게 진동을 하면서 뽑는 다는 것이다. 이는 기존의 캐뉼라를 사용하는 지방 절제술이 공기 압축효과에 의해서 보충이 된 것이라고 할 수 있다.

가느다란 관을 통해서 음압이나 또는 초음파로 흡입하는 지방 흡입술과 달리 모터가 장착되어 있는 진동을 이용해서 지방을 떨어지게 만든 후 배출해 내는 방식으로, 모터의 힘으로 진동을 시키는 것이므로 엄밀히 말해서는 원리에 있어 진동식으로 보고 있다.

이 진동식의 장점은 시술자가 편안하게 시술을 할 수 있으며 시술자의 손 왕복운동을 모터가 대신해 쉽게 시술할 수 있는 것이 장점이다.

④ 레이저지방흡입술(Laser Assisted Liposuction)

레이저지방흡입술이란 지방흡입 시술 전후 또는 시술 도중에 635nm 저출력레이저를 조사하여 흡입하는 방식으로 아래와 같은 효과가 있다고 한다.

- 지방의 액화가 촉진되어 흡입이 용이하다.
- 시술 시간이 짧다.
- 시술 후 회복이 빠르고 특히 붓기나 멍, 움푹 패이는 현상들이 감소하여 수술 후의 조직 재생과 상처 치유를 증대시켜준다.

⑤ 워터젯지방흡입술(Water Assisted Liposuction)

워터젯 지방 흡입술은 미세한 물 분사를 이용해 혈관이나 신경을 지방세포로부터 분리시켜 선택적으로 지방세포를 파괴하는 방법으로 물을 이용하기 때문에 조직에 손상을 주지 않으며, 수술 후에 오는 부종이나 멍, 피부가 둔해지는 증상 등이 줄어드는 장점이 있다고 한다.

10. 종아리축소술

1) 종아리보톡스

보톡스(Botox)는 주름 제거용으로 알려져 있지만, 근육의 부피를 줄이는 데에도 좋은 효과를 가지고 있는데, 발달된 근육을 보톡스로 마비시켜 퇴화시키면 비교적 안전하게 그 부피를 줄여주는 것이 이 시술의 원리이다. 하지만 주름 제거 목적으로 얼굴에 시술하는 보톡스에 비해 종아리 보톡스의 경우는 그 대상이 종아리 알통을 만드는 크기가 큰 근육인 비복근이 대상이 되므로 보다 훨씬 많은 양의 보톡스를 투입해야한다.

이 시술의 장점은 기존의 수술적 종아리 퇴축술에 비해 부작용이 없고 시술이 매우 간편하며 입원을 필요치 않으며 시술 후 일상생활을 하는데 아무런 지장이 없다는 것이다. 주요 치료대상은 전체적인 종아리 사이즈의 감소를 기대하기보다는 미관상 좋지 않은 튀어나온 알통 부위를 축소시켜 윤곽을 교정하는 시술이라 할 수 있기 때문에 보톡스 종아리 축소술은 종아리 알통 근육이 발달된 경우 매우 효과적이며 먼저 종아리 돌출부위의 주된 원인이 지방인지 근육인지를 알아야 하고, 종아리 안쪽과 바깥쪽 등 어느 부위에 주사를 놓을 것인지도 중요한 문제가 된다.

보톡스 종아리 축소술은 임신 및 수유 중인 여성은 시술을 금해야 하며 시술 효과는 대개 1주 정도부터 시작되고, 3~8주 사이 현저한 효과가 나타나며, 약 3~4개월까지 자연스럽게 종아리가 줄어든다고 한다.

2) 고주파 종아리 축소술

고주파 종아리 퇴축술은 가는 특수 바늘과 고주파를 이용하여 비복근이라 하는 근육의 내측(뒤꿈치를 들고 서 있을 때 종아리의 내측으로 불룩해지는 부위)에 고주파를 이용하여 근육세포의 수를 3분의 1정도 줄여주어 전체적인 종아리의 크기를 줄일 수 있다.

보톡스 종아리 축소술이 근육세포의 크기를 줄여주는 반면 종아리 축소술을 근육세포의 절대적인 수를 줄여준다는 차원에서는 보다 효과적이라고 할 수 있다. 하지만 이 경우도 다리 자체의 둘레를 가늘게 하는 것이 아니라 종아리의 알통을 줄여줌으로써 종아리 라인을 교정하기 때문에 보통은 선택적으로 근육의 크기를 축소하는 방향으로 시술된다. 또한 종아리에 지방이 많은 경우에는 종아리 지방 흡입과 병행해서 실시하기도 한다.

수술방법은 종아리 피부에 1mm 정도 절개 후 안쪽에 특수 고주파 바늘을 삽입해 전류를 흘려보내 체내의 조직중의 물성분에 고주파가 닿으면 열에너지로 바뀌어 조직을 응고시키는 원리를 이용한 것으로써 전신마취가 필요 없이 근육을 국소 마취 하에 비복근을 응고시키는 방법으로 겉으로 흉이 남는다거나 봉합을 할 필요가 없는 매우 비교적 간단한 수술방법이라 할 수 있다. 수술 시간은 30분 이내이고 2~3주 정도의 부기가 있으나 출혈이 없어 수술 다음날이면 가벼운 일상생활로 복귀할 수 있다고 한다.

3) 종아리 신경 차단술

종아리 신경 차단술은 종아리의 비복근을 지배하는 운동신경의 주행경로를 파악하여 타 조직의 손상을 최소화 하면서 선택적으로 비복근 운동신경만을 차단하는 방법이다.

과거에 신경 차단술은 보통은 절개를 하고 난 후 신경을 차단하고 수술 후에 흉터가 남는 절개식 신경차단술이 주류였으나 최근에는 중저주파나 고주파를 이용하여 절개를 하지않고 최소침습적 방식인 비절개식 종아리신경차단술이 많이 시행되고 있다.

이러한 시술은 절개를 하지 않고 특수한 바늘을 이용하므로 흉터걱정이 없고, 주위의 다른 근육, 신경, 혈관을 건드리지 않고 섬세하게 원하는 신경분지만 차단하게 되므로 부종 및 통증이 없이 20~30분의 시술 후 바로 보행 및 평소에 일상생활이 가능하다. 시술 후 종아리 뒤쪽이 약간 땡기는 느낌이 있을 뿐, 특별한 시술 후 관리나 상처치료가 필요없다고 알려져 있다.

MEDICAL

Skin Care

제9장

메디케어 코스메틱

제 9 장
메디케어 코스메틱

1. 화장품의 정의 및 개요

화장품을 의미하는 'cosmetics'는 희랍어 cosmeticos에 어원을 두고 있는데, 이는 "잘 정리하다, 잘 감싼다"라는 의미로 "cosmos"에서 유래되었다고 한다. 희랍어로 cosmos는 우주의 명령이라는 뜻을 지니고 있어, kosmeticos는 '우주의 명령을 받아 아름다운 것을 더욱 아름답게 가꾸어 보기 좋게 하는 기술'이라는 의미가 있다.

우리나라 화장품법 제2조 1항에 의하면 "화장품(化粧品)이라 함은 인체를 청결·미화하여 매력을 더하고 용모를 밝게 변화시키거나 피부·모발의 건강을 유지 또는 증진하기 위하여 인체에 사용되는 물품으로서 인체에 대한 작용이 경미한 것을 말한다. 다만, 약사법 제2조 제4항의 의약품에 해당하는 물품은 제외한다"라고 정의되어 있다.

모든 생명체는 자신의 아름다움을 돋보이게 하려는 본능이 있다. 동물은 종족의 번식을 위해 매력적으로 보일 필요가 있어 자신의 모습을 가꾸고 몸을 치장하지만, 인간은 이성에게 자신을 돋보이고 싶은 것 이외에 자아실현의 욕구와 능력을 가지고 있다. 따라서 용모를 단정히 하고 아름답게 꾸미기 위해 화장품을 사용하여 왔다. 시대의 흐름에 따라 삶의 형태 및 문화의 변화가 이전의 단순한 미화 및 치장 측면에서의 화장은 현대에 들어서는 환경오염의 증가, 사회생활의 스트레스, 생활환경 및 거주 형태, 식생활의 급격한 변화 등으로 인한 각종 피부의 질환으로부터 피부를 보호하고 피부의 노화 및 스트레스를 예방하는 방향으로 그 역할이 능동적인 방법으로 바뀌어 가고 있다.

또한 화장품에는 다양한 원료가 사용되는데 천연물에서 추출된 활성 성분, 생물학이나 생화학, 의학에서 개발된 피부생리 메커니즘에 근거한 고기능성 원료의 사용이 증가하고 있는 등 새로운 형태의 기술이 등장하고 있다.

1) 화장품의 효능

① 건강한 피부 유지를 위한 노폐물 제거 및 보호 작용을 한다.
② 피부에 수분 및 영양을 공급하여 촉촉함과 유연하고 탄력 있는 피부를 유지하게 한다.
③ 피부를 자외선으로부터 보호하고 햇볕에 타는 것을 막아준다.
④ 피부에 색조 및 입체감을 부여하여 아름답게 표현하여 준다.
⑤ 손상된 모발을 보호하고, 모발의 거칠어짐, 갈라짐을 예방한다.
⑥ 모발을 청결하고 윤기와 탄력을 주어 두피와 모발을 건강하게 유지시킨다.

2) 화장품의 요건

화장품은 장기간에 걸쳐 사용되는 제품이므로 부작용이 있어서는 안되며, 안전성을 기본으로 하여야 한다. 따라서 화장품의 개발, 생산, 사용 및 폐기의 전 과정에 걸쳐 인체에 대한 안전성을 확보해야 하며, 이를 위해 제품의 물리·화학적 안정성이 바탕이 되어야 한다. 미생물에 의한 오염이나 광선 및 온도에 대한 안정성을 확보하는 것도 필수적이다. 화장품은 사용시 사용감이 우수하고 편리해야 하며, 피부에 쉽게 흡수되어야 한다. 아울러 화장품의 목적에 적합한 기능을 충분히 나타낼 수 있는 원료 및 제형을 사용하여 목적하는 효과를 나타내야 한다.

3) 화장품과 의약품, 의약외품의 관계

의약품은 정상인이 아닌 특정 질병을 앓고 있는 환자를 대상으로 사용하는 것이며, 화장품과 의약외품은 정상인을 대상으로 사용하는 것이다. 그중에서 어느 정도의 약리적인

표 9-1. 화장품의 4대 요건

구 분	내 용
안전성	피부에 대한 자극성, 알레르기, 독성, 이물혼입, 파손 등이 없어야 한다.
안정성	보관에 따른 산화, 변질, 변색, 변취, 미생물의 오염이 없어야 한다.
사용성	피부에 도포했을 때 사용감이 우수하고, 피부에 부드럽고 매끄럽게 잘 스며들고 사용의 편리성으로서 형상, 크기, 무게, 기능성, 휴대성이 좋아야 하고, 기호성 측 면으로 향, 색, 디자인 등을 들 수 있다.
유효성	피부에 적절한 보습, 노화 억제, 자외선 차단, 미백, 세정, 색채효과 등을 부여하여야 한다.

표 9-2. 화장품, 의약외품, 의약품의 비교

구 분	화장품	의약외품	의약품
대 상	일반인	일반인	환자
목 적	청결 및 미용	위생 및 예방	진단, 치료 및 예방
사용기간	장시간, 지속적	장시간, 지속적	일정기간
부작용	없어야 함	없어야 함	있을 수 있음
허가여부	제한 없음	승인	허가

효과. 효능을 갖고 소정의 기준에 적합하여 승인 받은 제품을 의약외품 이라고 하며, 화장품과 마찬가지로 부작용이 나타나지 않아야 한다.

4) 화장품의 종류

화장품은 사용목적과 대상 부위에 따라 크게 기초화장용, 메이크업 화장용, 두발용, 염모용, 방향용, 목욕용, 어린이용 등으로 분류할 수 있다. 최근에는 두 가지 이상의 목적을 갖는 제품이 다양하게 출시되고 있어 선택의 폭이 넓어지고 있다. 기초화장품은 피부보호 및 노화의 예방에 초점을 맞추어 개발되고 있으며, 메이크업 화장품은 시대의 유행 및 연령별 선호에 맞추어 개발되는 경향이 강하다. 모발 화장품은 종전의 퍼머넌트제 위주에서 헤어 컬러링으로 확장되는 추세이며, 바디 화장품은 소득수준의 향상에 따라 종류가 다양해지고 있다.

소득의 향상과 다양화, 다변화 및 고급화되는 소비자의 기호에 부응하기 위하여 점차 확대되는 것으로 기능성 화장품을 들 수 있는데, 이는 소비자의 욕구가 화장품의 역할을 단순히 건강하고 아름답게 하는 것에서 피부의 상태를 적극적으로 개선시키는 것으로 확대되면서 나타나는 현상이다.

5) 화장품의 심리적 효과

(1) 대자기 기능(對自己機能)

① 화장행위 자체가 갖는 만족감 : 자기를 아름답게 가꾸며, 표현하려는 욕망 충족, 미적 가치 창조, 스트레스 해소 등

② 전통적 성 역할의 바탕을 둔 자기의 특성 자각 및 표현

표 9-3. 화장품의 종류

유형별	효능 및 효과	주요 제품
기초화장용	세안	클렌징 폼, 클렌징 오일, 클렌징크림
	피부정돈	화장수, 마사지 크림, 팩
	피부보호	로션, 에센스, 크림
메이크업용	베이스 메이크업	파운데이션, 페이스 파우더
	포인트 메이크업	립스틱, 아이섀도, 네일 에나멜
두발용	세정	샴푸, 린스
	컨디셔닝 · 트리트먼트	헤어 컨디셔너, 헤어트리트먼트
	정발	헤어스프레이, 헤어무스, 포마드
염모용	퍼머넌트웨이브	퍼머넌트 웨이브 로션
	염색 · 탈색	염모제, 헤어블리치
방향용	향취 부여	퍼퓸, 오데뚜알렛, 오데코롱
목욕용	신체 청결 및 보호	바디 클렌저, 바디 오일
어린이용	어린이 모발 피부의 청결 및 보호	어린이용 샴푸, 어린이용 로션
기능성	미백	미백 에센스, 미백크림
	주름개선	주름 개선 에센스, 주름 개선 크림
	선탠, 선스크린	선탠오일, 선스크린 크림

(2) 대인 기능(對人機能)

① 외견상 자기 결함 보상 및 평가 상승 기대
② 전통적 성 역할의 바탕을 둔 자기의 특성 자각 및 표현

(3) 사회적 기능

① 사회적 역할 및 기대에 대한 부응
② 생활환경 및 주위의 동조

2. 기능성 화장품

1) 기능성 화장품의 개념과 정의

기능성 화장품은 "코스메디컬(Cosmedical)" 또는 "코스메슈티컬(Cosmeceutical)" 등으로 불리어 지기도 한다. 코스메디컬 이란 영어로 화장품을 의미하는 코스메틱(Cosmetic)과 의

료를 의미하는 메디컬(Medical)을 합해서 만들어진 말이며, 코스메슈티컬(Cosmeceutical)은 코스메틱과 약물을 의미하는 파마슈티컬(Pharmaceutical)의 합성어라고 볼 수 있다.

"기능성 화장품(機能性化粧品)"이라 함은

① 피부의 미백(美白)에 도움을 주는 제품
② 피부의 주름개선에 도움을 주는 제품
③ 피부를 곱게 태워주거나 자외선으로부터 피부를 보호하는데 도움을 주는 제품을 말한다.

2) 기능성 화장품의 범위(화장품법 시행규칙)

화장품법 제2조 2호에서 "보건복지부령이 정하는 기능성 화장품"이라 함은 다음 각 호의 화장품을 말한다.

① 피부에 멜라닌색소가 침착하는 것을 방지하여 기미, 주근깨 등의 생성을 억제함으로써 피부의 미백에 도움을 주는 기능을 가진 화장품
② 피부에 침착된 멜라닌색소의 색을 엷게 하여 피부의 미백에 도움을 주는 기능을 가진 화장품
③ 피부에 탄력을 주어 피부의 주름을 완화 또는 개선하는 기능을 가진 화장품
④ 강한 햇볕을 방지하여 피부를 곱게 태워주는 기능을 가진 화장품
⑤ 자외선을 차단 또는 산란시켜 자외선으로부터 피부를 보호하는 기능을 가진 화장품을 말한다.

화장품 중에서 특히 그 효과, 효능이 강조된 전문적인 기능을 갖는 제품을 통칭하여 기능성 화장품이라고 하며, 화장품과 의약외품의 중간적인 성격을 갖는다고 보면 된다. 의학적 지식과 검증을 기반으로 한 과학적 접근이 지속적으로 필요하며, 고 부가가치 산업으로서 더욱 많은 개발 및 연구의 필요성이 요구된다.

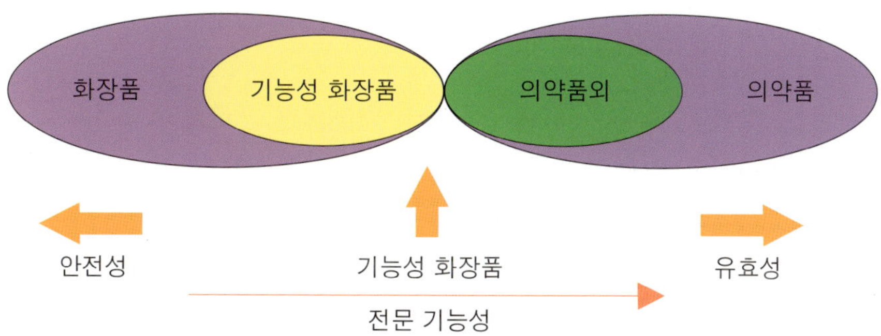

그림 9-1. 기능성 화장품의 위치

표 9-4. 화장품과 의약품의 비교

구 분	화 장 품	의 약 품
사용목적	아름다움의 추구	질환의 치료 및 예방
사 용 자	정상적인 피부(불특정인)	피부질환이 있는 환자(특정인)
사용방법	매일, 장기적	일시적
사용원료	안전성 우선 (효과 보다 안전성이 중요)	효과 우선 경미한 부작용은 무방한 경우도 있음

3) 화장품과 의약품

일반적으로 화장품은 피부나 모발의 청결, 건강, 미적 추구를 목적으로 사용하는 것으로서 부작용이 없어야 한다. 반면 의약품은 질병의 치료와 예방을 목적으로 사용하기 때문에 약간의 부작용은 있어도 무시하기도 하며, 특정 성분의 효능 및 효과에 중점을 두는 경우도 있다.

4) 기능성 화장품의 개발 배경

아름답고 젊어지고 싶은 욕구는 인간의 잠재된 본능 중의 하나이다. 화장품 산업은 이러한 욕망과 욕구를 바탕으로, 충족시키기 위한 부단한 노력으로 지금까지 지속적으로 발전하여 왔다. 기능성 화장품은 구체적으로 표현하자면 화장품에 특정 성분을 포함시켜 일반 화장품에 비하여 생리활성화가 현저하게 나타나고, 의·과학적으로 그 효능이 입증된 화장품을 말한다. 즉 기존 화장품들이 단지 미용효과를 가지고 있는데 그치는 반면에 기능성 화장품은 여기에 특정 증상의 치료나 예방 효과를 1~2가지의 복합적인 기능을 추가한 화장품이다.

오래전부터 개발되어 오던 자외선 차단제를 비롯하여 피부 미백제, 주름개선제 등이 대표적인 기능성 화장품들이며, 여드름, 아토피 등 염증 치료제와 모발생장촉진제 등의 제품이 기능성 화장품의 범위에 속한다고 볼 수 있다.

기능성 화장품은 선진국에서는 이미 1980년도 후반부터 폭발적인 수요증가와 함께 인기를 누려왔다. 소비자의 소득 수준이 향상되면서 개인의 외모나 이미지 관리에 높은 비중을 두는 라이프스타일의 변화와 인터넷이나 미디어의 홍보 및 자료공개로 인한 화장품에 대한 인식변화가 기능성 화장품의 수요증가로 이어졌다.

또한 소비성향의 고기능 및 효율성을 바탕으로 한 고급화와 개성이 강하고 다양한 취향을 가지는 젊은 층의 증가, 여성의 사회진출 및 활동의 증가로 인한 소비 증가, 건강하고 활동적인 중년 및 노인의 수요 증가, 남성고객의 수요증가 등의 소비자의 절대적인 필요성이 수요의 증가를 가져왔다.

더불어 화장품 기술의 근간이 되는 화학, 생화학, 첨단 생명공학기술, 화장품 제조 기술의 혁신, 특히 최근에 생명공학과 나노 등의 첨단기술이 기여한 바가 크며, 물리화학적으로는 신소재공학, 분체공학 등이 생리학적으로는 뇌신경학, 면역학 등 다양한 분야가 연관되는 첨단과학으로 기능성 화장품은 더욱 발전될 것이다.

AHA(각질제거), 레티놀(주름개선), 알부틴(피부미백) 등 몇 가지에 국한되었던 기능성 화장품의 성분은 최근 몇 년 사이 수십에서 수백 종으로 다양화되고 있다. 또한 기존의 한 가지 기능에 중점을 두었던 기능성 화장품을 한 차원 기술력을 높인 두 가지 이상의 기능을 갖는 복합기능성 화장품이 개발되어 또 다른 틈새시장을 열어가고 있다.

한편 기능성 화장품 시장에서 스킨케어 제품과 함께 성장세를 주도하는 분야는 헤어케어 분야이다. 발모제, 비듬 전용 샴푸, 제모제 등으로 구성되어 있는데 그 수요는 전 연령층에 걸쳐서 많은 소비에 따른 지속적인 성장세가 예측되며, 또한 슬리밍(Slimming) 제품 등의 바디 케어 제품 등 또한 비약적으로 속속 연구 및 개발로 인한 수요 및 성장이 활발하게 이루어질 전망이다. 21세기는 국경 없는 무한 경쟁의 시대로서 소비자의 구매욕구를 유발할 수 있는 상품의 다양화 및 차별화가 화장품 산업의 핵심과제로 대두될 것이다.

5) 미백 화장품

(1) 피부색

사람의 피부색은 다양한 종족과 문화, 성별, 나이, 지역, 계절, 신체부위, 건강상태에 따라 차이를 나타낸다. 사람의 피부색을 나타내는 데는 다음 4가지 물질이 관계하고 있다. 멜라닌 색소, 혈색소(산화-환원된 헤모글로빈), 카로틴, 멜라닌이 분해된 멜라노이드, 수화상태, 혈액량, 혈액중의 산소량 등에 따라 달라진다.

피부색은 피부에 흐르는 혈액의 빨간색에 카로틴의 노란색, 멜라닌의 검은색이 보태져 결정 되는데, 피부가 검은 사람이라고 해서 멜라닌을 만들어내는 멜라닌 세포의 수가 다른 사람에 비해서 특별히 많은 것이 아니다.

멜라닌세포의 수보다는 각각의 멜라닌세포가 멜라닌색소를 만들어내는 능력에 따라 피부색이 결정된다. 인간종족들에게서 나타나는 다양한 피부색은 사람들이 받는 자외선의 조사량과 가장 큰 관계가 있다고 알려져 있다. 그것은 태양빛을 받거나 그을렸을 때에는 멜라닌이 집중되어 층을 이루게 되기 때문이다.

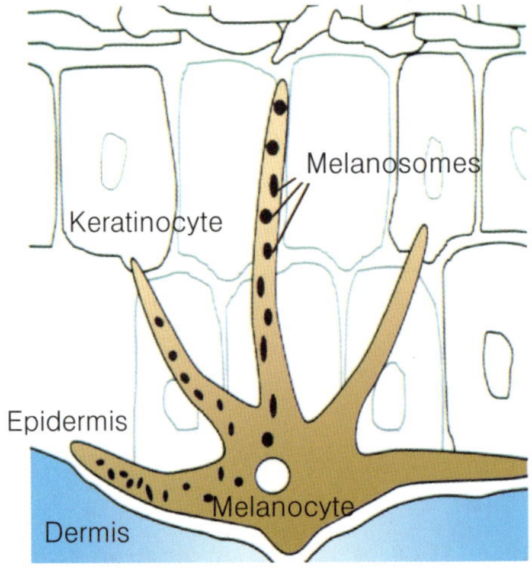

그림 9-2. 멜라노사이트의 구조

멜라닌(melanin)은 동물의 조직 및 피부에 존재하는 갈색 또는 흑색의 색소이다. 이를테면, 사람의 머리털이나 검은점의 색소, 낙지의 먹물색소 등이며, 포유류 · 조류 · 절지동물에서는 큐티쿨라(cuticula) 내부에 침윤되어 있고 파충류 · 양서류 · 어류 · 갑각류 · 곤충류 등은 피부에 존재한다.

멜라닌은 멜라노사이트(melanocyte)라고 하는 흑색 소포 내에서 만들어지며, 멜라노사이트는 태생기의 신경절에서 유래하고, 태생 3개월경이 되면 피부, 중추신경계, 망막의 세부위에 분포한다. 피부에서는 표피와 진피의 경계부에 존재하며, 세포 내에서 만들어진 멜라닌 과립을 계속적으로 표피세포에 보낸다. 그 양이 많으면 피부색이 황갈색에서 흑갈색을 띠고, 적을수록 색이 엷어진다.

멜라닌은 세포 내의 소기관인 리보솜(ribosome)에서 티로시나아제라는 효소의 생합성에서 합성되기 시작한다. 이 효소의 작용으로 아미노산의 일종인 티로신(tyrosin)에서 몇 단계를 거쳐 합성되어, 멜라노사이트라는 흑색소포 표면에 침착하여 멜라노솜(melanosome)이라는 멜라닌 과립이 생긴다. 완성된 멜라닌 과립의 형태나 크기, 멜라닌의 침착 정도는 유전적인 지배를 받아 동물의 종류나 장기에 따라서 달라진다.

물 및 대부분의 유기용매에 녹지 않으며, 화학적으로는 극히 비활성이다. 피부에 자외선을 조사하면 타서 갈색이 되는데, 이것은 멜라닌이 생성되어 과잉광선을 흡수하여 생체를 보호하기 위한 것으로 알려져 있다.

이 색소는 표피의 기저층에 있는 멜라노사이트(Melanocyte) 내 멜라노좀(Melanosome)에서 합성되는 물질로서 기저층 및 모근부, 외모근초에 기저세포 7~8개당 1개의 비율로 존재하며, 인종에 따라 차이는 없다. 그러나 인종에 따라 피부색이 다른 것은 멜라노사이트에 있어서 멜라노좀의 생성능력과 표피로 이행하는 멜라노좀의 수, 성숙도, 존재 양식이 다르기 때문이다.

그 외에 진피 내의 혈관 분포는 피부색의 붉고 푸른빛을 결정하는 요인으로 작용하며, 혈관 내에 흐르는 혈액에 산소의 함유량 정도에 따라 산소가 많으면 붉은빛, 적으면 푸른빛을 띠게 된다.

이는 혈관 속을 흐르는 혈액 속의 산소의 함유량 정도 뿐 아니라 혈관의 수축 및 확장의 정도에 의해서도 영향을 받는다. 그래서 상대적으로 혈액의 순환이 좋지 못한 팔다리의 말단으로 갈수록 푸른빛을 띠게 된다.

카로틴은 체외에서 음식물을 통해 섭취되는 물질로 피부색에 약간의 영향을 받게 된다. 카로틴은 과일이나 채소류에 비교적 많이 함유되어 있으며, 주로 피부의 각질층에 흡수되어 노란색을 띤다.

(2) 미백제(Whitening agents)

하얀 피부를 선호하는 동양인들에게 특히 인기인 미백 화장품은 자외선에 의한 기미나 주근깨를 완화시키고 멜라닌 색소의 생성을 억제하고 피부를 밝게 하는 효과가 있다고 알려져 있다. 미백 효과를 인정받은 성분으로는 알부틴(2%), 닥나무 추출물(2%), 유용성 감초 추출물(0.05%), 에칠아스코르빌에텔(2%), 아스코빌글루코사이드(2%), 마그네슘아스코빌포스페이트(3%) 등이 있다.

알부틴은 월귤나무 잎 등 식물에서 추출한 성분. 멜라닌 색소의 원인이 되는 티로시나아제 효소 활성을 억제해 멜라닌 색소가 생기는 것을 막아주는 기능이 있다. 천연 식물성분으로 피부에 안정적으로 스며들며 자극도 적은 편이다.

닥나무 추출물은 쌍떡잎식물 쐐기풀목 뽕나무과의 낙엽활엽 관목으로 미백 효과가 뛰어난 것으로 알려져 있다.

약초의 일종인 감초는 피부 세포에 유해 산소가 결합하는 것을 막아주는 뛰어난 항산화 작용이 있다는 것이 특징이다. 칙칙하고 생기 없는 피부를 맑게 가꾸어준다.

에칠아스코르빌에텔 성분은 비타민 C 유도체로 피부를 깨끗하게 만들어준다고 알려져 있다.

아스코빌글루코사이드는 칙칙한 얼굴의 피부를 균일하고 밝고 화사하게 만들어 준다고 알려져 있다.

비타민 C 유도체 마그네슘 아스코빌 포스페이트(Magnesium ascorbyl phosphate)는 항산화 효과와 함께 멜라닌 색소 형성을 억제하여 강력한 미백기능을 갖고 있으며, 콜라겐 형성을 촉진하여 피부의 탄력과 보습력을 증진시켜 주는 특징이 있다.

표 9-5. 피부의 미백에 도움을 주는 제품의 성분 및 함량

번 호	성 분 명	함 량
1	닥나무추출물	2%
2	알부틴	2%
3	에칠아스코빌에텔	2%
4	유용성감초추출물	0.05%
5	아스코빌글루코사이드	2%
6	마그네슘아스코빌포스페이트	3%
기타원료 : · 코직산 (Kojic Acid) · 비타민 C(Ascorbic Acid) · Phytoclear EL-1 · 반하추출물 · 상지추출물		

액, 로션, 크림 제형에 한하며, 제품의 용법 · 용량은 "본품 적당량을 취해 피부에 골고루 펴 바른다" 로 제한함 고시

또한 임상실험을 통해 안정성이 매우 높은 비타민 C 유도체로 증명되었으며, 이러한 안정성으로 피부 내에 흡수되면서 즉시 비타민 C로 변환되어 tyrosinase의 활성을 억제하여 멜라닌 생성을 저해하고, 산화 멜라닌을 환원하여 whitening 효과를 발휘하는 것으로 알려져 있다.

① 미백제의 작용 메커니즘에 따른 구분

A. 자외선 차단

UV-A, UV-B를 흡수하거나 산란시킴으로써 멜라닌 생성을 억제한다. 그러나 엄밀한 의미에서 이러한 기능이 강조된 것은 자외선 차단화장품에 속하며, 미백화장품에서는 보조 성분으로만 첨가되고 있다. 예를 들면, 이산화티탄, 감마-오리자놀, 옥시벤존 등이 있다.

B. 사이토카인 조절

호전달물질인 사이토카인의 작용을 조절한다.

C. 멜라닌 합성 저해제

티로신의 산화반응을 억제함으로써 멜라닌 색소의 생성을 억제한다. 예를 들면 비타민 C 및 그 유도체, 글루타치온 등이 있다.

D. 티로시나제의 활성저해

티로신의 산화를 촉매하는 티로시나제의 활성을 저해하여 멜라닌 생성을 억제한다. 예를 들면, 코직산, 알부틴, 감초추출물, 닥나무추출물 등이 여기에 속한다.

E. 박리촉진

피부의 각질층에 함유된 멜라닌 색소를 제거한다. 즉, 각질을 박리하고 턴-오버를 촉진함으로써 생성된 멜라닌 색소의 배출을 용이하게 할 수 있다. 예를 들면, 살리실산, 레조르신, 레틴산, 알파-히드록시산 등이 있다.

태반추출물은 포스파타제, 비타민, 핵산, 아미노산 등이 주성분으로 멜라닌의 체외 배출을 촉진해줄 뿐만 아니라 티로시나제의 합성저해, 멜라노좀의 생성을 저해함으로써 미백효과를 나타내는 것으로 알려져 있다. 그런데, 태반추출물에 함유된 포스파타제는 인산에스테르 결합을 파괴할 수 있으므로, 이러한 결합을 가진 성분과 함께 배합하는 것은 좋지 않다.

② 멜라닌 합성 저해제 비타민 C가 대표적

미백성분 중에서 가장 많이 쓰이는 것은 멜라닌 합성 저해제인데, 대표적인 것이 비타민 C이다. 즉, 비타민 C는 도파퀴논을 도파로 환원시켜 멜라닌 합성을 저해시킨다. 그러나 비타민 C는 화장품에 배합하는 경우 안정성에 문제가 있다.

이러한 문제점을 해결하기 위해 여러 가지 유도체가 합성되었다. 예를 들면 아스코르빈산, 인산마그네슘 등이 개발되었다. 비타민 C의 수산기에 인산을 결합하고 마그네슘염으로 만든 것으로 이는 비타민 C에는 없는 인산기의 도입으로 인해 경피 흡수가 보다 용이하도록 개발된 것이다.

이외에 지용성화한 것으로 비타민 C 팔미테이트, 비타민 C 스테아레이트 등이 쓰이고 있다. 이들은 생체내에 흡수된 후 에스테르 분해효소에 의해 분해되어 다시 비타민 C를 재생시킨다. 비타민 C는 기미, 주근깨의 치료뿐만 아니라 피부세포의 성장을 촉진한다. 이것은 비타민 C의 강한 항산화작용뿐 아니라 섬유아세포의 증식 및 콜라겐 합성의 촉진에 의한 것이다. 그러나 비타민 C자체는 수용액에서 쉽게 산화되어 색깔이 갈색으로 변할뿐 아니라 효과도 떨어지게 된다.

티로시나제의 활성저해제 가운데 알부틴은 하이드로퀴논과 유사한 화학구조를 가지고 있지만, 하이드로퀴논에 한분자의 글루코오스가 결합된 것이 차이점이다. 따라서 알부틴을 하이드로퀴논 글루코오스라고도 한다. 자연계에서는 월귤나무와 서양배나무의 잎에서 추출된다. 그러나 화장품에 사용하는 것은 대개 화학적으로 합성된 것이 쓰이고 있다.

③ 코직산은 누룩곰팡이 발효액에서 추출

코직산은 술을 만드는데 쓰이는 누룩을 취급하는 사람들의 손이 보통 사람에 비해 희다는 사실에 착안하여 개발된 것으로, 누룩곰팡이의 발효액으로부터 얻어지며 '누룩산'이라고도 한다. 검은색의 금붕어가 든 어항에 코직산을 소량씩 넣게 되면 금붕어의 피부가 점점 희게 되는 것을 관찰할 수 있는데 사람에게도 동일한 결과가 얻어져 화장품 원료로 사용되고 있다.

④ 티로시나제

티로시나제는 활성부위에 구리 이온, 즉 Cu(II)가 함유되어 있는데 이것이 제거되면 티로신이 효소의 활성부위에 작용할 수 없어 결과적으로 미백효과를 나타내게 된다.

⑤ 알파-히드록시산

박피제로 널리 사용되는 알파-히드록시산은 천연에 광범위하게 존재하는 유기산의 일종이다. 우유와 포도에 함유된 젖산과 주석산은 세포간 접착물질인 데스모좀을 분해하여 표피의 턴오버를 촉진하여 각질층의 탈락속도를 빠르게 한다.

한편, 생명체의 세포는 세포사이의 신호전달을 통하여 필요한 물질대사를 일어나게 하며 생명 현상을 영위한다. 멜라닌 세포를 포함한 모든 세포는 외부와의 신호교환에 있어서 세포막에 있는 수용체(receptor)를 이용하는데, 멜라닌의 생성과정은 정상 세포와 달리 외부로부터의 균형된 신호가 전달됨으로써 발생하는 것으로 보고 있다.

즉, 멜라닌세포가 멜라닌을 만드는 것도 외부로부터 멜라닌세포로의 신호전달에 의해 일어난다고 볼 수 있다. 따라서 신호전달에 관여하는 사이토카인의 조절에 의해 피부의 미백이 가능해진다. 이러한 예는 염증 진행과정에서 발생하는 색소 침착이 염증이 해소되면 자연적으로 정상 복귀되는 현상을 통하여 입증된다.

6) 주름개선제

(1) 피부의 노화

피부의 노화는 피부의 이상 현상이나 피부의 질환은 아니며 나이가 들어감에 따라 시간의 진행에 비례하여 일어나는 퇴행성 변화로 자연스런 현상이다. 과거에 정도 이상으로 선호했던 인공 썬탠이나 일광욕이 분명 건강하고 아름다운 피부를 원하는 현대인의 기대를 역행하는 일이 되었고, 여러 가지 피부 노화를 가속시키는 위험 요인이 날로 증가하고 있는 지금에 와서는 피부 노화에 대한 대책이 절실히 요구되고 있다.

피부의 노화에 관련된 피부의 외적 형태 변화로는 피부의 건조, 피부 늘어짐 및 주름 등이 있으며, 피부 질환으로는 지루 각화증이나 흑점 등이 있다. 주름을 생성시키는 원인에는 자외선, 건조 및 물리, 화학적 자극 등 환경 요인에 기인하는 피부 스트레스와 각질층의 수분량 저하, 각질층의 비대, 표피의 수축 및 진피의 교원섬유, 탄력 섬유의 양적, 질적 변화 등이 일으키는 피부의 탄력성이나 신축성의 저하가 주름 생성에 관여하고 있다.

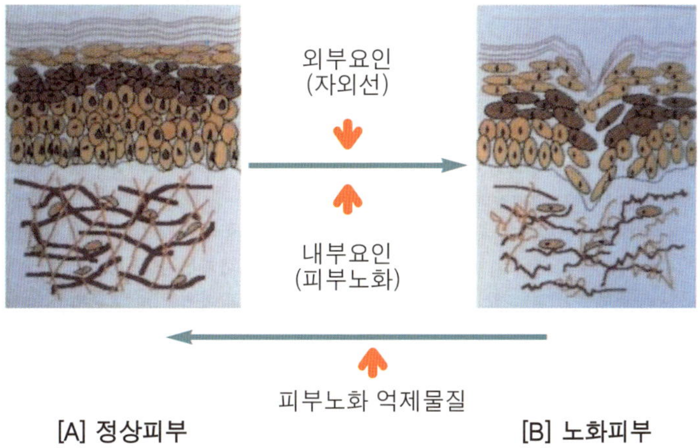

그림 9-3. 주름 형성 과정

피부 늘어짐 현상은 주로 40세를 전후하여 이마, 눈꺼풀, 뺨 등에 생기며, 주름과 마찬가지로 진피의 탄력성 저하나 피하지방 조직의 지지력 저하 및 피부를 받쳐 주는 근력의 저하 등을 들 수 있다. 또한 색소 침착도 계속 진행되는데 이로 인하여 피부색의 명도는 저하되고 색상은 적색에서 황색으로 변화한다.

피부의 노화는 내인성(자연노화) 노화(Intrinsic aging)와 태양광선 등 누적된 외부 환경에 대한 노출에 기인하는 광 노화(Photo aging)로 나타난다. 두 노화 사이에는 주름이 생성되고 피부 면역세포인 랑게르한스 세포와 진피의 세포 성분이 줄어드는 등 공통점이 많으나 광 노화에서는 피부가 두꺼워지고 탄력섬유가 증가하는 반면 자연 노화는 피부가 얇아지는 특징을 보인다.

자연노화의 변화는 주로 진피영역에서 일어나며 진피층의 유두진피 변화는 40대에 본격적으로 시작되는데 이러한 형태변화 외에 세포 증식, 손상의 회복, 면역 기능 및 섬유성분 합성, 등의 기능이 전반적으로 감소하는데 반하여 각질층의 방어 기능만은 비교적 적게 손상된다.

광 노화는 자외선에 만성적으로 노출 될 때의 영향으로 나타나는 것으로 가장 상징적으로 보여주는 것이 농부나 어부들의 피부이다. 외관적으로 피부가 거칠고 깊은 주름이 있으며 자외선에 노출되기 쉬운 목덜미 부분에서 특징적인 마름모꼴의 깊은 주름을 볼 수 있다.

① 내인성 노화

A. 임상적 변화

피부노화가 진행되면 피부는 점차 건조해지며 잔주름이 늘어나고 시간이 지나면 점차 주름이 깊어진다. 그리고 표피, 진피 전체의 구조와 기능적 변화로 피부가 탄력성을 잃고 늘어져 보인다. 색소 침착의 불 균일로 다양한 피부 색깔의 변화를 일으키며 각질형성세포나 멜라닌 세포를 기원으로 하는 악성의 종양들이 나타나기 쉽다.

B. 조직학적 변화

표피의 두께는 변화가 많으나 약간 얇아지는 경우가 대부분이며 표피를 구성하는 세포인 각질형성세포의 크기와 형태는 변화가 많다. 그러나 대부분의 각질형성세포는 크기가 커지나 높이는 낮아지며 각질층의 두께와 치밀함의 정도는 변화되지 않은 경우가 많으나 약간 얇아진다.

표피-진피 경계부는 점차 편평해지며 그 결합(물집이 생겼을 경우는 그 결합이 떨어진 상태임)이 느슨해진다. 또한 멜라닌 세포와 랑게르한스 세포의 수도 감소한다. 진피의 두께는 감소한다. 교원질의 총량이 성인이 된 후 1년에 1%씩 소실되어 가며 남아있는 교원섬유는 점차 두꺼워 지면서 가교가 증가되어 용해도, 팽창력 등이 감소한다.

탄력섬유도 두꺼워지며 가교가 증가한다. 이러한 탄력섬유의 변화는 진피 상층에서 노화정도에 따라 증가하여 진피 하부까지 관찰할 수 있게 된다. 그리고 진피 기질 성분의 양도 감소한다. 혈관분포의 정도와 혈관반응은 감소하며 혈관 벽은 두꺼워져 탄력성이 소실되어 혈관 악화를 초래한다. 피부 부속기인 모발은 멜라닌세포가 소실되어 흰머리가 많아지며, 모낭의 수가 감소하면서 탈모증이 오며 남아있는 모발도 직경이 감소하면서 성장속도가 감소한다.

한선의 수는 성인이 되면서 15% 감소되며 열 자극시의 땀 발생은 노인에서 거의 70% 이상 감소한다. 조갑판의 두께는 감소하면서 손톱 색깔은 밝은 색에서 어두운 회색으로 되며 자주 수직 횡문이 나타난다. 피하 지방층은 부위에 따라 비대화, 위축화가 나타나며 위축화는 주로 얼굴, 손등, 정강이에 나타나고 비대화는 허리, 허벅지에 주로 나타난다.

C. 생리적 변화

표피 세포의 증식활성이나 신진대사가 저하하며 표피-진피 사이의 결합이 느슨해져 영양교환이 줄어들면서 조그만 자극에도 손상을 입기가 쉽다. 피부를 통한 흡수가 감소하므로 자극물질에 의한 접촉피부염의 빈도는 감소하나 표피 세포의 재생이 늦어 상처 회복은 늦어진다. 멜라닌 세포의 감소로 자외선에 대한 방어 기능이 감소하며, 랑게르한스 세포의 감소로 피부면역 기능도 저하된다.

자외선에의 장기노출 및 면역반응과 염증반응의 감소로 피부 악성종양을 일으키기 쉽다. 진피층의 섬유아세포의 증식 활성과 교원섬유, 탄력섬유, 기질성분 등의 합성, 분해기능이 저하된다.

진피 내 히스타민의 분비감소와 자외선 조사 후 염증반응의 감소를 일으킨다. 피하지방층의 감소 및 진피 혈관 분포의 감소로 피부 온도가 낮아진다. 피하지방층의 감소는 피부의 물리적 자극에 대한 저항력을 저하시키며, 가벼운 압력이나 촉각 등의 감각도 감소한다. 열 자극에 대한 땀 분비가 저하되어 온도조절 능력의 감소를 초래하기 때문에 노인들은 일사병에 걸리기 쉽다.

피지선의 크기와 수는 변화가 없으나 안드로겐의 감소로 피지분비가 줄어들어 피부 건조화가 진행되며, 손발톱의 성장속도도 감소한다. 피부 혈류량은 부위에 따라 다르나 노화가 진행됨에 따라 혈류량은 감소하고 한냉 자극이나 자외선 조사 등에 대한 반응성도 저하된다.

② 광 노화

광 노화는 장기간에 걸친 광 노출로 인한 임상적, 조직학적인 피부변화를 말하며 과거에는 인간의 생리적인 노화가 더욱 촉진되어 나타나는 것으로 생각하여 조기 노화 등으로 표시하였으나 이제는 광화학, 광의학의 다양한 연구 결과 생리적인 노화와 질적으로 완전히 다른 현상임이 확인되었다.

백인들의 경우 검게 그을린 피부를 건강의 상징으로 착각하여 일상생활 중에 과도한 자외선 노출을 하는 경우가 많은데 이는 장년기에 접어들면 이미 광 노화의 징후가 뚜렷이 나타나게 된다. 일반적으로 과도한 광노출로 인한 광 노화의 위해를 잊어버리기 쉬운데 이는 광 노출과 광 노화의 시간 간격이 너무나 길 뿐만 아니라 그 인과관계가 확연히 눈에 보이지 않기 때문이다.

A. 임상적 변화

피부는 건조해지면서 점차 거칠어지고 주름이 진다. 각질층은 두꺼워지면서 피부의 정상적인 탄력성이 소실되면서 심해지면 축 늘어진 모양이 된다. 색소변화로서 노인성 반점, 주근깨와 불규칙적인 색소 손실이 나타난다. 혈관의 변화로써 모세혈관 확장이 나타나며 쉽게 멍이 든다. 드물게는 광선 각화증이나 피부암이 나타날 수도 있다. 특이한 경우 여드름이나 피지선 증식이 올 수 있다.

B. 조직학적 노화

광 노화의 조직학적 변화로는 표피의 두께가 증가하고 멜라닌세포의 이상항진이 일어나는 것이다. 진피의 주요 구성성분의 하나인 탄력섬유가 이상적으로 증식하고 또 진피 내 모세혈관의 확장이 일어난다. 광 노화는 내인성 노화의 양상과 다르며 그 조직학적 변화에 따른 조직학적 차이도 다양하게 나타난다.

C. 작용 파장

광 노화를 일으키는 주된 파장은 중파장(자외선 B)으로 알려져 있으나 장파장(자외선 A)도 노화를 일으키는 파장이 될 수 있다는 가능성이 보고되고 있다. 자외선 A는 홍반 발생 능력이 자외선 B보다 1000배 정도 약하나 장기간 계속적인 조사 시 광 발암 현상에

표 9-6. 생리적 노화와 광노화에 의한 피부변화 비교

구　분	생리적 노화피부	광노화 피부
진피층	얇아짐	두꺼워짐
모세혈관	모세혈관 확장 증 없음 모세혈관 망의 감소	모세혈관 확장증, 모세혈관 망의 확실한 감소 및 소멸
교원섬유와 탄력섬유	교원질과 탄력소의 감소와 변형, 탄력 섬유조직의 정상적 증식	교원질과 탄력소의 감소와 변형, 탄력 섬유조직의 불규칙적인 이상 증식
표피전체층	얇아짐	두꺼워짐
각질층	변화가 없으나 사람에 따라 두꺼워 질 수 있음	두꺼워짐
케라티노사이트	정상적 세포로 크기가 균일	세포의 이형화 또는 공포화 초래 피부암 발생 가능
멜라노사이트	세포수 감소, 세포의 모양 균일, 멜라노좀의 생산이 불완전함	세포수 증가, 다양한 모양의세포 멜라노좀의 생산의 증가
랑게르한스세포	세포수 약간의 감소, 정상세포	세포수 명백히 감소 다양한 모양의 세포
표피-진피 경계부	편평화	변화가 뚜렷하지 않음

서와 같이 중파장이 광 노화를 촉진할 수 있다. 적외선은 자체적으로 광 노화를 초래 한다기보다 자외선에 의한 광 노화를 촉진한다고 볼 수 있다.

(2) 주 름

주름은 나이가 들어감에 따라 나타나는 현상으로 생리적인 노화와 자외선에 의한 광노화로 나눌 수 있다. 생리적인 노화는 잔주름을 만들고 광노화에 의한 주름은 깊은 주름을 만든다.

주름은 단순히 피부 노화 때문에 발생하는 것은 아니다. 주름의 발생에는 여러 가지 요인이 복합적으로 작용한다. 생리적인 주름은 피부가 노화되면서 진피 상층의 콜라겐 및 진피성분이 퇴행되면서 탄력성이 줄어들어 윗 눈꺼풀과 눈 아래가 주머니처럼 처지며 양볼이 내려오는 것이다.

피하지방이 일부 흡수되어 주름을 더욱 악화시킨다. 또한 피부 밑에 있는 근육이 주기적으로 수축함에 따라 나타나는 주름으로 어린이에도 있으나 나이가 들면서 피부가 노화되고 피하지방이 위축되면서 눈에 두드러지는 주름이다. 대부분의 깊은 주름이 이에 해당된다. 이마, 미간, 콧등, 눈가, 입과 코 주위, 그리고 윗입술 등에 발생한 깊은 주름이 예이다.

주름은 사람의 얼굴은 표정을 짓는 표정근과 음식을 씹는 저작근으로 구성되어 있다. 표정근은 피부 바로 밑에 진피를 지나 상피의 기저층에 부착되어 있는 특수한 조직으로 이루어져 있으며 피부의 연조직을 움직여서 표정을 짓는데 관여한다.

이마에 수평주름 전두근, 미간에 내 천자 주름, 코에 수평주름, 비근근 눈꼬리에 새발모양주름, 안륜근 수염과 같은 팔자주름, 구륜근, 협근 등이 주로 관여하는 근육이다.

① 주름의 원인

A. 유 전

선천적으로 타고난 유전자의 프로그램에 따라 피부 노화 양상이 결정된다.

B. 연 령

20대 후반부터 서서히 신체에 여러 가지 생리적 변화가 발생하여 현저한 퇴화 현상을 보이게 되는데, 피부의 진피에는 탄력성을 유지시키는 콜라겐과 엘라스틴의 합성이 감소되어 주름살이 생기게 된다.

C. 내적인 원인

혈액순환의 장애와 유전적 소인, 나쁜 영양상태, 스트레스, 질병으로 인하여 생기게 된다. 진피와 표피 사이에 경계부가 점차 평평해져 경계 면적이 줄어 혈액 순 환이 나빠지고 영양공급도 부실해지게 된다.

D. 외적인 원인

- 외부환경 : 피부는 다른 신체 장기와는 달리 외부에 노출되어 있어 외부 환경에 의한 노화 과정을 거치게 된다. 피부 노화 현상인 주름을 촉진시키는 환경 요인으로는 자외선 즉 여름을 지난 피부는 내부적으로 과도한 자외선의 조사와 지나친 땀분비로 인한 수분증발로 민감해져 있고 몹시 건조한 상태에 놓이게 된다. 뜨거운 일광에 노출되었던 피부는 유해 자극으로 인해 가을 무렵이 되면 건성화 되면서 잔주름이 일기 쉽고 탄력성이 눈에 띄게 줄어들게 되며, 각질층도 두꺼워지고 피부 빛도 검게 된다.
- 기후(습도, 바람, 추위), 비누, 화장품으로 인한 피부자극 및 작업환경에 영향을 받는다.
- 기질 : 표정이 풍부한 사람이나 성격이 신경질적이고 화를 잘 내는 사람일수록 주름이 잘 생기고 무표정하고 성격이 느긋하며 너그러운 성격일록 주름이 잘생기지 않는다.
- 기타 : 단기간 체중감량 시나, 흡연 등에 의해서 나타날 수도 있으며, 공해 물질, 식생활, 수면 등을 원인으로 들 수 있다.

② 주름의 종류

A. 피부부위별 주름

- 표피성 주름 : 표피에만 관계하는 얕은 주름
- 진피성, 노인성 주름 : 근육에 관계하는 주름

B. 원인별 주름
· 동력에 의한 주름 : 표정근의 표정 운동에 의한 주름
· 중력에 의한 주름 : 결합섬유의 변성 위축에 의해 일어나는 처짐성 주름

(3) 주름개선제 종류

① 레티노이드(Retinoid)

레티노이드는 비타민 A와 관련된 화합물의 총칭이며 레티놀(Retinol), 레티노산(Retinoic acid), 레틴알데히드(Retinaldehyde) 등이 있다.

주름개선 화장품에 필수적인 주름개선제로는 진피의 결합조직 형성을 촉진하는 섬유아세포의 성장을 촉진하는 물질, 섬유아세포의 콜라겐 합성을 촉진하는 물질, 활성산소와 프리라디칼을 제거하는 물질 등이 있다. 이중 주름개선을 위해 사용되는 대표적인 것이 레티노이드이다.

이 화합물은 피부세포의 증식과 분화를 촉진하며, 단백질의 생합성에 중요한 역할을 한다. 즉, 피부세포에 존재하는 세포핵 중의 DNA로 하여금 mRNA를 발현시켜 콜라겐의 생합성을 촉진시킴으로써 주름을 감소시키고 피부의 탄력을 증대시킨다.

털이 나 있지 않은 생쥐의 피부에 장기간에 걸쳐 자외선을 조사하면 깊은 주름의 형성과 함께 광노화의 특징을 갖는 조직 변화가 발생한다. 이때 레틴산을 발라주면 주름에 대한 개선효과가 나타나는 것을 볼 수 있다.

그러나 레틴산은 때로 피부에 대한 건조와 따끔거림의 자극을 유발할 수 있다는 단점이 있다. 이러한 문제점을 해결하기 위해 레틴산과 유사한 효과를 나타내지만, 피부 부작용을 줄일 수 있는 다양한 유도체가 개발되고 있다. 이러한 예로는 레티닐 팔미테이트(retinyl palmitate)와 같은 에스테르(ester)화 물질이 많다. 이들은 피부에 흡수된 후 에스테라제에 의해 분해되어 레티놀을 거쳐 레틴산으로 대사되어 효과를 발휘하게 된다.

한편 레티놀은 다른 유도체들에 비해 공기 중에서 매우 불안정하다는 단점이 있지만 피부자극이 상대적으로 적은 이점이 있다. 일반적으로 레티놀은 열적 이성질체화와 탈수반응을 수반하며 분해되어 점차 효력을 상실하게 된다.

이러한 분해는 공기 중의 산소, 빛, 열, 중금속이온 등에 의해 촉진되며 그 결과 제품의 변질이 일어나게 된다. 이를 방지하기 위해서 항산화제가 첨가되며, 또한 중금속 이온의 제거를 위해 금속이온봉쇄제가 배합된다. 또한 자외선, 고온, 공기 및 물과의 접촉을 최소화하여야 한다. 대표적인 안정화 기술로는 W/O 에멀젼, 다중 에멀젼, 마이크로캡슐, 라멜라 액정구조 등으로 개발하여 사용하고 있다.

표 9-7. 피부의 주름개선에 도움을 주는 제품의 성분 및 함량

번호	성 분 명	함 량
1	레티놀	2,500IU/g
2	레티닐팔미테이트	10,000IU/g
3	아데노신	0.04%
4	폴리에톡실레이티드레틴아마이드	0.2%
기타원료 · α – 하이드록시애씨드 (α–Hydroxy Acid, AHA) · 토코페롤(Tocopherol, Vitamin E) · 3 – APPA		

액, 로션, 크림 제형에 한하며, 제품의 용법 · 용량은 "본품 적당량을 취해 피부에 골고루 펴 바른다" 로 제한함 고시

② 레티닐팔미테이트(Retinyl palmitate)

각종 유지를 녹이거나 다당류, 단백질 등을 포함하는 각조 고분자 물질로 안정화 시킨 것 또는 이들의 혼합물에 안정도, 제조 용이성 등을 향상시키기 위해 희석제, 안정제, 점증제 등 기타 원료를 첨가하여 얻은 것이다. 피부에 바르면 레티닐팔미테이트, 레티놀, 레티노산으로 전환된다.

생리적으로는 상피층의 두께를 증가시키고 상피층의 단백질 생산을 촉진시키며 피부 탄력성을 증가시킨다. 화장품학적으로는 레티닐팔미테니트는 잔주름과 주름의 숫자와 깊이를 줄이고 자외선 노출에 의한 피부 거칠음을 방지하는데 사용된다. 글리코산과 결합되면 흡수를 도와 더욱 효과적이다.

③ 아데노신(Adenosine)

아데노신은 아데닌(Adenine)이라는 염기와 라이보즈(ribose)라는 당이 결합한 화합물로 이 구조의 오른쪽 하단에 있는 당에 3개의 인산(phosphate)이 붙으면 ATP(adenosine 5'-triphosphate)라는 세포내 에너지의 주 근원이 된다. 그만큼 아데노신은 신체를 구성하면서 모든 대사가 원활하게 진행되는데 결정적인 역할을 하는 중요한 요소 중에 하나라고 할 수 있다.

세포 내 성분이기 때문에 피부 침투 시 안정성과 지속력이 뛰어나며 진피층에서 DNA와 단백질 합성을 촉진하기도 하므로 세포 스스로의 자생력으로 피부의 건강과 젊음을 유지할 수 있도록 도와준다고 할 수 있다. 이러한 아데노신이 함유된 화장품은 피부 노화를 개선하는 기능성 화장품으로 인정받고 있다.

④ 폴리에톡실레이티드 레틴아마이드(Polyethoxylated Retinamide)

폴리에톡실레이티드 레틴아마이드(Polyethoxylated Retinamide)는 주름개선제로서 Retinoic acid에 Polyoxyethyl amine을 아마이드 결합으로 합성해 얻어진 물질이다.

7) 자외선(Ultra violet light)

(1) 자외선 과 피부

태양광선은 빛의 파장에 따라 적외선, 가시광선, 자외선, X선, 감마선으로 구분된다. 자외선은 가시광선의 파장(400nm)보다는 짧고 X선(100nm) 보다는 긴 파장을 가진 전자방사선을 말한다.

태양은 늘 다량의 에너지를 지표면에 방사하고 있는데 그 방사에너지를 파장에 의하여 분석하면 다음과 같은 비율로 보여 준다. 293nm이하의 파장은 태양으로부터 방사되고 있으나 대기권을 둘러싼 오존층과 기타의 것에 의해 흡수되어 지표면에는 도달되지 않는다.

가시광선은 사물을 구분하게 해주는 밝은 빛이며, 자외선은 비타민D를 활성화해 칼슘대사에 영향을 준다. 적외선은 체온유지에 도움을 준다. 하지만 이 정도의 기능은 별도로 햇볕을 쬐지 않더라도 일상생활에서 충분히 가능하다. 반면 과다한 노출은 우리 피부에 여러 가지 해로운 영향을 미친다. 그 중 자외선은 피부암, 피부의 조기노화와 일광화상, 햇빛알레르기, 노인성각화증, 검버섯, 기미나 주근깨 악화나 유발을 시키기도 한다.

① 자외선(Ultra violet) 이란

자외선은 가시광선의 보라색보다 더욱 짧은 파장 영역의 광선이다. 자외선의 파장은 다음과 같이 3가지로 분류된다.

- UV-A : 320~400nm
- UV-B : 280~320nm
- UV-C : 200~280nm이다.

이 중 피부에 영향을 주는 자외선은 UV-A와 UV-B이다.

A. UV-A

일광 화상을 일으키지 않지만 순간 색소 침착을 일으킨다. 순간 색소 침착이란 피부가 햇빛에 노출되면 피부가 검게 되었다가 일정 시간 후에 조금씩 없어지는 현상을 말한다. 햇빛 속에는 UVA가 UVB보다 100배 이상 많은데, 피부 속 깊숙이 침투, 피부 탄력을 떨어뜨리고 잔주름을 만든다고 알려져 있다.

표 9-8. 태양의 방사에너지

구 분	파 장	에너지비율 (%)
자외선	400 ~ 293nm 이상	1 ~ 6
가시광선	700 ~ 400nm 이상	52
적외 선	700nm 이상	40 ~ 43

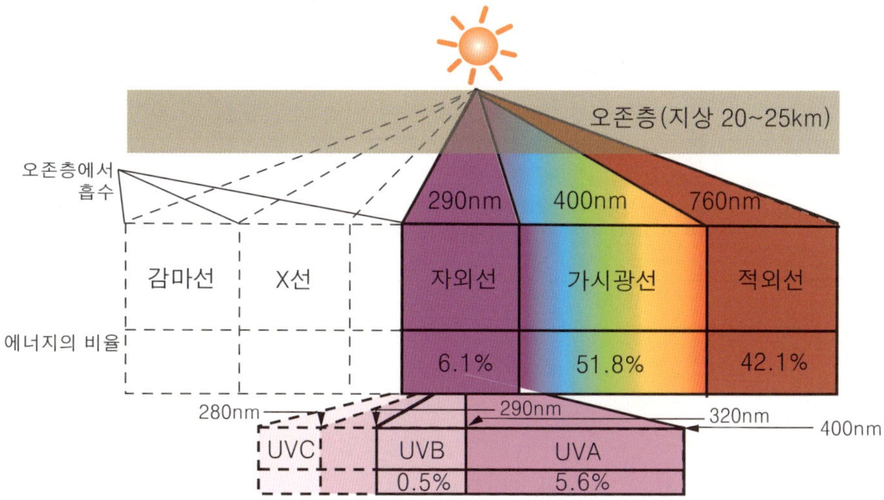

그림 9-4. 자외선

B. UV-B

UVA보다 햇빛 중에 소량 포함되어 있지만 피부가 햇빛에 노출될 때 차차 검어지게 만드는 자연 색소 침착(기미, 주근깨)의 주범이라 알려져 있다. 기미는 중년 여성에 잘 생기며, 연한갈색이나 암갈색의 다양한 크기의 색소침착반이 태양광선 노출부 특히 얼굴에 발생하는 과색소 침착성 질환으로 이마, 뺨, 눈 주위에 잘 생긴다.

주근깨는 황갈색 혹은 쌀알 크기의 반점이 노출 부위인 얼굴, 목, 어깨, 손 등에 주로 나타나며 여름철에 악화되고 겨울철에 호전되는 경과를 보인다. 대기의 오존층이 차단해 주는 것은 파장이 짧은 C파와 B파이다. 지금까지 B파는 피부를 그을리게 하고 때론 상피성암종을 일으키지만 보기 흉한 흔적만 남길 뿐 치명적이진 않은 것으로 알려져 왔다. 그런데 최근의 한 연구는 B파도 C파와 마찬가지로 악성종양인 흑색종을 유발한다고 보고하고 있다.

또한 지금까지 건강자외선이라 알려져 왔던 A파 역시 p53이라 불리는 종양억제유전자와 면역계를 손상시킬 수 있는 것으로 지적되고 있다. A파가 피부 깊숙이까지 스며들어 피부탄력을 유지하는 탄성섬유질이나 콜라겐을 파괴하여 조기피부노화, 반점, 주름 등을 유발한다는 것이다.

햇볕은 개인차가 있으나 자외선에 의한 피부손상은 피부가 흴수록 화상 위험이 높다. 통상 대낮에 30분만 노출되면 누구나 화상을 입게 마련이다. 일광화상은 강한 햇빛에 피부가 노출되면 노출부위에 홍반과 가려움증이 4~8시간 후에 나타나며 24시간 후 최대에 이르며 3~5일 경과 후 색소 침착을 남기고 서서히 소실된다. 중증일 때는 홍반 외에도 물집이 형성되고 통증이나 부종이 동반되기도 하며 1주일 이상 고생하게 된다.

표 9-9. 자외선 지수와 증상

지수 범위	자외선 강도	가능 증상
9.0 이상	매우 강함	20분 내외 피부 노출 시 홍반 생성
7.0 ~ 8.9	강함	30분 내외 피부 노출 시 홍반 생성
5.0 ~ 6.9	보통	1시간 내외 피부 노출 시 홍반 생성
3.0 ~ 4.9	낮음	100분 내외 피부 노출 시 홍반 생성
0.0 ~ 2.9	매우 낮음	2~3시간 피부 노출 시 홍반 생성

어려서 햇볕화상을 입은 사람은 피부암에 걸릴 위험이 많은 것으로 보고되고 있다. 그러므로 어린이들의 경우 여러 차례에 걸쳐 일광화상을 입는 것은 좋지 않으므로 곧바로 적절한 치료를 받도록 하고 여름철 피서지 등에서 햇볕화상을 예방할 수 있도록 부모들의 각별한 주의가 필요하다.

② 자외선의 특징

A. 음이온생성

파장 150~200nm 자외선에 의해 생성되고, 진통, 쾌면, 상쾌함, 피로회복 등 작용이 있다.

B. 오존생성

공기 중 산소에 150~200nm 자외선을 조사하면 다음과 같은 반응이 일어나 산소분자 일부가 오존으로 변화한다. 따라서 Ozone Forming Range(대표적 파장 184.9nm)라고 부른다. 자외선 파장 중 가장 짧은 파장을 갖는다 하여 Short Wave라 부르고 각종 미생물을 죽이는 효과로 인해 Germicidal Range라 부르며 통칭 UV-C(대표적 파장 : 253.7nm)라 부르고 있다. 이 파장대는 사람의 눈에 쪼이면 백내장을 유발하며 피부암을 유발하기 때문에 주의를 기울여야한다.

C. 살균, 선탠 작용

자외선 살균작용은 210~329nm 사이에서 강하게 나타나며 그 중에서도 250~260nm 파장에서 살균작용은 최강 살균작용이 있어서 100㎼의 강도를 가진 자외선을 1분간 쪼이면 대장균, 디프테리 아균, 이질균등은 99%가 죽는다. 또한 280~300nm 사이를 Vitamin D를 형성해 주는 효과가 있기 때문에 Vitamin D Range, 300~320nm사이를 특히 선탠 효과가 강해 Suntanning Range라 부르기도 한다. 저압 수은램프에서 인공적으로 살균선 253.7nm를 발생시켜, 각종 살균에 응용하기도하며, 350nm 파장에서는 모기 유인 살충용으로도 사용하고 있다.

표 9-10. 피츠페트릭(Fitzpatrick)의 피부유형 분류 기준표

유 형	설 명	MED(mJ/㎠)
I	항상 쉽게(매우 심하게) 붉어지고, 거의 검게 되지 않는다 피부가 쉽게 벗겨진다.	2~30
II	쉽게(심하게) 붉어지고, 약간 검게 된다. 피부가 벗겨진다.	25~35
III	보통으로 붉어지고, 중간 정도로 검게 된다.	30~50
IV	그다지 붉어지지 않고, 쉽게 검게 된다.	45~60
V	거의 붉게 되지 않고, 매우 검게 된다.	60~80
VI	전혀 붉게 되지 않고 매우 검게 된다.	85~200

MED는 I-VI 피부유형에게 홍반을 유발시킬 수 있는 최소자외선조사량을 말한다.

D. 홍반작용(297nm)

자외선에 의해 피부 홍반현상으로 바다나 산과 같은 자외선 량이 많은 곳에서 나타난다.

E 광 화학작용

광화학 반응은 식물의 광합성 작용에 관련된 파장으로 빛 작용에 의해 일어나는 화학반응을 말한다. 365nm(365~380nm) 파장대로 지문감식이나 위조지폐 분별에도 사용한다.

그 외에도 구루병을 방지하는 작용과 형광, 광전 작용, 곰팡이의 검출, 보석류의 감정선광 등에 이용된다.

③ 자외선 지수

인체에 영향을 미치는 자외선의 양을 객관적 지수로 변환시켜 일상 활동에 적용하는데 도움을 주고자 만든 척도이다. 자외선지수는 태양고도가 최대인 남중시각(南中時刻)때 지표에 도달하는 자외선 B (UV-B)영역의 복사량을 지수 식으로 환산한 것이다.

이는 10등급으로 구분되는데, 0은 과다 노출때 위험이 매우 낮음을 나타내고, 9이상은 과대 노출 때 매우 위험이 높다는 것을 의미한다. 현재 공중파 일기예보 시 자외선지수도 같이 예보하므로 야외활동 시 참고하면 편리하다.

피부 민감도가 보통인 사람 기준(피부유형 III)으로 지수와 증상간의 관계는 다음과 같다.

개개인의 피부유형에 따라 차이가 발생하는데 우리가 사용하는 피부유형의 분류는 표 9-10과 같다.

④ 자외선에 의한 피부손상 예방법

- 가능한 한 햇볕이 강한 시간인 오전 10시부터 오후 2시까지는 외출을 피하고, 외출 시에는 양산이나 모자, 선글라스를 사용하도록 한다.
- 햇빛이 유리를 통해 들어올 경우 자외선 B는 차단되나, A는 통과된다. 따라서 햇빛이 강렬할 때는 커튼 등으로 유리를 가리는 것이 좋다.
- 자외선은 모래나 물 위에서 잘 반사되기 때문에 반사광에 주의를 기울여야 한다.
- 구름이낀 흐린 날씨나 수영할 때 물에 젖은 얇은 옷은 자외선이 투과되므로 유의해야 한다.
- 외출 전에는 SPF 15 이상의 광선차단용 화장품을 반드시 사용한다. 광선차단제는 바른 후 30분 정도는 지나야 차단 작용을 하므로 외출하기 30분 전에 차단제를 발라야 한다. 또 2~4시간 간격으로 다시 발라 주는 것이 중요하다.

(2) 자외선 차단 화장품

피부에 태양의 자외선이 조사되면 일부는 각질층에 의해 반사되거나 산란되어 버리지만, 여기서 차단되지 않은 자외선은 피부 내부로 침투하게 된다. 반사나 산란은 파장이 클수록 잘 이루어지며 UV-A와 같이 파장이 긴 경우에는 피부의 진피 층까지 들어가는데 이때 콜라겐과 엘라스틴을 손상시키는데 결정적인 역할을 한다. 이로 인해 콜라겐과 엘라스틴은 탄력을 잃고 주름을 생기게 한다.

자외선 차단 화장품은 유해한 자외선으로부터 피부를 보호하는 기능성 화장품이다. 선스크린(sun screen) 또는 선블록(sun block)이란 명칭으로 불리어지고 있으며, 일반적으로 로션이나 크림, 스프레이 형태로 출시되고 있다. 자외선 차단제는 물리적으로 광선을 산란시키는 물리적 차단제와 화학적으로 자외선을 흡수, 소멸시키는 화학적 차단제가 있다.

자외선 흡수제는 자외선을 흡수하고, 열, 진동, 형광, 레디칼 등의 에너지로 변환하여 피부를 보호한다. 자외선 흡수제를 화학적 구조로 구분하여 보면 벤조페논(Benzophenone)계, PABA(Ethyl p-di Hydroxy propyl Benzoate, 파라디하이드록시 프로필 안식향산에틸)계, 계피산(Cinnamate)계, 살리실산(Salicylate)계 등으로 나눌 수 있다. UV-A영역에 흡수능력을 갖는 흡수제는 Avobenzone(부틸메톡시디벤조일메탄, 이하 Parsol, 1789)가 대표적이며, 그밖에 벤조페논계 자외선 흡수제가 있다.

그러나 가장 UV-A 흡수효과가 큰 Parsol 1789는 피부에 자극을 줄 수 있기 때문에 단점으로 지적되고 있으며, 개선을 위한 연구가 계속되고 있다.

자외선 산란제의 예로는 이산화티탄(Titanium dioxide), 산화아연(Zinc oxide, ZnO), 산화철(Iron oxides, FeO)류 등의 무기 분체를 들 수 있다. 이들은 산화철을 제외하면 안료(Pigment)의 분류상 백색 안료에 포함된다. 이 소재들은 자외선을 포함한 태양광선에 대

표 9-11. SPF 20 미만 제품의 표준시료

	성 분	분량 (%)
A	Lanoline	5.0
	Homosalate	8.0
	White petrolatum	2.5
	Stearic acid	4.0
	Propylparaben	0.05
B	Methylparaben	0.1
	Edetate disodium	0.05
	Propylene glycol	5.0
	Triethanolamine	1.0
	Purified water	74.3

표 9-12. SPF 20 이상 제품의 표준시료

	성 분	분량 (%)
A	Cetostearyl alcohol (and) PEG-40 caster oil (and) Sodium cetearyl sulphate	3.15
	Decyl oleate	15.0
	Octyl methoxycinnamate	3.0
	Butyl methoxydibenzoylmethane	0.5
	Propyl hydroxybenzoate	0.1
B	Purified water	53.57
	Phenylbenzimidazole sulphonic acid	2.78
	Sodium hydroxide (45% solution)	0.9
	Methyl hydroxybenzoate	0.3
	Disodium edetate	0.1
C	Purified water	20.0
	Carbomer	0.3
	Sodium hydroxide (45% solution)	0.3

하여 불활성이 크고 안전성이 우수하며, 또한 주로 산란이라는 물리적인 작용으로 자외선을 차단하여 줌으로 넓은 파장의 영역에 대하여 효과적이다. 자외선을 차단하는 기능은 자외선을 산란하는 효과와 흡수하는 효과의 복합적 메커니즘으로 이루어져 있다.

이중 화학적 차단제는 접촉성 알레르기 피부염을 유발할 수 있어 나라마다 배합한도를 규제하고 있으며 차단지수를 높이기 위해 차단효과가 우수하면서도 알레르기 유발성분이 적은 물리적 차단제를 배합한다. 따라서 지수가 높다고 해서 알레르기의 가능성이 높아지는 것이 아니며 그보다는 배합성분이 중요하다. 여드름 유발 역시 마찬가지인데 오일 프리, 여드름 유발성분이 없는 제품을 선택한다면 차단지수가 높아도 크게 무리가 없다.

① 구성성분

우리나라는 자외선차단효과측정방법 및 기준-식품의약품안전청고시에 의하여 자외선 차단제의 성분과 구성에 대하여 기준을 정하고 있다. 그 기준에 의하면 낮은 SPF(20미만)의 표준시료로는 8% Homosalate 표준시료를 사용하며, 그 자외선 차단지수는 4.47±1.28이다. 높은 SPF(20이상)의 표준 시료로는 아래의 표준시료를 사용하고, 자외선 차단지수는 15.5±3.0이다.

② 자외선차단제의 차단효과의 분류

A. 자외선 차단지수 SPF와 PA란?

SPF는 Sun protect factor의 약자로 현재는 UV-B차단지수를 지칭하는 경향이 있고 최근에 피부노화에 심각한 영향을 UV-A가 준다는 사실이 규명된 이후 UV-A차단 지수인 PA지수를 따로 사용한다.

B. UV-B 차단지수 : SPF(Sun Protection Factor)

자외선차단지수는 UV-B를 차단하는 제품의 차단효과를 나타내는 지수로 자외선 차단제품을 도포하지 않은 부위에 UV-B를 조사하여 얻은 최소 홍반량(MED)으로 자외선차단제품을 사용하여 얻은 최소 홍반량을 나눈 값이다.

최소 홍반량(Minimum Erythema Dose, MED)은 UV-B를 사람의 피부에 조사한 후 16~24시간에서, 조사영역의 거의 대부분에 홍반을 나타낼 수 있는 최소한의 자외선 량을 말한다.

SPF를 구하는 공식은 다음과 같다.

· 자외선 차단지수(SPF) $= \frac{SPFi}{n}$ 여기서 n = 표본수

· 각피험자의 자외선차단지수($SPFi$)

$$= \frac{\text{제품을 도포한 최소 홍반량}(MEDp)}{\text{제품을 도포하지 않은 피부의 최소 홍반량}(MEDu)}$$

즉 SPF수치가 높을수록 강력한 차단효과를 나타낸다.

SPA 20의 의미는 차단제 도포 시 피부에 도달하는 자외선 량을 1/20로 감소시킨다는 의미이다.

표 9-13. UVA 차단정도 분류

PFA	UV-A차단정도분류	UV-A 차단효과
2 이상 4미만	PA+	있음
4이상 8미만	PA++	상당히 높음
8이상	PA+++	매우 높음

C. UV-A의 차단지수 : PFA(PA)(Protection Factor of UV-A)

UVA 조사 후 2~4시간 내에, 조사 영역의 전 영역에 기본적으로 희미한 흑화가 인식되는 최소 자외선 조사량을 최소지속형즉시흑화량(Minimal Persistent Pigment darkening Dose : MPPD)라 하며 차단지수는 PFA로 나타낸다.

즉 PFA 2는 도포한 차단제가 50%를 차단하는 효과가 있는 것이다. 우리나라의 기준으로 정한 표준시료의 차단지수는 3.75이다.

UV-A 차단제의 제품분류는 표 9-13과 같다.

일반적으로 SPF가 높은 제품은 어느 정도 PA지수도 가지고 있으며 SPF 30, PA++ 정도의 제품이 추천되고 시중에서 많이 판매되고 있다. 시판되는 차단제가 SPA 10, 20, 30, 50 등이 나오고 있는데 SPA 20미만 제품에 사용되는 표준시료의 차단지수가 4.8이고 SPA 20이상 제품의 표준시료는 차단지수가 15.5인 것을 사용하므로 같은 분량을 피부에 발랐을 때 SPA 20이상인 제품의 차단 효율성이 월등하다.

그런데 자동차도 배기량 2,000cc 차량이 실제로는 1,998cc이듯이 SPA 20이라고 시판하는 제품은 SPA 20미만 표준시료를 사용하여 제조되고 SPA 30 이상의 제품부터 SPA 20 이상의 표준시료를 사용한다. 따라서 시중에서 판매되는 제품 SPA 20과 SPA 30사이에는 질적인 차이가 존재한다. 그러한 이유로 SPA 30이상을 권장하는 것이다. 참고로 일반적으로 권장되는 제품은 다음과 같다.

- 일상생활의 경우 : SPF 10~20, PA+
- 야외 활동이 많은 경우 : SPF 30 내외, PA++
- 스키장이나 골프장, 해변가 등인 경우 : SPF 50 내외, PA++, PA+++

③ 자외선 차단제의 사용

자외선 차단제에 대한 잘못된 상식들 중에서 SPA는 제품의 자외선 차단지수 일뿐 시간과는 엄밀히 관련이 없다. 만약 피부 도포 후 차단제가 물리적 손상 없이 피부에 100% 그대로 남아 있다면 하루 종일 효과가 지속된다. 하지만 시간이 지날수록 땀이나 마찰로 차단제가 씻겨 나가므로 어느 제품이던지 사용 환경이나 신체활동 수준과 연관시켜 일정 시간이 지나면 다시 발라주어야 한다.

얼마나 자주 발라야 하는가는 사용 환경에 따라 다르다. 해수욕장의 물놀이라면 30분 정도마다, 등산을 하면서 땀을 흘린다면 1시간정도 등 여러 요인을 감안해야 한다. 만일 일반적 야외활동이라면 2~3시간 간격으로 다시 바르는 것을 권장하고 있다.

자외선 차단제품은 1년 내내 사용하지만 SPF 지수가 높은 차단제품은 여름의 해변가나 스키장에서나 가끔 사용하는 것이므로 제품이 변질되지 않도록 잘 보관해야 한다. 보통 6개월에서 1년 정도는 사용할 수 있지만 용기의 뚜껑을 확실하게 닫고 서늘한 곳에 넣어둔다면 다음해 여름까지 무리 없이 사용할 수 있다.

자외선 차단 제품 사용방법은 땀이 나기 전, 피부가 건조한 상태에서 바르는 것이 좋다. 자외선 차단 제품을 바른 후 즉시 물놀이를 하거나 땀을 흘리는 것은 차단효과를 떨어뜨리는 요인이 된다.

자외선 차단 제품에 함유된 자외선 차단 성분이 충분히 기능을 발휘하기 위해서는 피부 표면이 균일하게 된 후에 가능하기 때문에, 반드시 30분 이상 지나서 활동해야 효과가 있다. 장시간 야외 활동 시에는 바른 후 2~4시간 정도 지나면 피부를 건조시킨 후 다시 발라 주는 것이 좋다. 한꺼번에 두껍게 바르는 것보다 일조량에 따라 시간별로 적절히 덧발라 주는 것이 피부에 부담이 적고 훨씬 효과적이다.

여성인 경우 더욱 안전한 자외선 차단을 원한다면, 기초 메이크업을 한 후 메이크업 베이스를 바르기 전에 자외선 차단 제품을 발라주고 메이크업을 하는 것이 좋다. 최근엔 메이크업 베이스 겸용으로 출시된 것이 많은데, 이것을 사용하면 화장하는 시간을 단축할 수 있어 편리하다.

8) 기능성 화장품의 안전성과 유효성

기능성 화장품은 고기능인 만큼 피부 트러블이 발생할 확률도 높다. 이에 따라 각종 안전성 테스트는 필수이다. 우선적으로 피부자극에 알레르기 반응 발생 여부 확인할 필요가 있다.

피부는 외부의 이물질에 대하여 저항력을 가지고 있는데, 모든 생명체의 기능이 그렇듯이 어느 한도 이상에서는 저항력이 무너지게 된다. 이때 피부에는 여러 가지 변화가 나타나게 되는데, 그 중에서도 화장품과 같이 피부에 접촉되어 생기게 되는 피부의 이상을 '접촉성 피부염'이라 부른다.

접촉성 피부염의 증상은 일반적으로 피부에 발적이 생기거나, 때로는 피부가 화끈거리는 작열감이 일어나기도 한다. 접촉피부염은 크게 피부 자극과 알레르기로 구분할 수 있다. 피부자극은 비면역 반응에 의한 것으로 일정한 농도 이상의 자극을 주면 대부분의 사람에게 발생되는 것이다. 화장품에 있어서는 계면활성제와 용제의 영향이 크다. 화장품에 배합되는 계면활성제와 각종 용제들은 각질층의 장벽기능을 파괴하거나 변화시킨다. 이로

표 9-14. 자료제출이 생략되는 기능성 화장품의 종류

연번	성 분 명	함 량
1	글리세릴파바	0.5%~3%
2	드로메트리졸	0.5%~7%
3	디갈로일트리올레이트	0.5%~5%
4	3-(4-메칠벤질리덴)-캄파	0.5%~5%
5	메틸안트라닐레이트	0.5%~5%
6	베노페논-3	0.5%~5%
7	벤조페논-4	0.5%~5%
8	벤조페논-8	0.5%~3%
9	부틸메톡시디벤조일메탄	0.5%~5%
10	시녹세이트	0.5%~5%
11	옥틸트리아존	0.5%~5%
12	옥토크릴렌	0.5%~10%
13	옥틸디메칠파바	0.5%~8%
14	옥틸메톡시신나메이트	0.5%~7.5%
15	옥틸살리실레이트	0.5%~5%
16	파라아미노안식향산	0.5%~5%
17	2-페닐벤즈이미다졸-5-설폰산	0.5%~4%
18	호모살레이트	0.5%~10%
19	징크옥사이드	25%(자외선차단성분으로 최대함량)
20	티타늄옥사이드	25%(자외선차단성분으로 최대함량)
21	이소아밀-p-메톡시신나메이트	10%
22	비스에칠헥실옥시페놀메톡시페닐트리아진	10%
23	디소듐페닐디벤지미다졸테트라설포네이트	산으로 10%
24	드로메트리졸트리실록산	15%

- 제6조제3항 관련 - (2000. 12. 11)
피부를 곱게 태워주거나 자외선으로부터 피부를 보호하는데 도움을 주는 제품의 성분·함량(화장품법시행규칙 별표3 제2호 관련 "부표" 중 기초화장용 제품류, 메이크업용 제품류에 한다.

인해 피부는 건조해지고 피지가 감소하며, 또한 계면활성제의 흡착으로 인한 단백질의 변성으로 피부 세포의 항상성이 깨어지게 되고 그 결과 피부 조직의 변화를 일으켜 자극을 유발하게 되는 것이다.

알레르기는 면역반응에 의한 것으로 정상인에게는 일정 농도 이하에서 접촉 피부염을 일으키지 않으나, 특이 체질인 사람의 경우에만 나타나게 되는 피부의 이상 증상이다. 특히 기능성 화장품의 원료가 될 수 있는 것은 천연물질에서 합성물질에 이르기까지 다양

하며, 세포의 생리학적 변화를 주는 것이 많으므로 일반 화장품보다 안전성을 위협할 요인이 많다. 물론 화장품의 기능성이 대체로 의약품에 비하면 미약하나 일생동안 반복해서 사용하는 화장품의 특성을 고려하면 무시할 수 없는 부분이 안전성 분야이기도 하다.

알레르기 반응은 특이 반응으로 이미 감염되었던 물질에 다시 노출되었을 때 발생한다. 그러나 자극 반응은 특이성이 없이 누구에게나 나타나며 접촉 중이거나 접촉 후 증상이 나타나는 반응시간이 짧으며, 접촉부위를 씻거나 시험물질을 제거하면 피부에 손상이 없는 한 증상이 없어지거나 약해진다. 그러나 알레르기 반응은 시험물질이 미량이라도 흡수가 되면 씻거나 닦아낸 후에도 피부 이상이 보다 긴 시간 지속되는 것이 특징이다. 그러나 피부 자극인 경우 시험물질을 제거하면 피부이상이 감소하거나 혹은 더 심해지지 않는다.

(1) 화장품의 안전성

화장품으로 인한 피부이상에는 여러 가지가 있는데, 예를 들면 화장품속에 포함되어 있는 유효성분, 방부제, 색소, 향료가 원인이 되거나, 정제되지 못한 원료가 배합된 경우 불순물이 원인이 되기도 한다. 또한 화장품의 사용과정에서 이 물질에 오염되거나 잘못된 화장습관이 피부 이상을 일으키기도 한다. 특히 기능성 화장품에 있어서는 효능이 우수한 유효성분들이 많이 배합되는 관계로 일반 화장품에 비해 피부 이상을 발생시킬 확률이 상대적으로 높다.

기능성 화장품은 피부에 반복해서 장기간 바르는 것으로 질병의 치료를 위해 사용하는 의약품과 달리 안전성이 중요하다. 의약품은 치료라고 하는 유효성과 부작용이라고 하는 위험성의 양면성이 있는데 비해, 기능성 화장품은 불특정 다수의 사람에게 사용될 수 있는 것이므로 안전성의 확보가 필수 불가결하다.

따라서 피부에 사용 직후 발생하는 자극 반응 뿐만 아니라 반복해서 사용했을 때 나타날 수 있는 누적 자극 반응 또는 알레르기 반응의 발생 여부를 확인하는 것은 매우 중요하다. 안전성의 확인은 사람을 대상으로 확인하는 것이 궁극적으로 필요하나 대부분의 경우 세포 및 동물을 모델로 하고 있다. 즉 안전성이 확보된 원료나 제품의 개발을 위해서 다양한 테스트 방법이 실시되고 있다. 예를 들면, 시험관내에서 실시하는 인비트로(*in vitro*)법, 동물이나 인체의 피부조직을 이용하는 엑스비보(*ex vivo*)법, 동물이나 인체에 직접 적용시키는 인비보(*in vivo*)법이 있다.

이들 시험방법은 대상으로 하는 원료의 특성이나 화장품의 제형에 따라 달라진다. 새로운 성분인 경우 단회투여독성시험(급성경구독성시험, 급성 비경구독성시험), 피부 1차자극시험, 피부감작성 시험, 안점막자극시험, 인체사용시험 등이 행해지고 있으며, 이외에도 시험물질을 피내 주사후 염증의 생성 유무를 판단하는 피내독성시험, 광에 의한 독성 유

표 9-15. 안전성 시험 항목

구 분	시 험 항 목
1	단회투여독성시험
2	1차피부자극시험
3	안점막 자극 또는 기타 점막자극 시험
4	피부감작성 시험
5	광독성 및 광감작성 시험 (자외선에서 흡수가 없음을 입증하는 흡광도자료 제출시 면제)
6	인체첩포 시험
7	반복투여독성, 생식독성, 또는 유전독성 등 필요한 독성시험 (살균보존제, 자외선차단제, 타르색소 등에 한함)
8	흡입독성 시험 (분무제의 분사원료에 한하며, 의약품. 의약외품에 이미 사용되었던 원료의 경우는 면제함)

무를 판정하는 광독성시험, 간에 의한 손상 유무를 판정하는 간독성시험, 항체의 생성유무를 확인하는 항원성 시험 등이 행해지고 있다. 특히 화장품에 처음으로 사용되는 신원료와 기능성 화장품에 대하여는 다양한 안전성 시험이 실시된다.

① 단회투여독성시험

화장품을 먹거나 마셨을 때 안전성에 대한 항목은 매우 중요하다. 이 시험을 위해 화장품을 동물에 투여하여 그 동물의 사망하는 양을 구하고 증상의 관찰 및 부검을 통하여 작용 메커니즘을 확인한다.

실험동물은 주로 랫드 또는 마우스를 이용하는데 1군당 5마리이상 준비하고, 독성을 파악하기 위해 적절한 용량을 설정하는데 만약 2,000㎎/㎏이상의 용량에서 시험물질과 관련된 사망이 나타나지 않는다면 용량단계를 설정할 필요는 없다.

경구 또는 비경구 투여한 후 14일간 변화를 관찰하는데 독성증상의 종류, 정도, 발현, 추이 및 가역성을 관찰하고 기록한다. 관찰기간 중 사망례 및 관찰기간 종료 시 생존례는 전부 부검하고, 기관과 조직에 대하여도 필요에 따라 병리조직학적 검사를 행한다. 시험물질이 갖고 있는 고유의 독성을 밝혀내고 독성을 일으키는 기관을 알아내고 투여 용량에 따른 안전성 자료를 얻고자 하는 시험법이다. 독성시험을 한 후 실험동물의 절반이 사망하는 시험물질의 양으로부터 LD_{50}(Lethal dose :치사량)을 구하는데 독성을 평가하는 지표로 쓰인다.

② 1차 피부자극시험

기능성 화장품에 있어서 가장먼저 유의해야할 사항으로 피부에 처음에 도포했을 때 피부염을 유발하지 않아야 한다. 1차 피부자극시험은 시험물질의 피부세포나 혈관계에 대한 직접적인 독성을 파악하는 것이다. 일반적으로 드레이즈가 개발한 Draize방법을 쓰는 것을 원칙으로 한다.

시험동물은 백색 토끼 또는 기니픽(Guinea pig)을 이용한다. 시험동물 수는 3마리 이상 준비하고, 털을 제거한 건강한 피부에 1차 자극성을 적절하게 평가 시 얻어질 수 있는 적절한 면적 및 용량을 설정하고 투여해야 하는데, 단일 농도 투여 시에는 0.5ml(액체) 또는 0.5g(고체)를 24시간 개방 또는 폐쇄첩포(Closed patch)하고, 투여 후 24, 48, 72시간의 투여부위의 육안관찰을 행한다. 투여 후 처치는 무처치하지만 필요에 따라서 세정 등의 조작을 행해도 좋다.

홍반과 부종의 판정을 하고 평균을 산출하여 이를 1차 자극성 지수(Primary irritation index, PII)로 산출한다. 드레이즈는 물질의 자극정도를 3단계로 구분하였다. 1차 자극지수가 0~2인 경우는 약한 자극물질, 3~5는 중간 자극물질, 6이상은 강한 자극 물질로 구분하고 있다. 동물실험에서 안전성이 판정되면 최종적으로 인체 첩포시험을 실시하여 피부 안전성 여부를 확인한다.

③ 안점막자극 또는 기타점막자극시험

샴푸, 린스 등의 안점막에 대한 자극성을 평가하는 시험으로 쓰이는 것은 Draize방법을 원칙으로 한다. 시험동물은 백색 토끼를 이용하는데 세척군 및 비세척군당 3마리 이상을 준비하고, 안점막자극성을 평가하기에 적정한 농도를 설정하여, 투여 용량은 0.1ml(액체) 또는 0.1g(고체) 투여해야하는데, 방법으로는 한쪽 눈의 하안검을 안구로부터 당겨서 결막낭 내에 투여하고 상하안검을 약 1초간 서로 맞춘다. 다른 쪽 눈을 미처치 그대로 두어 무처치 대조안으로 한다.

약물 투여 후 1, 24, 48, 72시간 후에 눈을 관찰한다. 투여 후 각막의 혼탁정도, 홍채의 반응, 결막의 발적, 부종, 분비물의 정도를 관찰하여 자극성을 평가한다. 기타 대표적인 시험방법은 다음과 같은 방법이 있다.

- LVET(Low Volume Eye Irritation Test)법 : Oral Mucosal Irritation test법
- Rabbit/Rat Vaginal Mucosal Irritation test법 : Rabbit Penile mucosal Irritation test법

④ 피부감작성시험

감작이란 인체 내로 최초 항원이 침투하여 항체와 결합하는 것을 말한다. 피부감작시험은 알레르기 유무를 알기위한 시험으로 불특정다수의 소비자를 대상으로 하고 있는 화장품에서는 매우 중요한 항목이다. 일반적으로 확대시험법(Maximization test)을 사용하지만

적절하다고 판단되는 다른 시험법을 사용할 수도 있다. 확대시험법은 시험동물로 기니픽을 이용하며, 감작유도(Induction)를 일으킨 후 감작유발(Challenge)시키는 2단계로 구성된다.

시험동물 수는 원칙적으로 1군당 5마리 이상으로 하며, 시험군으로는 시험물질 감작군, 양성대조 감작군, 대조군을 둔다. 시험 실시요령으로는 Adjuvant는 사용하는 시험법 및 adjuvant 사용하지 않는 시험법이 있으나 제1단계로서 Adjuvant를 사용하는 사용법 가운데 1가지를 선택해서 행하고, 만약 양성소견이 얻어진 경우에는 제2단계로서 Adjuvant를 사용하지 않는 시험방법을 추가해서 실시하는 것이 바람직하다.

시험결과의 평가는동물의 피부반응을 시험법에 의거한 판정기준에 따라 평가한다. 대표적인 시험방법은 다음과 같은 방법이 있다.

- Adjuvant를 사용하는 시험법
- Adjuvant를 사용하지 않는 시험법
- Adjuvant and Patch Test
- Buehler Test
- Freund's Complete Adjuvant Test
- Draize Test
- Maximization Test
- Open Epicutaneous Test
- Optimization Test
- Split Adjuvant Test

⑤ 광독성시험

광독성이란 광선에 의해 나타나는 피부자극반응을 말하며 광독성을 일으키는 물질을 광독성 물질이라한다. 광독성 물질을 알아내기 위한 시험은 일반적으로 기니픽을 사용하는 시험법을 사용한다. 동물 수는 원칙적으로 1군당 5마리 이상으로 하며, 원칙적으로 시험물질투여군 및 적절한 대조군을 둔다.

털을 제거한 피부에 시험물질을 바르고 광선을 쪼인 부분과 쪼이지 않은 부분에 나타나는 반응의 차이를 관찰하여 광독성의 유무를 판정한다. 광원으로는 UV-A 영역의 램프 단독, 혹은 UV-A와 UV-B 영역의 각 램프를 겸용해서 사용한다. 시험결과의 평가는 동물의 피부반응을 각각의 시험법에 의거한 판정기준에 따라 평가한다. 대표적인 평가 방법으로 다음과 같은 방법이 있다.

- Ison법
- Ljunggren법
- Morikawa법
- Sams법
- Stott법

⑥ 광감작성시험

광선에 의한 알레르기 반응의 유무를 관찰하는 시험이다. 자외선 흡수제, 향료, 방부제의 일부는 광선에 의해 알레르기를 유발하는 것으로 알려져 있다. 특히 자외선 차단화장품은 광감작성의 확인은 매우 중요하다. 시험동물로는 일반적으로 기니픽을 사용하는 시험법을 사용한다. 동물 수는 원칙적으로 1군당 5마리 이상이며, 원칙적으로 시험물질투여군 및 적절한 대조군을 둔다. 광원은 UV-A 영역의 램프 단독, 혹은 UV-A와 UV-B 영역의 각 램프를 겸용해서 사용한다.

시험 실시요령으로는 시험물질의 감작유도를 증가시키기 위해 adjuvant를 사용할 수 있다. 광독성 시험과 유사하게 시험물질을 바른 후 광조사를 하여 광감작을 유도하고 일정시간 후 시험물질과 광조사를 실시하여 광감작을 유발시킨다. 이때 광조사 부위와 조사하지 않은 부위의 피부반응을 관찰하여 유무를 판단한다.

자세한 시험결과의 평가는 동물의 피부반응을 각각의 시험법에 의거한 판정기준에 따라 평가한다. 대표적인 방법으로 다음과 같은 방법이 있다.

- Adjuvant and Strip법
- Harber법
- Horio법
- Jordan법
- Kochever법
- Maurer법
- Morikawa법
- Vinson법

⑦ 인체사용시험

화장품의 신원료는 인체 첩포시험을, 기능성 화장품은 인체 누적 첩포 시험을 시행하여 평가한다. 화장품의 신원료나 기능성 화장품이 피부염 등의 부작용의 유무를 확인하는 시험법으로 팔이나 등 부위에 첩포시행을 한다. 휘발성인 경우는 개방첩포, 불휘발성인 경우는 폐쇄첩포를 한다.

인체 첩포시험은 피부과 전문의 또는 연구소 및 병원, 기타 관련기관에서 5년 이상 해당시험 경력을 가진 자의 지도하에 수행되어야 한다. 시험 대상 인원은 30명 이상으로 투여 농도 및 용량은 원료에 따라서 사용시 농도를 고려해서 여러 단계의 농도와 용량을 설정하여 실시하는데, 완제품의 경우는 제품자체를 사용하여도 된다.

첩포 부위는 사람의 상등부(정중선의 부분은 제외)또는 전완부등 인체 사용시험을 평가하기에 적정한 부위를 폐쇄 첩포한다. 관찰은 원칙적으로 첩포 24시간 후에 patch를 제거하고 제거에 의한 일과성의 홍반의 소실을 기다려 관찰, 판정한다.

기능성 화장품인 경우는 장기간 계속 사용하기 때문에 자극이 낮아 자극이 잘 나타나지 않는다. 따라서 인체 누적 첩포시험을 실시한다. 시험결과 및 평가는 홍반, 부종 등의 정도를 피부과 전문의 또는 이와 동등한 자가 판정하고 평가한다. 인체 누적 첩포시험의 대표적인 방법으로 다음과 같은 방법이 있다.

- Shelanski and Shelanski법
- Draize법(Jordan modification)
- Kilgman의 Maximization법

⑧ 유전독성시험

박테리아를 이용한 복귀돌연변이시험으로 시험균주는 Salmonella typhimurium TA98(또는 TA1537), TA100(또는 TA1535)를 사용하며, 균주 외의 균주를 사용할 경우 그 사유를 명기한다. 용량단계는 5단계 이상을 설정하며 매 용량마다 2매 이상의 플레이트를 사용한다. 최고용량으로 비독성 시험물질은 원칙적으로 5mg/plate 또는 5㎕/plate 농도, 세포독성 시험물질은 복귀돌연변이체의 수 감소, 기본 성장균층의 무형성 또는 감소를 나타내는 세포독성 농도로 S9mix를 첨가한 대사활성화법을 병행하여 수행한다.

대조군은 대사활성계의 유, 무에 관계없이 동시에 실시한 균주-특이적 양성 및 음성 대조물질을 포함한다. 결과의 판정은 대사활성계 존재 유, 무에 관계없이 최소 1개 균주에서 평판 당 복귀된 집락수에 있어서 1개 이상의 농도에서 재현성 있는 증가를 나타낼 때 양성으로 판정한다.

포유류 배양세포를 이용한 체외 염색체이상시험은 시험세포주 사람 또는 포유동물의 초대 또는 계대배양세포를 사용한다. 용량단계는 3단계 이상을 설정한다. 최고용량으로 비독성 시험물질은 5㎕/ml, 5mg/ml 상당의 농도, 세포독성 시험물질은 집약적 세포단층의 정도, 세포 수 또는 유사분열 지표에서의 50% 이상의 감소를 나타내는 농도로 S9mix를 첨가한 대사활성화법을 병행하여 수행한다.

염색체 표본은 시험물질 처리 후 적절한 시기에 제작한다. 염색체이상의 검색은 농도당 100개의 분열중기상에 대하여 염색체의 구조이상 및 수적이상을 가진 세포의 출현빈도를 구한다. 대조군은 대사활성계의 유, 무에 관계없이 적합한 양성과 음성대조군들을 포함한다. 양성대조군은 알려진 염색체이상 유발 물질을 사용해야 한다. 결과의 판정은 염색체이상을 가진 분열중기상의 수가 통계학적으로 유의성 있게 용량 의존적으로 증가하거나, 하나 이상의 용량단계에서 재현성 있게 양성반응을 나타낼 경우를 양성으로 한다.

설치류 조혈세포를 이용한 체내 소핵 시험의 시험동물은 마우스나 랫드를 사용한다. 일반적으로 1군당 성숙한 수컷 5마리를 사용하며 물질의 특성에 따라 암컷을 사용할 수 있다. 용량단계는 3단계 이상으로 한다. 최고용량에서 더 높은 처리용량이 치사를 예상하게 하는 독성의 징후를 나타내는 용량, 또는 골수 혹은 말초혈액에서 전체 적혈구 가운데 미성숙 적혈구의 비율 감소를 나타내는 용량 시험물질의 특성에 따라 선정한다.

투여경로는 복강투여 또는 기타 적용경로로 한다. 투여회수는 1회 투여를 원칙으로 하며 필요에 따라 24시간 간격으로 2회 이상 연속 투여한다.

표 9-16. 기능성 화장품의 효능효과 평가 목록

항 목	내 용
주름억제효과	내용 피부의 주름 부분을 본떠서 만든 복제물의 측면에서 빛을 비추었을 때 생기는 그림자의 길이와 면적을 측정한다.
세포재생효과	각질층에 형광물질을 염색한 후 형광물질이 소멸되는 시간을 측정한다.
세포증식효과	피부에서 얻은 섬유아세포를 일정시간 배양시킨 후 세포의 수를 측정한다.
보습효과	피부의 전기전도도를 측정하거나, 표피에서 손실되는 수분의 양을 측정한다.
자외선차단효과	인공태양광선을 이용하여 최소 홍반량을 결정하고, 이로부터 자외선 차단지수를 구한다.
미백효과	색차계를 이용하거나, 티로시나제의 활성저해능으로 구한다.

대조군은 병행실시한 양성과 음성 대조군을 포함한다. 시험물질 투여 후 적절한 시기에 골수도말표본을 만든다. 개체당 1,000개의 다염성적혈구에서 소핵의 출현빈도를 계수한다. 동시에 전적혈구에 대한 다염성적혈구의 출현빈도를 구한다. 결과의 판정은 소핵을 가진 다염성적혈구의 수가 통계학적으로 유의성 있게 용량 의존적으로 증가하거나, 하나 이상의 용량단계에서 재현성 있게 양성반응을 나타낼 경우를 양성으로 한다.

(2) 기능성 화장품의 유효성

기능성 화장품의 유효성을 측정하는 방법으로는 피부의 상태를 직접 또는 표본을 떠서 현미경으로 관찰하거나 피부의 수분량 측정, 전기 전도도 측정 등의 기기적 방법이 있다. 많은 방법 중에서 일부를 소개하면 다음 표와 같다.

화장품의 미용작용상의 효과의 판단에 대해서는 그 화장품에 의하여 화장품의 목적인 사람의 신체를 청결케 하고 미화하며, 매력을 증가시키고 피부, 모발 또는 치아를 깨끗하게 보존하고 또 용모를 바꿀 수가 있는 가에 대하여 검토하도록 되어 있다. 화장품으로서의 미용작용상의 유용성 등은 정량화될 수 있는 시험관내 시험(*in-vitro*) 등 재현 가능한 객관적인 실험결과 등에 의해서 원칙적으로 판단되어야 하며 경우에 따라서는 화장품의 미용 작용상 시각, 취각, 미각, 촉각 같은 관능으로서 판단되는 효과를 확인할 수 있는 정도의 객관적인 판단의 자료, 예를 들면 패널 테스트(Panel test)에 의한 관능검사 등의 실험 결과에 의해 그 효과를 판단할 수 있다.

특히, 기능성 화장품 등은 피부에서 생화학적 또는 물리적 효능·효과를 나타냄으로써 피부의 기능을 향상시키게 되는 것이므로 그와 같은 기능적 유용성을 입증하는 사항이 객관적 자료에 의해 상세히 기재되어 있지 않으면 안 된다.

참고문헌

광응용계측기분야 산업분석, 산업자원부, 2002
광주 광산업 육성 및 집적화 계획, 산업연구원, 2000
광통신, 조성준, Ohm사, 1994
기능성 화장품, 하병조, 신광출판사, 2004
기능성 화장품의 휴효성평가를위한 가이드라인(II), 식품의약청안전청(KFDA), 2005, www.kfda.go.kr
레이저 공학, 김병태 편저, 상학당, 1997
레이저 원리 및 활용, 김기준, 대영사, 1997
레이저와 광파이버 통신, 기전연구사, 1993
레이저와 미래생활 첨단과학기술총서, 한국과학기술진흥재단
레이저의 기초 원리와 응용, 송순달, 청문각, 1999
레이저의 의료응용, 송순달, 다성출판사, 2001
메디컬 스킨케어, 이정옥 외 5, 훈민사, 2005
메디컬 처치 후 비타민 C 이온영동요법이 여드름 및 여드름 반흔의 개선에 미치는 효과에 대한 연구, 정현숙, 건국대 산업대학원, 200602
보건산업기술동향, 가을호, 유익동, 한국생명공학연구원, 2005,
샤롱트리트먼트, 강신옥 외 3, 훈민사, 2004
샤롱트리트먼트, 고혜정 외, 정담미디어, 2005
살롱트리트먼트, 강수경 외 7, 청구문화사, 2003
스파뷰티테라피, 정담미디어, 2006
신화장품학, 권경옥외, 동화기술, 1997
에스테틱 샤롱트리트먼트, 김현주 외5, 정담, 2000
여드름의 종류, 발생기전, 치료제 및 관리에 관한 고찰, 유미, 건국대학교 산업대학원, 2003
이산화탄소 레이저가 인체 피부의 색깔 변화, 박피 깊이 및 조직학적 반응에 미치는 영향, 김진왕, 연세대 대학원, 200102
일렉트로닉스, Albert Malvino, 대영사, 1999
표준성형학, 대한성형외과학회, 2000
피부 노화 방지를 위한 효율적인 피부관리 방법에 관한 연구, 한도숙, 중앙대 의약식품대학원, 200508
피부과학, 고재숙외, 수문사, 2000
필링제품의 이용실태와 사후관리에관한 연구, 허진요, 숙명대학교 원격향장산업대학원
화장품법시행규칙, 식품의약청안전청(KFDA), www.kfda.go.kr
화장품학, 이승화, 태평양기술연구원, 2000
화장품학, 진종언외, 정담미디어, 2006

효과적인 피부관리를 위한 피부관리 절차제안, 김영은, 건국대학교 산업대학원, 2003
Cosmetic Dermatology원리 및 임상, 정담미디어, 2004
A Review of Major Markets for Medical Lasers, David Crawford, Clinica Report, 1996
http://chejucyber.cheju.ac.kr
http://hanawoman.co.kr/clinic/p0463.htm
http://lsrl.kaist.ac.kr/Lecture/LaserApplications.htm
http://mitechno.co.kr/sub2-1-2.htm
http://physics.inha.ac.kr/osc/pdf/woojongho.pdf
http://quanta.khu.ac.kr/physics/98UndergraduateTheses/ppk/paper.HTM#HOME
http://quanta.kyunghee.ac.kr/physics/98UndergraduateTheses/bsh/laser.htm
http://seis.scienceall.com/bookfile/ke27/ke027-004.htm
http://sungskin.co.kr/m04/m03.php
http://www.amtpro.co.kr
http://www.beautyforever.co.kr
http://www.biospectrum.co.kr/
http://www.cosmomd.co.kr
http://www.damiin.co.kr
http://www.eic.re.kr
http://www.elos.co.kr
http://www.esglobal.co.kr
http://www.goldenlight.co.kr
http://www.haeskin.com/skin 184.htm
http://www.ilovehans.co.kr
http://www.IPL114.com
http://www.kah.or.kr/
http://www.kipi.or.kr
http://www.kitox.re.kr/
http://www.kmdia.or.kr
http://www.lumenis.com
http://www.medicalsnj.com
http://www.medi-park.net
http://www.meridian.co.kr
http://www.misotech.co.kr
http://www.nadomiin.com
http://www.nanopharms.com/
http://www.oitda.or.jp
http://www.oldskin.co.kr
http://www.orientmg.com

http://www.otanevus.co.kr
http://www.photomedex.com/category.php?cid=5
http://www.photonics.com
http://www.phy.davidson.edu/StuHome/sethvc/Laser-Final/dye.htm
http://www.pibu365.com
http://www.pibujoa.com
http://www.reliant-tech.com
http://www.scienceall.com
http://www.shop-open.co.kr
http://www.skindrs.co.kr
http://www.smmedical.co.kr
http://www.snuclinic.co.kr
http://www.soodogroup.com
http://www.stratek.co.kr
http://www.technology.niagarac.on.ca/people/mcsele/dyelasers.htm
http://www.thermage.co.kr
http://www.xenosys.co.kr
http://www.yesb.net
http://www.zellcos-asia.com
KC Technology, Korea, Seoul, 2007
Long-wavelength semiconductor lasers, G. P. Agrawal and N. K. Dutta
Principles and Applications of Optical Communications, IRWIN
principles of Lasers, Selto, Orazio, plenum, 1985
The blue laser diode, S. N. Nakamura and G. Fasol, Springer, New York, 1997
Van Nostrand Reinhold Company, New York, 1986
Worldwide Markets for Medical and Dental Lasers, Medical Data International, 1998

찾아보기

INDEX

저자소개

김문주(안산1대학)　　최성임(서울종합예술학교)
김윤정(호남대학교)　　전해정(신흥대학)
황금순(드림에스테틱 대표)

Medical Skin Care

2007년 8월 20일 초판인쇄
2007년 8월 30일 초판발행

지은이 : 김문주, 최성임, 김윤정, 전해정, 황금순
펴낸이 : 이상태
디자인 : 이헌숙
펴낸곳 : 청구문화사
주　소 : 서울특별시 서대문구 연희 1동 436-1번지
전　화 : 02-332-0541(代)　FAX : 02-337-9577
등　록 : 1990년 11월 2일 제9-247호

가격 25,000원

ISBN 978-89-5616-215-7 93590